CIUG
中国城市治理研究院

城市治理理论与实践丛书
中国城市治理研究系列

总主编 姜斯宪

余敏江 著

生态理性的生产与再生产
——中国城市环境治理40年

本书是国家社科基金项目『环境精细化治理的双重逻辑与推进路径研究』（17BZZ007）的阶段性成果

上海交通大学出版社
SHANGHAI JIAO TONG UNIVERSITY PRESS

内容提要

本书从生态理性变迁的角度切入，运用规范分析法、历史分析法、文献分析法、个案分析法及多学科交叉法等多种研究方法，将城市环境治理放在改革开放40年国家建设的视野中，围绕宏观政治体制、微观运行机制和具体行动策略，对城市环境治理的过程性、阶段性进行全面、系统的研究，并据此提炼出中国特色城市环境治理的道路特质。在此基础上，推导出迈向新时代的城市环境治理需走向超前式治理、精细化治理、法治化治理。

本书适合城市治理相关专业研究生或本科生作为教材使用。

图书在版编目（CIP）数据

生态理性的生产与再生产：中国城市环境治理40年 /
余敏江著. —上海：上海交通大学出版社,2019
ISBN 978-7-313-20586-5

Ⅰ.①生…　Ⅱ.①余…　Ⅲ.①城市环境－环境管理－
研究－中国　Ⅳ.①X321.2

中国版本图书馆CIP数据核字（2018）第272106号

生态理性的生产与再生产：中国城市环境治理40年

著　　者：余敏江
出版发行：上海交通大学出版社　　　　　　地　　址：上海市番禺路951号
邮政编码：200030　　　　　　　　　　　　电　　话：021-64071208
印　　制：常熟市文化印刷有限公司　　　　经　　销：全国新华书店
开　　本：710mm×1000mm　1/16　　　　印　　张：17.75
字　　数：258千字
版　　次：2019年9月第1版　　　　　　　　印　　次：2019年9月第1次印刷
书　　号：ISBN 978-7-313-20586-5/X
定　　价：79.00元

"城市治理理论与实践"
丛书编委会

总主编

姜斯宪

副总主编

吴建南　　陈高宏

学术委员会委员

（以姓氏笔画为序）

石　楠　　叶必丰　　朱光磊　　刘士林　　孙福庆

吴建南　　吴缚龙　　陈振明　　周国平　　钟　杨

侯永志　　耿　涌　　顾海英　　高小平　　诸大建

梁　鸿　　曾　峻　　蓝志勇　　薛　澜

编委会委员

（以姓氏笔画为序）

王亚光　　王光艳　　王浦劬　　关新平　　李振全

杨　颉　　吴　旦　　吴建南　　何艳玲　　张录法

张康之　　陈　宪　　陈高宏　　范先群　　钟　杨

姜文宁　　娄成武　　耿　涌　　顾　锋　　徐　剑

徐晓林　　郭新立　　诸大建　　曹友谊　　彭颖红

"中国城市治理研究系列"
编委会

"城市治理理论与实践丛书"序

　　城市是人类最伟大的创造之一。从古希腊的城邦和中国龙山文化时期的城堡，到当今遍布世界各地的现代化大都市，以及连绵成片的巨大城市群，城市逐渐成为人类文明的重要空间载体，其发展也成为人类文明进步的主要引擎。

　　21世纪是城市的世纪。据统计，目前全球超过一半的人口居住在城市中。联合国人居署发布的《2016世界城市状况报告》指出，排名前600位的主要城市中居住着五分之一的世界人口，对全球GDP的贡献高达60%。改革开放以来，中国的城镇化率也稳步提升。2011年首次突破50%，2017年已经超过58%，预计2020年将达到60%。2015年12月召开的中央城市工作会议更是明确提出："城市是我国经济、政治、文化、社会等方面活动的中心，在党和国家工作全局中具有举足轻重的地位。"

　　城市，让生活更美好！而美好的城市生活，离不开卓越的城市治理。全球的城市化进程带动了人口和资源的聚集，形成了高度分工基础上的比较优势，给人类社会带来了灿烂的物质和精神文明。但近年来，人口膨胀、环境污染、交通拥堵、资源紧张、安全缺失与贫富分化等问题集中爆发，制约城市健康发展，困扰着政府与民众，日益成为城市治理中的焦点和难点。无论是推进城市的进一步发展，还是化解迫在眉睫的城市病，都呼唤着更好的城市治理。对此，党和国家审时度势、高屋建瓴，做出了科学的安排和部署。2015年11月，习近平总书记主持召开中央财经领导小组第十一次会议时就曾指出："做好城市工作，首先要认识、尊重、顺应城市发展规律，端正城市发展指导思想。"中央城市工作会议则进一步强调："转变城市发展方式，完善城市治理体系,提高城市治理能力,着力解决城市病等突出问题,不断提升城市环境质量、人民生活质量、城市竞争力,建设和谐宜居、富有活力、各具特色的现代化城市,提高新型城镇化水平,走出一条中国特色城市发展道路。"

　　卓越的城市治理,不仅仅需要政府、社会、企业与民众广泛参与和深度合作,更亟须高等院校组织跨学科、跨领域、跨国界的各类专家学者深度协同参与。特别是在信息爆炸、分工细化的当今时代,高等院校的这一角色显得尤为重要。在此背景下,上海交通大学决定依托其在城市治理方面所拥有的软硬结合的多学科优势,全面整合校内外资源创办中国城市治理研究院。2016年10月30日,在上海市人民政府的支持下,由上海交通大学和上海市人民政府发展研究中心合作建设的中国城市治理研究院在2016全球城市论坛上揭牌成立。中国城市治理研究院的成立,旨在推动城市治理研究常态化,其目标是建成国际一流中国特色新型智库、优秀人才汇聚培养基地和高端国际交流合作平台。

　　一流新型智库需要一流的学术影响力,高端系列研究著作是形成一流学术影响力的重要举措。因此,上海交通大学中国城市治理研究院决定推出"城市治理理论与实践丛书",旨在打造一套符合国际惯例,体现中国特色、中国风格、中国气派的书系。本套丛书将全面梳理和总结城市治理的重要理论,以中国城市化和城市治理的实践为基础,提出具有中国特色的本土性、原创性和指导性理论体系;深度总结及积极推广上海和其他地区城市治理的先进经验,讲好"中国故事",唱响"中国声音",为全球城市治理贡献中国范本。

　　相信"城市治理理论与实践丛书"的推出,将有助于进一步推动城市治理研究,为解决城市治理中的难题、应对城市治理中的挑战提供更多的智慧!

上海交通大学党委书记

上海交通大学中国城市治理研究院院长

"中国城市治理研究系列"序

农业社会的田园牧歌已经渐行渐远，当今世界是一个以城市为中心的世界。城市是政治、经济和文化的主要载体，是社会网络体系的重要节点。城市的发展和进步，直接关系到国家和社会的发展。作为现代文明的标志性成果，城市推动了人类文明的持续进步，也是现代国家治理的中心所在。如何提高城市治理的水平，实现可持续的城市发展，更好地发挥城市在引领经济和社会发展过程中的作用，让城市管理更加卓越，让城市变得更加美好，已经成为世界各国政府都高度重视的问题。

弹指一挥间，从1978年改革开放至今，已有40个年头。40年风云激荡，中国的城镇化率从改革开放前的不足20%，持续迅速发展到今天的60%左右，越来越多的人走出农村，聚集在城市中，享受城市发展所带来的现代化文明成果，享受便捷和舒适的城市生活，但也深受各种城市病的困扰。40年来，伴随着工业化的进程，中国城镇化的快速发展给政治、经济、社会、文化和生态等各个领域都带来了意义深远的影响，构建了中国特色的城镇化发展道路，也探索形成了中国特色的城市治理经验。

中国是大国，也是文明古国。从传统意义上来说，中国的"大"，不仅仅是指疆域辽阔，也意指人口众多。这样一个大国的快速城镇化，面临着一元与多元、集权与分权、效率与公平、发展与稳定等关系的多重挑战。而对于一个文明古国的快速现代化来说，遇到的则是从伦理社会转向功利社会、从熟人社会转向陌生人社会、从超稳定社会转向风险社会等方面的重大难题。不管是大国的城镇化，还是文明古国的现代化，在高速发展的时代背景下，必然经历着社会转型与改革发展的阵痛，这也对中国的城市治理施加了更大的压力,提出了更高的要求与期待。

近年来,随着城市的重要性日益凸显,党和政府逐渐将工作重心转移到城市治理上来,正在实现从"重建设"到"重管理"的重要转变,先后多次召开高层次的城市工作会议,提出了城市治理的方略和部署,形成了推进城市治理的新契机。为深入贯彻习近平总书记在哲学社会科学工作座谈会上的重要讲话,落实十九大的重要精神,推进中国城市治理体系与治理能力现代化,上海交通大学中国城市治理研究院邀请国内外相关领域的专家学者,组织撰写了"中国城市治理研究系列"著作。

本书系立足于中国改革开放40年的伟大探索,紧扣当代中国社会转型和大国治理的特殊国情,聚焦于快速城镇化进程中波澜壮阔而又各具特色的城市治理实践,从政治、经济、社会、文化和生态等方面全面回顾、总结和分析中国城市治理的典型经验,阐释当代中国城市治理进程中的风云变幻,回应当前中国城市治理方面的重大问题,寻找解答中国城市治理发展道路的关键"钥匙",为城市治理方面的重大决策提供理论支持和经验支撑。

本书系以时间脉络为经,以发展阶段为纵轴,明确城市治理不同领域的重要时间节点,划分城市治理40年演进和发展的关键阶段;以事实梳理为纬,以要素分析为横轴,深入梳理改革开放40年相关治理领域的基本事实和主要经验,重点关注相关领域的改革举措、实践演变和制度变迁,结合具体实践阐述和诠释相关的理论观点,致力于探讨和提出有中国特色的城市治理逻辑。这是我们所有编著者共同的心愿和追求。但由于各方面的原因,我们可能离这个目标还有一定的距离,还有很多心有余而力不足的遗憾,因此期待各位同仁和读者的批评指正。

本书系编写工作自2018年3月份确定下来之后,时间紧、任务重、要求高。各位编著者快马加鞭,在日常繁忙的教学和科研之外,投入了大量的时间和精力,如期顺利完成了高质量的研究工作,展现出非同凡响的学术素养和职业水准。在此向他们表示由衷的敬意!

书系的编写和出版工作,得到了社会各方的关注,尤其是得到了上海市人民政府发展研究中心、上海交通大学文科建设处、上海交通大学出版社等方面领导的关心和支持,出版社的工作人员进行了认真、细致和专业地编辑,在此一并表示衷心和诚挚的感谢!

前　言

　　城市化是实现现代化的必由之路。百年来,西方发达国家相继经历了城市化、郊区化、逆郊区化及再城市化阶段,城市化率大多已达到75%及以上。西方发达国家用其历史与实践证明了城市化不仅与世界经济发展进程同步,而且是世界经济发展的重要组成部分和基本标志①。改革开放以来,中国经历了世界历史上规模最大的城市化进程。1978年,中国的城市化率为17.92%;2011年,中国城市人口首次高于农村人口,城市化率达到51.3%;2016年,中国城市化率已达到57.4%。中共十八大报告和2013年中央经济工作会议中反复强调了"积极稳妥、科学规划"的城市发展观,并在"十三五"规划中提出"集约化、精细化、协调化"的城市发展方向,这些都为城市化发展奠定了基调。当前,中国城市化仍处于加速期。城市化与城市发展是改革开放40年来中国经济持续增长的重要力量。

　　城市化是一把双刃剑。一方面,城市化的快速发展对城市经济系统概念框架中涵盖的经济、科技、交通以及社会文化的发展起到了重要推动作用;另一方面,由于城市人口的持续增长和高度集中,能源消耗随之增加,这对城市生态平衡产生了重大的影响和冲击。同时,也会对人类的居住环境和生活质量产生各种不利影响。改革开放以来,中国大多数城市延续的是一种"高投入、高消耗、高排放和低效益"的"三高一低"粗放型增长模式。这种模式给城市资源、环境供给带来了巨大的压力,致使城市经济发展和城市生态环境容量之间的矛盾越来越突出,城市环境日趋恶化。正如联

---

① YUE P Y. Rapid urbanization and its problems [J]. International symposia in economic
　　theory and econometrics, 2008(19): 161-171.

合国人居署（UN-HABITAT）所指出的那样："城市呈现出人类最好或最坏的一面，它们是历史和文化的物质载体，是各种革新、产业、科技、企业精神和创造力的孵化器，城市是人类最崇高的思想、雄心和愿望的物化形态，城市通过创造财富可以推动国家经济增长，促进社会发展并提供就业机会，却也可能成为贫困、社会歧视和环境恶化的温床。"①

尽管城市环境在经济快速增长中出现了更替式的再开发，但基本上是具有技术理性特征的"弃旧立新"。在技术理性的支配下，城市环境更多地体现为使用价值而非交换价值。城市环境由使用价值转向交换价值表明：一种重资本积累的经济将城市环境当作了生发利益的"机器"，这种以经济效益为中心的技术理性，明显缺乏对城市环境整体性、连贯性和可持续性的重视，致使原本均衡的城市环境出现了空间格局疏离化和空间资源分配非均衡化等问题，进而导致城市环境的恶化。

协调经济建设与资源节约、环境保护、生态修复的关系，促进人与自然的和谐共生，是城市文明进程中始终要面对的难题。在很长一段时期内，为追求经济发展速度，中国对城市环境治理并不太重视。直到1972年，中国代表团参加在斯德哥尔摩举行的第一次人类与环境会议，才逐渐认识到城市环境污染的严重性和城市可持续发展的必要性。1973年，全国首次环境保护会议的召开，开启了中国环境治理的新篇章。国家层面环境话语首先开始转向，不再片面地认为城市环境污染是资本主义体制下的产物，与社会主义无关，并开始认识到经济发展与环境保护是对立统一的矛盾关系。然而，国家真正开始重视城市环境治理则是在改革开放以后。

全国党代会报告是中国共产党的理论旗帜、政治宣言和行动纲领的集中体现。它反映了一定历史时期内中国共产党治国理政的价值取向和工作重心，也是城市环境治理的重要政策文本。五年规划文本体现了党和政府对我国经济和社会发展的重要部署，相对于党代会宏观的工作报告，五年规划文本对环境政策议题的表述相对具体。基于此，本书以党的十二大到十九大期间的6个党代会报告作为研究文本，同时选取"八五"至"十三五"的6份规

---

① 联合国人居署.和谐城市——世界城市状况报告2008/2009［M］.北京：中国建筑工业出版社，2008：2.

划作为辅助文本。之所以这样选择主要是因为：在十四大之前，环境保护在党的工作报告中较少提到，即使提到，也是把经济增长和环境保护作为一个有机统一体来考虑的，甚至是把环境保护作为经济建设的一个重要组成部分来考虑的。例如，1982年召开的党的十二大报告指出，"今后必须在坚决控制人口增长，坚决保护各种农业资源、保持生态平衡的同时，加大农业基本建设"，"要保证国民经济以一定速度向前发展，必须加强能源开发，大力节约能源消耗"。1987年召开的党的十三大报告指出，"在推进经济建设的同时，要大力保护和合理利用各种自然资源，努力开展对环境污染的综合治理，加强生态环境的保护，把经济效益、社会效益和环境效益很好地结合起来"。

党的十四大首次将环境保护作为基本国策正式写入党代会工作报告，这标志着环境政策议程的正式设立。从党的十四大到十五大，以"可持续发展"为主要议题，执政党要求在现代化、工业化的进程中注重可持续发展，表明其已经意识到环境问题与经济快速发展之间的矛盾，实现发展与保护间的协调成为城市环境治理的重点。然而，推动经济发展，提高城市居民的物质生活水平依然是这一阶段的核心任务。从表1、表2的词频统计结果来看，在十四大至十五大的党代会工作报告中，环境议题的关键词词频数分别是4、2，而经济议题的关键词词频数分别是217、199。在"八五""九五"的五年规划文本中，环境议题的关键词词频数分别为20、26，经济议题的关键词词频数分别是328、406，经济议题词频数远高于环境议题。

从党的十六大到十七大，党把环境治理作为一个重要的议题从经济发展中剥离出来，提出了人与自然和谐发展的"科学发展观"。从表1、表2的词频统计结果来看，党的十六大工作报告中环境议题关键词词频为9，较十五大有所上升，而经济议题关键词为168，较十五大有所下降，党的十七大工作报告中环境议题关键词词频为17，比党的十六大有了明显上升，经济议题关键词词频为132，有了继续减缓的趋势。在"十五""十一五"的五年规划文本中，环境议题的关键词词频数分别是60、86，经济议题的关键词词频数则是275、290，两者间的差距在缩小。

党的十八大将生态文明建设纳入中国特色社会主义事业"五位一体"总体布局，"美丽中国"成为中华民族追求的新目标。"建设生态文明是中华民族永续发展的千年大计。"绿水青山就是金山银山","山水林田湖是一个生命共同体","生态兴则文明兴、生态衰则文明衰"等绿色发展观,昭示着以习近平同志为核心的党中央将生态文明建设推向新高度。从表1、表2的词频统计结果来看,十八大工作报告有关环境议题的关键词词频数为48,经济议题的关键词词频数为126。十九大报告中环境议题关键词词频数继续攀升,达到70,而经济议题的关键词词频数为97,呈现出明显的下降趋势。在"十二五""十三五"规划文本中,环境议题关键词词频数分别是113和216,上升趋势非常明显,而经济议题的关键词词频数为355和390。这在一定程度上表明,党和政府对环境议题的重视程度不断提高,环境议题在中国发展过程中逐渐成为与经济议题同样重要的议题。

表1　1992—2017年党代会工作报告中环境议题、经济议题
　　　关键词词频统计和主要环境纲领

党代会	环境议题关键词词频	经济议题关键词词频	主要环境纲领
十四大（1992）	4	217	保护环境基本国策
十五大（1997）	2	199	持续发展战略
十六大（2002）	9	168	科学发展观
十七大（2007）	17	132	科学发展观
十八大（2012）	48	126	美丽中国
十九大（2017）	70	97	美丽中国

表2　1992—2016年五年规划文本中环境议题与经济议题关键词词频统计

五年规划	环境议题关键词词频	经济议题关键词词频
"八五"（1991）	20	328
"九五"（1996）	26	406
"十五"（2001）	60	275
"十一五"（2006）	86	290
"十二五"（2011）	113	355
"十三五"（2016）	70	97

本书通过对党代会工作报告的环境议题、经济议题关键词词频及其变化以及主要环境纲领和五年规划文本中的环境议题、经济议题关键词词频及其变化进行分析可知，党在改革开放后对环境治理议题的塑造历经了四个阶段：西方生态主义影响下的应激开拓式治理、"发展是第一要务"导向下的权宜性治理、"科学发展观"指引下的参与式治理与"美丽中国"话语导引下的能动式治理。从改革开放初期对生态问题的朦胧认识，到1994年可持续发展战略的提出，到2003年科学发展观的提出，再到2012年"美丽中国"的提出，党和政府对城市生态环境的认识经历了"由'知之不多'到'知之较多'，从'知之不深'到'知之较深'，从'知之不全'到'知之较全'，从'必然王国'到'自由王国'的过程"①。

改革开放以来，城市环境治理在困难和挑战中曲折前进，直到中共十八大召开之后，城市环境治理力度才不断加大，治理成效也日益明显。鉴于此，有必要将改革开放作为研究的时间起点，整体展现城市环境治理的发展，并尝试回答以下关键问题：城市生态危机久治不愈的根源究竟是什么？在中国现有的制度框架下，究竟有哪些体制性困境与生态理性的缺失相关？不同历史时期城市生态理性呈现何种样态？这种样态背后的制度逻辑是什么？如何总结和提炼中国特色城市环境治理的道路特质？迈向新时代的城市超前式治理、精细化治理、法治化治理如何构建？

本书运用规范分析法、历史分析法、文献分析法、比较分析法及多学科交叉法等多种研究方法，尝试以改革开放40年的政治叙事变迁和理论议题转换的关系考察为切入点，梳理时空限制下生态理性流变与城市环境治理变迁之间的内在逻辑关联，从理论、历史与现实三重维度剖析城市环境治理的理论源流、历史进程、现实困境、学理反思，并从政治话语、城市治理体制、城市社会结构、城市生态意识等多维背景来深刻认识环境治理各阶段存在的承继促进性特征，以构建一套比较完善的城市环境治理的知识体系和可操作的行动方案，为中国城市可持续发展提供方向、思路及政策建议。

---

① 胡鞍钢.东方巨人的两个"大脑"：对生态文明建设的科学共识与决策共识[J].中国科学院院刊,2013,28(2):139-149.

CONTENTS 目 录

第一章

城市环境治理的生态理性基础

第一节　城市生态危机的技术理性根源 /003

第二节　技术理性与生态理性的现实冲突 /008

第三节　城市环境治理的生态理性支撑 /013

第二章

西方生态主义影响下的应激开拓式治理：1978—1992年

第一节　西方生态主义理念肇始的背景与动因 /020

第二节　改革开放初期城市环境治理与西方生态
　　　　主义理念的嵌入 /026

第三节　城市环境应激开拓式治理的特征与影响 /040

第三章

"发展是第一要务"导向下的权宜性治理：1992—2002年

第一节　"发展是第一要务"指引下的城市环境治理 /050

第二节　城市环境权宜性治理的形成机理 /064

第三节　城市环境权宜性治理的现实困境 /072

第四章

"科学发展观"指引下的参与式治理：2002—2012年

第一节　"科学发展观"指引下公众参与环境治理的勃兴 /080
第二节　公众参与下环境威权主义的消解 /097
第三节　城市环境参与式治理的确立与强化 /119

第五章

"美丽中国"话语导引下的能动式治理：2012年至今

第一节　美丽中国建设的内涵与进展 /132
第二节　"美丽中国"话语导引下城市环境治理的
　　　　能动机制 /153
第三节　"美丽中国"话语导引下城市环境治理的
　　　　能动探索 /164

第六章

中国特色城市环境治理的道路特质

第一节　城市环境治理结构：中国共产党领导下的
　　　　多元主体 /174
第二节　城市环境治理行动：党政共同负责与
　　　　"治理联盟" /183
第三节　城市环境治理激励机制：政治、财政
　　　　与道德激励 /194
第四节　城市环境治理约束机制：地方人大和政协的
　　　　监督与中央环保督察 /205

第七章
迈向新时代的城市环境治理

第一节　迈向新时代的城市环境超前式治理 /215
第二节　迈向新时代的城市环境精细化治理 /221
第三节　迈向新时代的城市环境法治化治理 /243

参考文献 /254

索引 /261

后记 /263

第一章

城市环境治理的生态理性基础

人类的繁衍生息离不开自然环境,因为"人是自然界的一部分"①,"我们连同我们的肉、血和头脑都是属于自然界之中的"②。为了让自身获得满足,使自身消除饥饿,人类需要自身以外的自然界。在自然生态系统中,生物之间以及生物和环境之间的物质循环与能量转化的持续时间较长,从而使其自我修复的能力也较强。然而,在城市中,这一过程持续的时间却很短。因为城市生态系统较自然生态系统具有脆弱性与依赖性的特点,具有人口密集型居住、生活资料依赖运输、能源集中供应、垃圾集中清运、建筑以水泥材料为主、动植物种类和数量少等特征。

城市生态系统需要依靠农田系统输入粮食,依靠草原系统输入肉、奶,依靠矿山系统输入燃料与原料,依靠海洋、江河、湖泊等生态系统输入水资源与各种水产品,同时也依靠农田、草原、海洋、江河、湖泊容纳和分解它的污染物……由此可见,城市是人类改造自然生态系统的产物,城市生态系统不仅自我调节能力差,而且对外部生态系统依赖性强。城市特定的空间结构决定了环境污染具有放大性的特点,会使较小的污染引发较为严重的后果。如郊区工业区带有污染物的风,从城市中的"豁口"(如道路)进入城市,由于城市中楼房林立,不像郊区那样空旷,会使局部污染加重。同时,"热岛效应"会使城市形成低压中心,并出现上升气流;郊区近地面空气从四面八方向城市中心汇集,从而使周围工厂排放的污染物质向城市中心集聚,从而加重污染。不仅如此,城市自身由于工业化的发展和矿物燃料消耗的增加,有毒气体、烟尘和粉尘排放量不断增加,加之城市交通的发展,汽车尾气的大量排放,使得城市大气污染加剧。而且,"超大的城市,巨型的都市,居住的机器已经变成制造污染的机器"。"城市吞噬无数的资源和能源,并且产生数量同样可观的废弃物。"③这些废弃物包括废气、废水和垃圾,导

① 中央编译局.马克思1844年经济哲学手稿[M].北京:人民出版社,2000:57.
② 中央编译局.马克思恩格斯选集:第4卷[M].北京:人民出版社,1995:384.
③ 莫斯科维奇.还自然之魅:对生态运动的思考[M].庄晨燕,邱寅晨,译.北京:生活·读书·新知三联书店,2005:167.

致了大气污染、水污染和垃圾污染。此外，由于城市工业和人口的集聚，散布在城市各个角落、大大小小的工业企业产生的噪声对周围环境造成了严重污染，加之交通噪声、社会生活噪声和建筑施工的噪声，城市的噪声污染也日益突出。

城市环境的大气污染、水污染、垃圾污染、噪声污染又包括若干污染类型。如大气污染又包括颗粒物污染、碳的氧化物污染、氮氧化物污染、碳氢化合物污染等。这些污染在狭小的城市空间集聚，会形成"1+1＞2"的效应，从而对城市环境治理提出了巨大挑战。

城市环境污染问题的凸显是多种原因综合作用的结果。关于城市环境污染的研究，既有"技术解"的技术原罪论，也有"市场解"的市场失灵论，还有"制度解"的制度缺失论，更有"价值解"的人性贪婪论。但是，这一切都离不开人的主观操作，而人的主观行为都受其思维方式的支配。技术理性的张扬和僭越是城市生态危机的根源。正如舒马赫所说，"在传统的技术理性指导下，人类走了一条不可持续的发展道路，现代工业体系尽管拥有它全部体现高度智力的先进技术，但却在摧毁自己赖以建立的基础"①。因此，要化解城市环境污染问题，转变思维方式是最为根本的一条路径。"问题是由人性的片面发挥而造成的，它也只能在全面理解和发挥人与世界本质一体的'类观点'。只有转换思维方式，才能从根本上改变人的思想、行为和态度，进而彻底改善人与自然的现实关系。"②

第一节　城市生态危机的技术理性根源

在人类早期，由于科学技术不发达，生产力水平低，人们对自然界、自身和社会的认识能力比较有限。"自然界起初是作为一种完全异己的，有无限威力

---

① 舒马赫.小的是美好的[M].虞鸿钧，郑关林，译.北京：商务印书馆，1984：7.
② 高清海.高清海哲学文存·续编[M].哈尔滨：黑龙江教育出版社，2004：10.

和不可制服的力量与人们对立，人们同它的关系完全像动物同它的关系一样，人们就像牲畜一样慑服于自然界。"①随着科学技术的发展及其在生产和生活中的广泛应用，人们逐渐拥有了改造自然的强大力量，人类的理性意识也得到了升华。科学技术与理性意识之间出现了一种不断加速同时也越显偏狭的双向互动，技术理性逐渐成为社会占主导地位的思维方式和实践原则。

"技术理性"的概念源于马尔库塞在其著作《单向度的人：发达工业社会意识形态研究》中提出的"技术合理性（technological rationality）"。后来，哈贝马斯也沿用这个概念，并与"技术统治论意识"在同等意义上互换使用。"'技术理性'在法兰克福学派那里，主要用来表征那种在发达工业社会中人类的所有理性活动被技术标准所规范和引导的倾向。"②马尔库塞认为这种倾向是"以技术为中介，文化、政治和经济融合成一个无所不在的体系，这个体系吞没或抵制一切替代品。这个体系的生产力和增长的潜力稳定了这个社会，并把技术的进步包容在统治框架内，技术的合理性已变成了政治的合理性"③。马克斯·韦伯将人类理性划分为工具理性和价值理性。工具理性也被称为技术理性，是指"通过对外界事物的情况和其他人的举止的期待，并利用这种期待作为'条件'或者作为'手段'，以期实现自己合乎理性所争取和考虑的作为成果的目的"④。

技术理性是工业文明社会以技术理念和技术手段为核心的一种把握世界的思维方式和行为准则。它是一种以控制自然、征服自然为基本理念，以追求精确化、同一化和效率最大化等为基本原则的实践理性。它具有以下主要特征：第一，它以数学的结构来解释世界，企图借助数量关系、逻辑推演将客观世界及其构成要素同自己的内在目的分割开来，将其作为达到自己目的的材料或手段；第二，它追求实用目的，将对世界万物操纵与控制的

---

① 中央编译局.马克思恩格斯选集：第1卷［M］.北京：人民出版社，1956：81-82.
② 李泳梅.技术理性的实证主义根源及困境——对法兰克福学派技术理性批判理论的深层解读论［J］.浙江学刊，2006（4）：68-72.
③ 马尔库塞.单向度的人：发达工业社会意识形态研究［M］.刘继，译.上海：上海译文出版社，1989：7.
④ 马克斯·韦伯.经济与社会：上卷［M］.林荣远，译.北京：商务印书馆，1997：56.

效率作为自己的价值目标；第三，它将事实与价值严格区分开来，只关心如何去做，而不关心是否应该去做，只追求工具的效率和各种行动方案的正确选择，不追求对目的合理性的质问①。技术理性作为人的本质力量的体现，是一种认识世界和改造世界的积极力量。然而，技术理性的合理性，更多地体现在其工具性的局限运用方面。技术理性有两个鲜明的工具主义取向：第一，是对自然界的限定，即把自然限定为必须交付实用价值的质料或材料，并依据这个定势尽其所能地加以技术开发；第二，是对人的限定，即把技术体系中的人限定为职能角色，并按照标准化、精确化、效率最大化模式对其进行管理，而不管其属人的特征。

当纯粹工具性的应用走到极致，就会逐步走向自己的反面，进而产生异化现象。异化是指"主体发展到一定阶段，分裂出自己的对立面，人的物质生产与精神生产机器产品变成异己力量，反过来统治人，阻碍主体发展的一种社会现象"②。技术理性的异化，主要指工具理性的僭越，即工具理性发展到一定阶段主导了人们思维方式，反过来，这种主导的思维方式会使人们对工具理性产生极大的依赖，进而使工具理性从原本理性的工具性应用逐步演变为压制人、奴役人，从而限制了人的批判性思维，成为阻碍社会发展的否定性力量。马尔库塞认为，技术理性的异化是"人类在改造社会道德的同时，创造出不完全合理的社会关系、社会制度、社会体制，他们破坏社会的和谐、损害人类利益，威胁人类的生存和发展，甚至成为敌视人类的破坏性力量"③。

"人立于自然之外并且行使一种对自然统治权的思想就成了统治西方文明伦理意识的学说的一个突出特征。"④在技术理性扩张的支配下，人们把自然界仅仅看作是满足人类日益膨胀起来的物质需要的原料仓库，依据物理、化学规律及技术可能性去大肆掠夺自然资源。这种价值观加剧了人与自然的冲突。正如恩格斯所预言的那样，"如果说人靠科学和创造天才征

---

① 林学俊.技术理性扩张的社会根源及其控制[J].科学技术与辩证法,2007(2):82-85,112.
② 卢卡奇.历史与阶级意识[M].杜章智,任立,燕宏远,译.重庆:重庆出版社,1989:104.
③ 马尔库塞.单向度的人:发达工业社会意识形态研究[M].刘继,译.上海:上海译文出版社,1989:54.
④ 莱易斯.自然的控制[M].岳长龄,李建华,译.重庆:重庆出版社,1993:28.

服了自然力,那么自然力也对人进行报复,按他利用自然力的程度使他服从一种真正的专制,而不管社会组织怎样"①。技术的不合理开发和利用最终导致技术的异化,其危害的根源除了技术本身之外,主要是社会原因。恩格斯指出:"当一个资本家为着直接的利润去进行生产和交换时,他只能首先注意到最近的最直接的结果。一个厂主或商人在卖出他所制造的或买进的商品时,只要获得普通的利润,他就心满意足,不再去关心以后商品和买主的情形怎样了。这些行为的自然影响也是如此。当西班牙的种植厂主在古巴焚烧山坡上的森林,认为木灰作为能获得最高利润的咖啡树的肥料足够用一个世代时,他们怎么会关心到以后热带的大雨会冲掉毫无掩护的沃土而只留下赤裸裸的岩石呢? 在今天的生产方式中,对自然界和社会,主要只注意到最初的最显著的结果,然后人们又感到惊奇的是:为达到上述结果而采取的行为所产生的比较远的影响,却完全是另外一回事,在大多数情形下甚至是完全相反的。"②

技术理性的泛滥,使得一些城市急功近利,重经济增长,重财富增加,重眼前利益,轻环境保护,轻生态资本,轻长远利益。为了获利,人们围湖填海、打洞挖道、无节制地抽用地下水,人们粗暴地利用更多的城市土地,排放更多的工业污染物,进而导致诸如"城市热岛""城市荒漠""城市垃圾围城"等突出问题。这种大量开发、大量生产、大量排放的生产和生活方式对城市生态环境造成极大破坏。

技术理性何以造成城市环境危机?

首先,技术本身具有反自然性。

(1)技术改变了原先环境的物质格局。人类利用技术不断"进化"、修复、再组织,并"生长"出自然界没有的新材料、新物种。在技术"魅力"的诱惑下,人类正尝试利用科学技术扮演"造物主"的角色。现代社会中典型的例子就是人造材料、核技术、杂交技术、克隆技术、转基因技术等,这些均意味着环境物质格局的变革。例如,人造材料中的纸张得益于造纸术的发明,而纸张的获得是以砍伐成千上万棵树木为代价的。绿色植被具有调节气候、保

---

① 中央编译局.马克思恩格斯选集:第2卷[M].北京:人民出版社,1972:552.

② 中央编译局.马克思恩格斯选集:第2卷[M].北京:人民出版社,1972:520.

护土壤、净化空气、净化饮用水、储存养分等生态功能,绿色植被的减少必然导致水土流失和土地荒漠化。再比如,自人类开采矿石、使用化石燃料以来,人类的活动范围就开始侵入岩石圈,而大规模地开采矿石就必然会破坏自然界的元素平衡。在城市,由于集中了大量的工厂、车辆、人口,城市居民的许多活动都向环境排放了大量有害物质,使自然环境的组成状态发生了变化,自然的结构、功能遭到了破坏,导致环境质量的恶化。新兴化学原料的生产为城市居民带来物质文明的同时,也让城市居民品尝到它们带来的苦果。

(2)技术的资本主义应用打乱了自然界的自我调节机制。技术因其具有精确化、标准化和效率最大化的特征,很容易被资本所挟裹。技术与资本的结合,成为资本追求最大利润的有效手段。为了追求最大利润,资本不仅要不停地循环,而且还必须不断地进行扩大再生产。对此,马克思说:"我们看到,机器具有减少人类劳动和使劳动更有成效的神奇力量,然而却引起了饥饿和过度的疲劳。新发现的财富的源泉,由于某种奇怪的、不可思议的魔力而变成贫困的根源。技术的胜利,似乎是以道德的败坏为代价换来的。随着人类愈益控制自然,个人却似乎愈益成为别人的奴隶或自身的卑劣行为的奴隶。甚至科学的纯洁光辉仿佛也只能在愚昧无知的黑暗背景上闪耀。我们的一切发现和进步,似乎结果是使物质力量具有理智生命,而人的生命则化为愚钝的物质力量。"[1]这样,自然就被彻底"征服"了。可见,当自然成为满足人类欲望的纯粹对象时,自然的价值也就仅仅体现在它的实用性和物质性上,而自然本身的多重价值和多重意义却被肢解,最终在资本逻辑的统治和人与自然的双重异化下,人类的永续生存和自然的生态平衡走向危险的边缘。马克思说:"在私有财产和金钱的统治下形成的自然观,是对自然界的真正的蔑视和实际的贬低。"[2]

其次,技术理性倡导以征服自然、控制自然为前提的人类中心主义。随着科学技术的发展,人作为宇宙主体的地位得到了显著增强,不再像原始文明或者农业文明时期那样匍匐在大自然的脚下。人类对大自然的态度开始

---

[1] 中央编译局.马克思恩格斯选集:第2卷[M].北京:人民出版社,1972:78-79.
[2] 中央编译局.马克思恩格斯选集:第7卷[M].北京:人民出版社,2009:928-929.

反转,由"敬畏"和"顺应"变成了"征服"和"拷问"。"人是自然的尺度","人是自然的主宰"等思想开始甚嚣尘上,并逐渐占据了统治地位。在这一理念的驱使下,认识自然、征服自然和支配自然日益成为人们对待自然的一种价值取向和行为哲学。从培根提出的"知识就是力量"和"要命令自然必须服从自然",笛卡儿所宣扬的"给我物质和运动,我将为你们构造出世界来",康德提出的"人是自然的立法者",洛克主张的"对自然界的否定就是通往幸福之路",再到黑格尔所信奉的"自然界绝对精神的外化",等等,这些都充分表明,人类中心主义思想正日渐成为近代以来在人类思想中居于主导地位的价值观。建立在人类中心主义思想上的工业文明城市发展模式,使得自然被异化为压榨的对象,人对大自然的态度由依赖、利用变为滥用,人从自然的守护者变为自以为是的"主人"和自然的"终结者"。忽视经济匮乏性而进行的努力,最终成就了绝对的、不可逾越的匮乏。这种绝对的、不可逾越的匮乏又会进一步对生态平衡和不可再生或不可重组的自然资源造成破坏,结果导致人类生产的破坏性远远超过了人类生产的创造性,使城市生态系统处于一种岌岌可危的状态。英国生态学家爱德华·戈德史密斯曾忧心忡忡地指出:"全球生态环境恶化可喻为第三次世界大战,由于这场大战,自然在崩溃,在衰亡,其速度之快已经到了这种程度——如果让这种趋势继续发展,自然界将很快失去供养人类的能力。"①

第二节　技术理性与生态理性的现实冲突

技术理性倡导以控制自然为前提的人类中心主义,遵循"人为自然立法,自然为人显法"的原则,而生态理性则倡导"自然为人立法,人为自然显法"的原则。技术理性与生态理性在思想基础上的差别,必然会在现实中呈现出物本导向和人本导向的矛盾,"越多越好"与"够了就行"的抵牾,线性经济与循环经济的对立。

---

① 爱德华·戈德史密斯.企业伦理[M].北京:高等教育出版社,2004:35.

一、物本导向与人本导向的矛盾 ▶▶

技术理性发轫于启蒙运动。农业文明时期的物质匮乏、技术落后的社会现实使得技术理性不得不以物质追求为目标，不得不创造性地制造自然界所没有的机器和原材料，提高机器化生产的效率。机器化生产的一个显著特点就是标准化、批量化，反映的是人类在其自身存在和发展中经常表现出的短视本性，呈现出一种从属于物的发展方式，是典型的工业文明状态下的利益追逐，它持续地扩张人类中心主义的生产定位和理性主义的思维方式。这种攫取式的发展，究其实质是政绩主导和增长拜物教导致的①。"无论如何不应当妨碍经济增长"成了一把保护伞，遮盖了许多不好的做法，对经济增长数字的关心超过了对人本身的关心，对"物"的注意超过了对"人"的注意②。物本导向的"活在当下"逻辑和"机会主义"逻辑的聚合，导致部分地方政府处理不好经济发展与环境保护的关系，无所顾忌地开采土地、矿产等资源，污染水资源，肆意排放工业污染物，从而对城市生态环境造成了极大的破坏。

人本导向中的"人本"区别于人类中心主义，打破了那种为了人的利益不惜损害生态价值的观念，真正体现了对人类的生存环境和发展空间的尊重。自然界和人类社会的关系从来就不是割裂的、相互脱离的。马克思指出："我们连同我们的肉、血和头脑都是属于自然界和存在于自然之中的。"③同时，"人本"中的"人"也不是仅仅追求物质生活的单一需求之人。其中，生态需求是人的其他需求的基础，也是"人"幸福的基础和根源。习近平总书记指出："保护生态环境就是保护生产力，改善生态环境就是发展生产力，是最普惠的民生福祉。"④由此可见，"生态幸福"是"人"幸福的密码，也是"人"幸福的根本。

---

① 余敏江，章静.美丽中国建设中的包容性民主构建研究[J].公共管理与政策评论，2015（4）：15-25.

② 约·肯·加尔布雷思.经济学和公共目标[M].蔡受百，译.北京：商务印书馆，1980：282.

③ 中央编译局.马克思恩格斯选集：第3卷[M].北京：人民出版社，1995：209.

④ 习近平关于社会主义生态文明建设论述摘编[M].北京：中央文献出版社，2017：4.

二、"越多越好"与"够了就行"的抵牾 ▶▶

任何一种生产或消费方式不仅是建立在能源基础上的,而且是建立在复杂的自然生态系统基础上的。因为生产需要必要的生产资料,消费需要必要的消费资料,这就意味着几乎每一种生产或消费方式都会和自然生态系统进行交换,并产生相互作用与相互制约的关系。尤其是在市场经济下,资本更是无孔不入,任何阻挡它的力量都会被它消灭。为了"理性地"、高效率地追求物质财富,技术固有的灵性与本真日益丧失,逐渐屈从于经济利益至上的盲目追求。"出现了用以衡量工作成效的客观标准:利润的尺度。成功不再是个人评价和'生活品质'的问题,而是主要看所挣的钱和所积累的财富的多少。量化方法确立了不争的标准和森严的等级,已不需要由任何权威、规范、评价尺度来证实。效率就是标准,通过它来衡量个人的效能:更多比更少好,钱挣得更多的人比钱挣得少的人好。"① 美国学者弗·卡普拉就断言,在技术理性的操控下,"几乎人类的一切活动都是围绕着一个共同的甚至可以说是唯一的目标进行,这就是:追求更多的物质财富"②。

如果说"越多越好"是经济理性的精神内涵,"虚假需求"的制造和"消费异化"则是技术理性价值变现的主要方式。随着技术的发展和生产力水平的提高,生产这个环节在经济过程中逐渐变得比较次要,消费却成了经济活动中的决定性环节。在"物欲至上"的价值追求和"越多越好"的发展原则的指引下,衡量一个人是否幸福以及幸福程度的标准就在于他/她是否能担负尽可能多、尽可能高水平的消费。美国消费分析家维克特·勒博曾形象地为消费主义做了宣传:"文明庞大而多产的经济,要求我们使消费成为我们的生活方式,要求我们从中寻找我们的精神满足和自我满足……我们需要消费东西,用前所未有的速度去烧掉、穿坏、更换或扔掉。"然而,这种消费主义具有反生态特征,一是消费主义造成了对自然资源的大量消耗。因为消费主义的消费观强力推动了商品的无度产生,进而加速了自然资源的

① ANDRE GORZ. Critique of economic reason[M]. London and New York: Verso, 1989: 113.
② 弗·卡普拉.转折点:科学·社会·兴起中的新文化[M].冯禹,向世陵,黎云,译.北京:中国人民大学出版社,1989: 77.

消耗和人类向大自然的过度开发和掠夺。正如艾伦·杜宁所说："消费不是为了满足人的正常生活需要，而是为了满足不可满足的欲望，它不仅不可能产生（直接地或间接地）任何生产效率，更不用说最大化的经济效率，反而造成社会资源的巨大浪费，而且滋生一种贪得无厌的极度享乐主义。"①二是消费主义造成了大量废弃物，这些废弃物成为城市的重要环境污染源。可以这么说，受消费欲望驱使的不当消费行为，是造成资源危机、环境污染和生态退化更本质、更长久的原因。

法国生态学者安德列·高兹非常敏锐地察觉到了技术理性是人与自然关系异化的直接动因，进而指出了生态理性的内在合理性。他认为："生态理性在于，以尽可能好的方式，尽可能少的、有高度使用价值和耐用性的物品满足人们的物质需要，并因此以最少的劳动、资本和自然资源来满足人们的物质需要。"②在高兹看来，生态理性不是追求利益的最大化，而是追求行动的适宜和适度，不是盲从于无限度的欲望而一味追求经济增长，而是将物质所需自始至终保持在生态阈值内，从而实现生产、消费与自然生态系统的平衡。因此，"够了就行"成为生态理性最为根本的价值信条。"人们为了使其工作控制在一定限度内，就自发地限制其需求，工作到自认为满意就行，而这种满意就是自认为生产的东西已经足够了。'足够'调节着满意度与劳动量之间的平衡。"③"够了就行"摆脱了"越多越好"的困境，是对物质绝对占用观念的摒弃，使人真正成为自由而全面发展的人，而非受物欲驱使的动物。不仅如此，"够了就行"减少了奢侈消费、盲目消费、过度消费对资源环境造成的压力，物质简朴但精神丰富成为生态理性的突出特点。总之，生态理性"够了就行"的发展原则，是要通过较低的资源消耗、较少劳动时间、生产使用价值高的耐用性产品，摆脱"越多越好"的技术理性的束缚，以"更少但更好的"生产范式，实现经济发展方式和经济空间格局的绿色化。

---

① 艾伦·杜宁.多少算够——消费社会与地球的未来[M].毕聿,译.长春:吉林人民出版社,1997: 6-9.
② 吴宁.批判经济理性、重建生态理性——高兹的现代性方案述评[J].哲学动态,2007(7):14-19.
③ ANDRE GORZ.Critique of economic reason[M]. London and New York: Verso, 1989:111-112.

三、线性经济与循环经济的对立 ▶▶

传统农业,特别是工业的生产方式都只是考虑"最近的、最直接的有益效果,那些在以后才显现出来的、由于不断重复和积累才发生作用的进一步的结果,是完全被忽视的"[1]。这种以"线性生产"为特征的生产方式将自然视为一种外在于人类的对象客体,是可以任意占有、开发、使用的被动客体,因此,它体现了技术理性的资本力量就可以尽其所能"开发"和"征服"自然。依据这种价值观和思维方式,传统的自然再生产和经济再生产过程是"资源—产品—废弃物"的线性经济流程,其特征是"高开采、低利用、高排放"。这种经济模式既将地球看作是一个取之不尽、用之不竭的资源储藏库,也将它看作是一个能够容纳无限废弃物的垃圾场。这实际上是一种无限度"欲求"、无节制生产、无控制排放、无理性消费的经济模式。这种模式通过反向增长的自然代价来实现经济的数量型增长,所以它很"省"又有很高的效率。但是,线性经济模式必然会大规模消耗自然资源、大范围污染环境、大量排放废弃物,因此它是一种不可持续的伪增长模式。

循环经济理念是针对自然环境的承受力和承载力提出来的。这种经济发展理念是在传统的线性经济发展理念上的改革,将资源的再生作为经济活动的最终环节,而商品的物质性消费则成为经济活动的中间环节。经济生产环节的革新可实现经济生活再循环。循环经济是一种"资源—产品—再生资源"的反馈式或闭环流动的经济模式,其特征是"低开采、高利用、低排放"。循环经济是新的生产观,它要求尽可能地从源头减少资源消耗和废弃物的产生,要求所有的物质和能源尽可能地在不断进行的经济循环中得到合理、持久的利用,要求废弃物最大限度地转化为资源,实现变废为宝,从而把经济活动对自然资源和生态环境的消极影响降到最低。同时,循环经济也是新的消费观,倡导适度消费、简朴消费、循环消费的观念。

总而言之,循环经济是一种充分考虑资源环境承载力和可持续发展的经济发展模式。它要求以"减量化、再利用、再循环"为社会经济活动的行

---

[1] 中央编译局.马克思恩格斯选集:第20卷[M].北京:人民出版社,1971:521.

为准则,尽可能地减少资源消耗,提高资源利用率,最大限度地减少污染物排放和废弃物生产。从这个意义上说,循环经济是对线性经济的根本超越。

第三节　城市环境治理的生态理性支撑

城市不是许多单个人的集合体,不是单纯的街道、建筑物、电灯、电车等各种城市设施的简单聚合,也不是各种服务部门和管理机构,如教堂、医院、法庭、学校等的简单聚合。换言之,"城市绝非简单的物质现象,绝非简单的人工构筑物。城市已同其居民们的各种重要活动密切地联系在一起,它是自然的产物,尤其是人类属性的产物"①。城市作为"人类属性的产物",其最根本的内涵是城市要符合人的生存与发展的要求,具有人文特色和人文精神。

环境是指影响人类生存和发展的各种天然的与经过人工改造的自然因素的总和。环境具有满足人类生存需要和承载人类生存活动的双重功能,给人类带来了"生存性的环境权益"和"生产性的环境权益"。环境问题的本质是"生产性的环境权益"挤占或者损害了"生存性的环境权益"。环境治理作为社会治理的一项重要内容,是指在对自然资源和生态环境的利用中,生态环境福祉的利益相关者在宏观和微观层面上,由谁进行环境决策,如何有效执行环境政策和决策,怎样享受环境权益并承担相应的责任,进而达到一定的生态环境绩效、经济绩效和社会绩效,并力求实现绩效最大化和可持续发展的过程。

城市环境治理是指城市中多元治理主体在遵循城市生态环境规律与经济发展规律的基础上,运用一定的手段与方法规范、引导、限制、监督与协调"城市人"健康发展与环境保护的关系、城市经济增长与环境保护的关系的

---

① 帕克,伯吉斯,麦肯齐.城市社会学［M］.宋俊岭,吴建华,王登斌,译.北京:华夏出版社,1987:1-2.

行为和过程,以维护城市生态平衡,实现城市可持续发展。城市环境治理的关键议题在于如何协调各方利益,在城市生态环境承载力范围内发展经济,以满足城市居民物质文化需求的同时,仍能保持良好的城市生态环境与质量。

城市环境治理具有以下几个方面的特征:① 综合性。城市环境治理以城市生态经济系统为对象,既受城市自然生态系统的影响,又受由社会、经济、政治、法律等组成的城市社会经济系统的影响,还受历史、文化、民族、宗教甚至某些个体的兴趣等人文因素的影响。这是一个由许多既相互依存、又相互制约的因素构成的有机整体。其中任何一个因素发生变化,都将影响其他因素。② 动态性。动态性的外在表现就是城市环境治理的手段、方法和技术会根据环境污染的实际情况及时调整,而不是采用一成不变的模式。一方面随着城市社会经济迅速发展,城市生态系统会发生动态变化;另一方面城市居民对环境质量的期待处于变动中,地方政府对环境的认知、治理的体制结构、政策选择和方式方法也会发生相应的变化。③ 区域性。由于经济发展速度、能源资源的多寡不同,以及污染源密度、生产力布局、环境质量标准和城市居民活动方式的差异,不同城市面临着不同的环境问题。

理性在城市环境治理中发挥着极其重要的作用,城市社会所呈现的每一种形态都是由理性主宰的。无数事实表明,思维是实践的先导,行为主体有什么样的思维和怎样进行思考是引导行为主体进行实践活动的前提。生态理性作为一种符合社会发展规律的思维方式,一经形成,就成为稳定甚至固定的思维模式,不仅对城市的生产和生活行为产生"润物细无声"的自律和他律作用,而且也从根本上提升了城市环境治理的效率和效益。

一、城市环境治理的生态理性基础支撑 ▶▷

生态理性是指人们基于对自然生态环境的变化以及人类自身生产和生活消费活动可能对生态环境产生的影响的考量,以自然规律为依据和准则,以人与自然和谐发展为原则和目标的全方位的理性。生态理性蕴含着非人类中心主义、可持续发展和生态公正的环境伦理观。在生态文明时代,它对城市环境治理的各个阶段、各个层次、各个方面起着统领作用。生态理性作为生态文明时代价值理性的体现,统领着城市环境治理的各个阶段和方面。

（1）在物质层面上,生态理性注重运用新技术、新能源和新工艺流程来改善传统的大量生产、大量消费和大量废弃的经济模式。循环经济的三个基本特点,即资源减量化、资源再循环、废物再利用,为城市节约资源和高效利用资源创造了现实条件。例如,建立城市生活垃圾分类回收系统、城市废旧物资回收系统、城市中水回用系统和城市污水厂污泥综合利用工程等,能够将城市环境污染和生态破坏降到最低限度。因此,循环经济是一种生态经济,是对传统"高投入、高消耗、高成本、低产出"经济发展模式的革新。一方面,循环经济通过生产生活方式的变革,以物资的循环利用、减少废弃物的排放和资源能源的消耗、资源的再生为手段,使人与自然之间的物质、能量、信息的转换和流动形成良性循环,把生产活动对自然环境的影响控制在自然的承受能力之内,从而实现人与自然的和谐共生。另一方面,循环经济理念指导下的新型工业也并不是低水平或同一水平上的循环运转,循环经济主要通过科学技术的创新来提高资源能源的利用效率,降低经济活动中的资源能源消耗,以最少的资源创造最大的社会财富,实现城市的可持续发展。

（2）在制度层面上,生态理性认为,在保护城市生态环境上,任何利己的行为都会给城市居民自身生存带来不良后果,只有构建公平、正义的制度,才有可能维持城市自然生态系统的平衡。城市环境治理具有系统性、整体性、复杂性的特征,要求城市环境治理制度体系必须是一个相互联系的有机系统。一般而言,制度包括规制性要素、规范性要素和文化—认知要素（见表1-1）。

表1-1　制度的三大基础要素

	规制性要素	规范性要素	文化—认知要素
秩序基础	权威应对	社会责任	理解、认同
扩散机制	强制	规范	模仿
逻辑类型	工具性	适当性	正当性
系列指标	法律、法规、条例	合理证明	共同信念、共同行动逻辑
合法性基础	法律制裁	道德支配	可理解、可认可的文化支持

第一,规制性制度是基础。包括政策、法规等在内的规制性制度是最低要求,逾越这一红线就必须受到惩罚,被规范的主体没有自行选择的余地。规制性制度对城市环境治理起到基本的保驾护航的作用,在城市环境治理制度体系中处于核心地位。第二,规范性的市场选择制度是动力。市场选择制度通过其内在的激励机制,有利于调动经济主体的积极性和主动性,能够以尽可能低的成本改善城市环境治理的效果。如果激励性的市场选择制度能被很好地设计并加以实施,这将使市场在资源配置中起决定性作用,可以充分挖掘企业和个人的内在潜力,使他们在追求自身利益的同时客观上促进城市自然生态的改善。第三,生态文化—认知制度是内核。生态文化蕴含着人与自然和谐有序、"绿水青山就是金山银山"的思想,通过社会风尚、伦理道德等软约束,激发人们的内在信念,以实施生态保护行为。生态文化为城市环境治理营造一种良好的社会环境。现代化的生活方式是导致城市生态危机的一个重要因素。家电、汽车等现代化的生活工具在为人们提供各种便利的同时,每天都在消耗着大量的能源并向大自然界不断排放各种有害的气体,破坏生态,污染环境。铺张浪费的消费方式、追求物质享受的炫富心理、随手乱扔垃圾的不良习惯等,也都在挑战着生态的承载力。现今的生态危机不断地威胁着人类的生存,这种危机倒逼人们必须改变生活方式和消费方式。丹尼尔·A.科尔曼说过,当面临危机之时,做一些个人力所能及的小事,而且主要是在自己家里改变一下日常生活方式,便可化解危机①。

（3）在精神层面上,生态理性突破了人类中心主义的桎梏,遵循人与自然和谐发展的价值观,尊重自然、顺应自然、保护自然,为城市环境治理提供精神支撑。长期以来,在人类中心主义思想的影响和支配下,人类把自然界既当水龙头又当污水池,珍爱自然、勤俭节约的精神追求被湮没在永无止境的物质欲望中,从而导致人的主体性极度张扬,占有欲极度膨胀,人时常以征服者的姿态贪婪地向自然索取,进而引发了诸多人与自然对立的城市生态危机。可以说,城市环境恶化的根本原因在于生态价值观出现了严重偏

---

① 科尔曼.生态政治:建设一个绿色社会[M].梅俊杰,译.上海:上海译文出版社,2006:3.

差。因此,解决城市生态危机,必须对原来的传统文化进行反思,重构文化价值体系和支撑体系,体认自然规律的客观性与人类自身的局限性,摒弃对自然界失去理性的享乐主义行为,从价值取向到生产生活习惯都自觉地进行重大的调整和变革,提倡人与自然和谐相处的生态理性,是人类文明生态转向绿色可持续发展道路的必然选择。

二、城市环境治理的生态理性功能引导 ▶▶

人类认识和改造自然的活动要受到客观规律和劳动工具的限制,认识和改造社会的活动要受到社会运行规律的制约,而所有的认识活动和实践活动都要受到思维方式的制约。有人曾指出,人们认识活动的"正常程序"是从特殊到一般,或者从一般到特殊,而思维方式是这个正常程序的特殊形式。作为认识秩序或规范之特殊形态的思维方式,它向人们昭示的是认识活动的"应当"或"怎样",它对主体认识活动的规范作用是显而易见的。它通过禁止、促进、激励、诱导、扶助等各种方式对共同体成员的行为进行干预,对共同体成员的自由意志施加影响。

生态理性能使城市环境治理规范有序。城市环境治理是地方政府、辖区内环境敏感企业、环保非政府组织、城市居民共同的事业。如果各个行为主体都有权威性的共同标准,即生态理性规则和导引,则城市环境治理会变得简单而有效。由于生态理性具有相对稳定性的特点,因而能够促进各个行为主体尊重自然、顺应自然、保护自然的积极性和主动性。同时,由于生态理性具有一定的自我约束性,因而它可以有效防范人类破坏生态的行为,防范机会主义和冒险主义的风险。生态理性还能保证城市环境治理的方向性。随着城市环境治理的深入发展,生态理性不仅能够促进生产、生活方式的重大转变,而且能在平衡经济发展和环境保护的关系中降低风险,并使"剩余风险"能够合理化解,从而建立一个能良性互动的稳定性结构来减少不确定性,将城市环境问题控制在可承受的范围内。

地方政府是城市环境治理的核心主体。如果地方政府注重以生态理性来主导城市生态文明建设,主张用生态理性的整体性驾驭技术理性的片面性,用生态理性的有限性规避技术理性的自私性,用生态理性的公正性统御技术理性的自私性,则不会强化狭隘的追逐地方经济利益的动机,更不会因财政收入缺口而漠视甚至纵容一些企业的生态污染行为。生态理性是把城市发展的各种生态元素,如可持续发展、环境正义、生态智慧等融入城市环境治理的理念、制度、方法的创新之中,也是把城市生态环境发展客观规律运用到城市环境治理的理念、制度、方法创新实践之中,因此,城市环境治理现代化与生态理性是互为表里的关系。现代化要求生态理性,生态理性促进现代化;现代化水平以生态理性程度为基础,生态理性程度以现代化水平为表现。

辖区内环境敏感性企业是城市生态环境资源的消耗者,也是一个可以直接保护或破坏自己生存发展环境的重要角色。受利益驱动,在没有对环境污染进行严格监管的情况下,大多数环境敏感性企业都会从利己的目的出发,采取不顾城市生态环境的发展策略。而生态理性是企业进行循环生产、绿色生产的深层因素。如果有生态理性的规制和导引,环境敏感性企业则能够不断改革生产技术或引进绿色技术,降低原材料消耗,推动清洁能源的开发,在城市生态环境保护和治理问题上主动承担起生态义务。而且,环境敏感性企业的生态理性还通过环境标志产品认证、ISO 14000环境管理体系认证以及企业对环境保护事业的捐赠等表现出来。

作为生态环境的最终消费者,城市居民是城市环境治理最基本的主体。如果每一位城市居民都具备生态理性,整个社会就会形成一个相互监督、相互制约的社会监督网络。城市环保非政府组织可以凭借其在生态环境领域的专长,为地方政府的绿色决策出谋划策,与企业友好协商,推动企业进行低碳生产、绿色生产、清洁生产;同时,它们也可以凭借自身在社会中具有的较强公信力,在城市社区中进行绿色宣传与教育、草根动员、公益诉讼,还可独立自主地完成环境调查和评价、环境治理监督等工作。城市公众则敢于对与地方政府利益相关且敏感的环境问题发表意见,反对和制止那些严重破坏环境的项目工程。因此,城市居民一旦具有了生态理性,城市中就会形成由无数双眼睛构成的生态环境保护和监督的社会网络,为城市环境治理助力。

第二章

西方生态主义影响下的应激开拓式治理：1978—1992 年

1978年12月召开的中共十一届三中全会，做出将党和国家的工作重点转移到社会主义现代化建设上来的重大决策。以此为起点，中国逐渐以现代化战略取代重工业优先发展战略。与经济发展和城市居民生活有关的环境保护开始受到重视。由于城市经济恢复和工业化建设的任务十分艰巨，城市环境保护政策主要服从于国家经济发展需要。因此，城市环境保护政策呈现明显的"浅绿化"特征，也即城市环境保护政策的制定与执行主要置于经济发展的考虑之下。随着西方生态主义理念的逐渐传播，生态理性也在缓慢觉醒中，中国掀开了具有开拓性意义的城市环境治理新篇章，城市环境治理从无到有，显现出应激开拓式治理的特征。

第一节　西方生态主义理念肇始的背景与动因

任何一种新的社会思潮和社会力量的出现，都根植于经济矛盾运动的深刻事实之中①。从18世纪中叶开始，西方资本主义国家逐步进入工业文明时代，工业化进程的加速发展，给城市带来了巨大财富，也给城市带来了严重的环境污染问题。特别是在产业革命之后，城市人口迅速增加，工业生产规模不断扩大，能源消耗持续增加，城市环境污染问题愈演愈烈。19世纪，西方学者恩斯特·海克尔（Ernst Haeckel）提出了"生态"的概念，但当时城市生态问题并没有得到广泛的关注，真正将城市生态问题置于人类发展事业中，并引起全球关注，还是20世纪70年代以后的事情②。

① 熊家学.论生态社会主义产生的社会背景［J］.湖南师范大学社会科学学报,1994（3）:34-38.
② 王伟光.在超越资本逻辑的进程中走向生态文明新时代［J］.求是,2013（19）:63.

一、资本主义城市文明的审视：工业化的生态代价与价值冲突 ▶▶

20世纪上半叶，西方资本主义国家的科学技术、经济政治、文化社会等各个方面迅猛发展，因此创造了巨大的物质财富。在资本主义基本矛盾的作用下，资本主义政治经济危机不断加深，这时虽然已经出现了诸如工业污染、环境破坏、生态失衡等问题，特别是20世纪30年代初到60年代末的近40年时间里，英国、美国、日本等工业化程度极高的国家，接二连三发生了震惊世界的"八大环境公害事件"[①]，充分暴露出了资本主义国家追求工业化所导致的人与自然关系紧张的环境问题，生态危机在资本主义国家首先爆发[②]。但这些危机被垄断资本主义生产关系中的矛盾，即无产阶级革命和帝国主义战争的激烈冲突所掩盖。

经过二战之后的经济复苏和繁荣，加之新科技革命的兴起，以及生产关系的不断调整，西方发达国家在20世纪60年代以后获得巨大发展，出现了资本主义发展史上的第二个"黄金时代"。人类无止境的经济发展要求，对自然资源的无度开发利用，导致全球生态加速恶化，空气和水源污染、物种灭绝、温室效应、核泄漏等人为生态灾难日益严重。资本主义国家对人类环境的破坏超越本国的界线，开始向世界范围内蔓延。此后，人们开始审视资本主义城市文明的发展，这种反思既有来自日趋严重的生态危机造成的资源减少、环境恶化和生物多样性锐减的压力，也有来自西方学者惯于反思与批判的学术传统，尤其是针对工业革命以来形成的由人类中心主义主导的社会意识、人文精神和社会制度体系。西方学者批判性地认为，人类中心

---

① 八大环境公害事件是指世界范围内，由于环境污染而造成的八次轰动世界的公害事件，分别是："比利时马斯河谷烟雾事件""美国多诺拉烟雾事件""美国洛杉矶烟雾事件""英国伦敦烟雾事件""日本四日市哮喘事件""日本九州市、爱知县一带的米糠油事件""日本熊本县水俣病事件""日本富山痛痛病事件"。参见宫克.世界八大公害事件与绿色GDP[J].沈阳大学学报,2005(4):3-6,11.
② 朱旭旭.工业化引发的生态危机对中国生态文明建设的启示[J].中国石油大学胜利学院学报,2015,29(4):39-42.

主义是导致城市环境问题的思想根源①。在人类中心主义的传统里,人成为自然的主宰者和统治者,只有人自身才是真正有价值的;与之相对应,自然界只是被人随意改造和利用的工具和对象。于是,人类把大自然作为资源索取的仓库和废弃物排放的垃圾场。在这一过程中,人类以损害自然为代价实现自身的发展,造成了环境污染、生态破坏与资源短缺,自然环境严重透支,进而出现生态危机。在这样的背景下,致力于摆脱人类中心主义的主导、消解传统文化"反自然"观、实现人类与自然界和谐共生的新型生态文化即生态主义应运而生。作为一种新的价值取向,生态主义强调通过社会关系和社会体制的变革,按照公平和平等的原则,主张人和自然是生命共同体的关系,倡导制度化地改善生态环境;确立人和自然界均具有价值的观点,抛弃人主宰、统治和征服自然界的认知,积极主张"尊重自然、顺应自然,保护自然"的价值认知②。

二、 西方生态主义思潮的兴起:社会科学与绿色运动相结合 ▶▷

生态主义既是西方发达国家经济政治背景发生重要变化的产物,也是西方资本主义社会价值取向发生重要变化的反映。生态主义作为一种哲学思想体系,发轫于对数百年来资本主义经济发展体制的深刻反思。西方学者批判性地认为,人类中心主义是导致环境问题的思想根源。生态主义思想以批判人类中心主义为旨趣,以科学为导向,从根本上扭转了将人类社会的发展寄托于对自然的征服上的片面思维模式,将自然环境的发展视为人类社会发展的前提。

20世纪中后期,许多科学家、理论家和政治家开始反思传统经济增长模式,主张重新界定人和自然之间的关系。其中,生态学与系统论的结合,生

---

① 李淑文.人类中心主义与非人类中心主义的论争与评析——基于人与自然关系的反思[J].中国人口·资源与环境,2010,20(3):13-16.
② 翟坤周.生态文明融入经济建设的多位理路研究——制度、机制和路径[M].北京:中国社会科学出版社,2017:68.

命与环境科学的发展为生态主义提供了自然科学前提；而诸多学者立足于马克思主义经典作家的论述，结合西方马克思主义流派及生态学理论成果，对工业社会人与自然的关系进行了批判性反思，形成了一股"生态学马克思主义"思潮。与此同时，西方一些学者从不同角度去阐述人类面临的生态问题以及解决问题的方法，一大批生态学、系统论、科学学、未来学、政治学、经济学、社会学和女权主义理论著作相继问世。1962 年，蕾切尔·卡森（Rachel Carson）出版了《寂静的春天》，标志着生态主义思想的萌芽。《寂静的春天》就环境污染对生态系统和人类社会产生的严重损害向全世界发出了警示。该书对推动公众参与生态环境治理有积极的作用。默里·布克金（Murray Bookchin）是生态无政府主义的典型代表，他在《我们的人造环境》（Our Synthetic Environment）一书中指出，资本主义已形成了一整套统治逻辑，使社会进化与生态进化很难相容。要实现这种相容，就必须进行生态斗争，彻底改变原有的社会结构。1968 年，意大利学者和工业家佩切伊（Aurelio Peccei）和苏格兰科学家亚历山大·金（Alexander King）等发起建立了"罗马俱乐部"。该俱乐部于 1972 年发表了报告《增长的极限》（The Limits to Growth）。增长极限观认为，人类社会的发展主要受人口、工业生产能力、农业生产能力、自然资源消耗和环境污染的影响。这五个因素都是呈指数增长，其中人口和经济（或工业）的指数增长是引起许多世界性问题的根本原因，而粮食（或耕地）、资源和污染则是限制人口和经济增长的制约条件。罗马俱乐部的结论是：如果不对现行的经济发展方式做出重大改革，最晚不出下个世纪，增长会突破极限，然后无可挽回地停止下来。同年，在瑞典斯德哥尔摩召开的人类环境会议引起了公众的极大关注。斯德哥尔摩会议阐述了这样一种思想：发展与环境不是互不相关的。发展不足造成的环境问题也是一种污染——"贫穷污染"，并且是所有环境问题中最严重的一种。所有的国家都需要进一步发展，对环境的关注不应该妨碍发展，而应该成为发展的一部分。因此，只有保护环境，才能使发展持续下去，同时避免意外的、无益的副作用①。威廉·莱斯（William Leiss）于 1972 年和 1976

---

① 程振华.人类环境史上的重大事件——介绍斯德哥尔摩行动计划［J］.环境保护，1986（6）：11–14.

年分别发表了《自然的控制》(*The Domination of Nature*)和《满足的极限》(*The Limits to Satisfaction*)两部著作,提出生态危机的根源在于基于"控制自然"的科学技术和社会异化的消费观念,解决危机的出路在于建立"易于生存的社会"。此后,又相继出现了"双重危机论""政治生态理论""经济重建理论""生态社会主义理论",形成了生态马克思主义系统理论①。生态主义价值观念的产生和发展是人类对环境问题在认识和态度上的一大转变;而生态社会主义则是人类生态意识觉醒的直接产物。

　　从20世纪60年代开始,各种生态组织,诸如"环境保护绿色行动""争取充分就业和环境保护"等相继产生,绿色运动蓬勃兴起,并持续至今。绿色运动的目的是通过变革生产、消费、生活方式,调整生态系统,即在保护生态系统平衡的前提下谋求社会发展。西方的绿色运动在每个时代的关注点不同:20世纪60年代关注化学药剂问题,20世纪70年代关注核武器和核动力,20世纪80年代关注酸雨问题,20世纪90年代关注臭氧层破洞和森林砍伐,21世纪初关注气候变化和温室效应等议题。绿色运动成为一股很有影响力的社会潮流。越来越多的人参加绿色运动,绿色主义思想逐渐普及并深入人心。绿色运动也推动了由原来关注政治、经济福利的传统福利思想到加入了生态福利的新福利思想的转型。

三、西方生态主义理念的发展:理论发展与政治行动交相辉映 ▶▷

　　在西方,对资源紧缺、环境污染、生态失衡问题的反思与研究,一直是与对工业化和资本主义制度的批判联系在一起的。一般来说,这种以批判为特征的理论思潮以及由此发展起来的政治思潮被称作生态主义。这种思潮追求人和自然和谐相处,特别强调人类的整体利益和未来利益,通过反思当代政治制度和社会发展模式,试图建立人类社会不同利益群体、阶层、种族

---

① 陈洪波,潘家华.我国生态文明建设理论与实践进展[J].中国地质大学学报(社会科学版),2012,12(5):13-17,138.

之间的新型关系①。

　　从思想历程来看，生态主义自产生以来经历了一个由现象的批判到思想基础的批判的过程。20世纪60—70年代，生态主义崛起以后，主要是针对工业主义思维及其带来的严重后果，即"极限的增长"和"没有极限的增长"展开了激烈的讨论。20世纪80年代，随着生态运动的蓬勃发展，生态主义对技术理性进行了批判，由于看待技术进步的态度不同，出现了"深绿"和"浅绿"之争。虽然双方都批判"人类中心主义"，但是深绿派要求彻底改变现存的政治、经济、社会制度、生活方式和人生观，主张否定一切技术；浅绿派则主要是批判对科学技术的运用不当，主张逐步变革。20世纪80年代末90年代初，生态社会主义积极运用马克思主义来解决现实中的生态问题②。这一时期生态主义深入到政治和文化层面，产生了生态社会主义和生态主义，两者在政治主张上表现为社会主义和无政府主义的不同，在生态伦理观上表现为"人类中心主义"和"生态中心主义"的对立。其中，生态社会主义者认为人类真正面临的生态危机，是在进入资本主义社会的历史发展阶段后才开始出现的。在《生态危机与资本主义》一书中，生态马克思主义者福斯特就曾指出，当今威胁地球上所有生命的生态问题是资本获利的逻辑造成的。资本唯利是图的本性、资本主义生产无限扩大的趋势和整个社会生产的无政府状态，除了必然导致资本主义危机的周期性爆发外，也给自然环境和生态系统带来了巨大的消耗和破坏。

　　从实践历程来看，生态主义在理论思潮的指引下逐步转变为一种政治活动。20世纪60年代末，世界上第一个绿色政治组织——新西兰的"价值党"成立。它是生态主义从理论思潮转向政治活动的标志。由此，生态主义翻开了历史新篇章。到20世纪70年代，伴随绿色运动理论水平的全面升华，绿色运动也逐渐开始出现自己的政治组织——绿党。到了20世纪80年代和90年代，绿党已遍布欧美各国及日本等一些东方国家。1983年，联邦德国绿党成为第一个进入议会的绿色政治团体，树立了绿色运动的里程碑。

---

① 程春节.西方生态主义的主要流派及其进路研究——基于伦理观的角度[J].科技管理研究,2012,32(17):183-186.
② 张剑.生态社会主义的新发展及其启示[J].马克思主义研究,2015(4):126-134.

　　由此可见,在西方,生态主义作为一种具有批判性的理论思潮是伴随着对资本主义及其生产方式批判的社会科学和政治活动发展而来的。由于其批判锋芒对准西方当代的经济、政治、文化、社会的现实制度,因此被看作是一种"新的激进主义"。虽然经过了这么多年的发展,但让理论界对生态主义进行定位仍然具有较大困难。然而,有一点可以肯定的是,生态主义坚决反对资本主义价值体系,它试图追求一种人与自然和谐的社会发展模式,只是由于这种理想在西方是超越现实的,因此它不可避免地被戴上了"乌托邦"的帽子[①]。尽管如此,在西方社会整体发展中,生态主义及其相关理论的地位会越来越突出,其理论价值和实践价值正在进一步得到接纳和认可,生态主义正在为解决生态问题提供有力的理论和经验支持。

第二节　改革开放初期城市环境治理与西方生态主义理念的嵌入

　　改革开放以来,随着人口和经济的急剧增长,以及快速的工业化、城市化和市场化发展,城市生态空间不断被挤占,中国一些城市的污染现象已经相当严重,城市环境保护被提上城市管理的议事日程。

一、改革开放前城市环境治理的困境 ▶▷

　　1949年以后,人们对城市的功能认识不足,片面强调"变消费城市为生产城市"。因此,在城市建设中,优先考虑城市的生产投资,将城市基础设施投资列入非生产性建设投资之列,城市建设欠债过多,造成了污染物处理设备在内的城市基础设施难以满足经济社会发展需要的情况。

---

① 杨志,王岩,刘铮,等.中国特色社会主义生态文明制度研究[M].北京:经济科学出版社,2014:40.

到20世纪60年代末70年代初，中国城市面临"三废"污染的严重问题。如水域污染方面，渤海湾每天有600多万吨废水排入，出现涨潮一片黑水、退潮一片黑滩的景象，沿海水产养殖受到严重污染。黄河在兰州市下游几十里河水均呈黑褐色，河水含油量最高值超过卫生标准的52倍。此外，废水还污染了地下水和饮用水源。杭州、苏州等水乡城市，由于河道污染，方圆十里内找不到饮用水源①。1971年底到1972年初，北京重要的水源地官厅水库受到上游河流附近工厂污水污染，不仅造成下游鱼类大量死亡，而且出现了人吃鱼中毒症状②。1973年，国家有关部门对张家口、保定、石家庄、邯郸、唐山5个地区的主要水系及近200个企业的调查发现，"每天排出含酚、氰、硫化物、砷、汞、铅、铬、石油等有害物质的工业废水约200万吨"③，这些工业废水大多未经处理排入河道。如唐山焦化厂废水中酚含量高达72毫克/升，氰化物含量为23.4毫克/升，分别超过国家标准的35倍和23倍。陡河、汤河、府河、绵河因受该地工业"三废"污染，水质已变黑、变臭，鱼类已经绝迹。陡河受唐山焦化、造纸、印染、化工、皮革等工业废水污染，酚含量为3.8毫克/升，已成死河；滏阳河是邯郸市工业用水和生活用水的重要水源，因受邯郸钢厂、增塑剂厂、农药厂、树脂厂、石油化工厂等工厂废水的污染，水质逐年变坏，据有关部门在1973—1975年监测化验显示，滏阳河水中"有害物质含量最高的分别为：酚0.073毫克/升，砷0.1毫克/升，细菌总数52.8万个/升，其中大肠菌群2.38个/升，均大大超过了饮用水的标准"④，直接影响了工业正常生产和市民的用水安全。20世纪70年代初，河北的大气污染同样已经比较严重，全省9个中等城市中"有3 000多台锅炉没有烟道

---

① 曲格平,彭近新.环境觉醒：人类环境会议和中国第一次环境保护会议［M］.北京：中国环境科学出版社,2010：313-315.
② 曲格平,彭近新.环境觉醒：人类环境会议和中国第一次环境保护会议［M］.北京：中国环境科学出版社,2010：445.
③ 河北省革命委员会三废管理办公室.河北省工业三废污染及其危害的调查报告（1973—1975）［R］//姜书平.20世纪70—80年代初河北环境问题研究.河北：河北师范大学,2008.
④ 关于邯郸市城市建设欠账问题的初步调查（1978-02-10）［R］//姜书平.20世纪70—80年代初河北环境问题研究.石家庄：河北师范大学,2008.

除尘设备"①,造成城市上空浓烟滚滚,粉尘飘扬。石家庄市的空气污染也比较严重,全市有锅炉1 283台,烟囱869个,80%以上的烟囱在市区和郊区,大部分没有消烟除尘装置,每年排放的烟尘"即达6万多吨,二氧化硫气体4 600多万立方米,加上各种工业有害废气,全市每年排入大气的含有各种毒物的气体达470多亿立方米"②。

　　尽管如此,1972年以前,"环境保护"一词在中国政府的官方文件中很少出现。以《人民日报》的报道为例,检索1949年10月至1972年6月间,以"环境保护"为标题或内容关键词的文章,没有符合条件的文献③。1972年6月,中国政府派代表参加在瑞典斯德哥尔召开的联合国第一次环境会议,推动了国家层面环保意识的觉醒。1973年1月,国务院成立了环境保护领导小组筹备办公室,作为推进环境保护工作的国家环保机构。同年8月5日到20日,第一次全国环境保护会议召开,拟定了由国务院颁布实施的第一个环境保护文件——《关于保护和改善环境的若干规定(实行草案)》,开启了中国环境保护的进程。可见,中国政府很早就把城市作为环境保护工作的重点区域④。1973年,国家首先在城市建立了环境保护管理、科研和监测机构,随后开展了城市污染源调查和环境质量评价工作。1973年初到1978年底,在城市开展了以重金属为代表的重点污染物的治理和城市燃煤锅炉改造及消烟除尘工作。在实施社会主义现代化发展战略之前,中国政府开始致力于城市环境保护规划设计、制定环境污染排放标准、成立环境保护机构、建立环境行政管理制度,城市生态文明建设进入起步阶段。

---

① 河北省革命委员会三废管理办公室.河北省工业三废污染及其危害的调查报告(1973—1975)[R]//姜书平.20世纪70—80年代初河北环境问题研究.石家庄:河北师范大学,2008.
② 河北省石家庄市革命委员会.河北省石家庄市革命委员会关于我市环境污染情况的初步调查报告(1975-12-10)[R]//姜书平.20世纪70—80年代初河北环境问题研究.石家庄:河北师范大学,2008.
③ 翟亚柳.中国环境保护事业的初创——兼述第一次全国环境保护会议及其历史贡献[J].中共党史研究,2012(8):63-72.
④ 夏光.中国城市环境综合整治定量考核的经验与理论研究[J].环境导报,1996(2):1-3.

二、改革开放初期城市环境治理的初步尝试 ▷▷

（一）将环境保护确立为基本国策，并将其纳入国民经济发展计划

改革开放之初，尽管中国放弃了单纯发展重化工业的思路，转而采取消费导向型的工业化发展战略。然而，城市生态环境依然面临严峻的形势。当时，由于缺少污染物处理设备，大量城市污水直接排放到河流之中；由于煤炭仍然是城市生产、生活中所消耗的主要燃料，大量的浓烟和废气排入空中，造成了严重的大气污染。针对于此，1978年12月31日，中共中央批准了国务院环境保护领导小组的《环境保护工作汇报要点》，指出"消除污染，保护环境，是进行社会主义建设，实现四个现代化的一个重要组成部分——我们绝不能走先建设、后治理的弯路。我们要在建设的同时就解决环境污染的问题"。这是中国共产党历史上第一次以党中央的名义对环境保护做出的指示。它引起了各级党组织的重视，推动了中国环保事业的发展①。在1979年4月17日召开的中央工作会议上，邓小平在谈到环境问题时说："全国污染严重的第一是兰州。桂林一个小化肥厂，就把整个桂林山水弄脏了，桂林山水的倒影都看不见了。"②在这次会议中，邓小平还特别为解决北京市的环境污染问题提出了"要改造所有民用锅炉"的具体建议。他认为，改造后的民用锅炉实现统一供热后，可以达到两个目的，"一是节约燃料；二是减少污染。这件事要有人抓，抓不抓大不一样。要制定一些法律。北京的工厂污染问题要定期整改"③。

1979年，邓小平以首都北京作为城市绿化方面的典型，曾先后几次对加强北京市的城市绿化工作做出重要指示。1979年1月6日，邓小平在同国务院相关负责人进行关于旅游工作的谈话时指出："北京要搞好环境，种草

---

① 徐曼.改革开放30年环境保护大事记［J］.环境保护，2008（21）：66-69.
② 中共中央文献研究室.邓小平年谱（1975—1997）：上［M］.北京：中央文献出版社，2004：506.
③ 中共中央文献研究室.邓小平年谱（1975—1997）：上［M］.北京：中央文献出版社，2004：506.

种树,绿化街道,管好园林,经过若干年,做到不露一块黄土。"①在1979年4月17日召开的中央工作会议上,他强调:"北京要种草,种了草污染可以减少。"②这就把城市绿化与防治污染紧密联系起来。

为了落实邓小平关于加强城市污染治理的指示,国务院在1981年2月颁布的《关于在国民经济调整时期加强环境保护工作的决定》中,明确提出了搞好首都北京和杭州、苏州、桂林等城市的环境保护的要求。至此,全国城市的环境污染治理问题被正式提上了议事日程。这些城市都相继制订了环境保护规划,结合城市的改造与建设,调整了一些不合理的布局,建设了一批环境工程设施,普遍开展了锅炉、窑炉改造。

1982年,中国共产党在第十二次全国代表大会上提出了控制人口增长以及加强能源开发等生态建设的观点③。1983年12月31日,国务院召开了第二次全国环境保护会议,环境保护被正式确立为中国的一项基本国策,提出了"经济建设、城乡建设、环境建设同步规划、同步发展,实现经济效益、社会资产和环境效益相统一"的战略方针。"三同步"和"三统一"的环境保护方针成为环境保护的总政策。同时,会议还针对中国人口多、底子薄和难以支付高昂的环境污染治理成本的基本现实,把环境管理作为环境保护的中心环节,提出"预防为主、防治结合、综合治理""谁污染,谁治理""强化环境管理"的治理思路。1984年,《国务院关于环境保护工作的决定》再次明确强调,保护和改善生活环境和生态环境,防治污染和防止自然环境被破坏,是中国社会主义现代化建设中的一项基本国策。1982年,国民经济计划改名为国民经济和社会发展计划,第六个五年计划(1981—1985)首次把环境保护纳入国民经济发展计划,对环境保护的目标、任务、重点工作和实施措施做了明确规定;第七个五年计划(1986—1990)进一步把改善生活环境作为提高城乡居民生活水平和质量的重要内容。值得一提的是,1983年

---

① 中共中央文献研究室.邓小平年谱(1975—1997):上[M].北京:中央文献出版社,2004:466.
② 中共中央文献研究室.邓小平年谱(1975—1997):上[M].北京:中央文献出版社,2004:506.
③ 中国共产党第十二届全国代表大会文件汇编[M].北京:人民出版社,1982.

以后，环境保护也被写入历年政府工作报告。环境保护被写入政府工作报告，不但表明政府对环境保护的高度重视，而且成为环境保护项目实施和目标实现的重要保证，这对中国开展环境保护工作产生了巨大的推动作用。

（二）环境保护法律法规政策体系初步形成

1978年，环境保护首次被纳入修订后的《中华人民共和国宪法》。它规定：国家保护环境和自然资源，防治污染和其他公害。1979年，《中华人民共和国环境保护法（试行）》的颁布，将环境保护从条例上升为国家法律，标志着中国的环境保护法律体系开始正式建立。由此，中国环境保护在纳入《中华人民共和国宪法》的基础上又有了综合性法律架构，环境保护工作进入法治化阶段。1982年，修订后的《中华人民共和国宪法》进一步明确了环境的内涵和环境治理保护的内容。作为保护对象的环境，包括生活环境和生态环境，其中突出了人类生存环境的概念，明确规定不仅要保护环境，而且要改善环境；既要保护和改善生活环境，又要保护和改善生态环境。

除了确立环境保护的宪法意义和综合性环境保护法律框架之外，1980年以后，中国还颁布实施了多个部门法律法规。截至20世纪90年代初，中国制定并颁布了12部资源环境法律，20多个行政法规，20多个部门规章，累计颁布地方法规127个、地方规章733个以及大量的规范性文件[①]，初步形成了环境保护的法规体系，为强化环境管理奠定了法律基础。这些环境保护的法律法规的制定，既是中国坚持可持续发展战略的有力手段，也是对全球可持续发展战略的积极响应。因为1992年联合国环境与发展大会通过的《21世纪议程》就明确要求："为了有效地将环境与发展纳入每个国家的政策和实践中，必须发展和执行综合的、可实施的、有效的并且是建立在周全的社会、生态、经济和科学原理基础上的法律和法规。"

此后，中国环境保护的政策体系也开始初步形成。1989年4月底召开的第三次全国环境保护会议确立了环境保护的"三大政策"和"八大制度"

---

① 周宏春, 季曦.改革开放三十年中国环境保护政策演变［J］.南京大学学报（哲学·人文科学·社会科学版）,2009,45（1）: 31-40,143.

（见表2-1）。

表2-1　环境保护的"三大政策"和"八大制度"

"三大政策"	① 预防为主、防治结合、综合治理 ② 谁污染，谁治理 ③ 强化环境管理
"八大制度"	行政手段：① "三同时"制度；② 环境影响评价制度；③ 城市环境综合整治定量考核制度；④ 环境目标责任制度；⑤ 排污申报登记制度和排污许可证制度；⑥ 限期治理制度；⑦ 污染集中控制制度
	经济手段：排污收费制度

1990年底，国务院颁布的《关于进一步加强环境保护工作的决定》再次强调，保护和改善生产环境及生态环境，是中国必须长期坚持的基本国策。同时，该决定也强调严格执行八项环境管理制度。至此，以环境保护基本国策为核心，以"三同步""三统一"为环保战略方针，以"预防为主、防治结合、综合治理""谁污染，谁治理""强化环境管理"为管理方针，共同构成了环境经济政策、生态保护政策、环境保护技术政策、工业污染控制政策和能源政策等环境保护的政策框架①（见图2-1）。

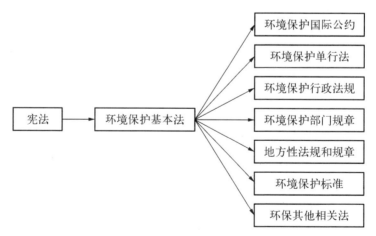

图2-1　中国环境保护法律法规体系

---

① 俞海滨.改革开放以来我国环境治理历程与展望[J].毛泽东邓小平理论研究,2010（12）: 25-28,81.

（三）环境保护的污染控制手段初见

随着市场化改革的推进和资源配置中市场作用的加强，环境保护手段发生了重大变化。在"三同时"制度进一步实施的同时，出现了两项重要的环境保护手段——排污收费制度和建设项目环境影响评价制度[①]。在城市，随着战略和体制的转向，在改革开放前运用较多的群众运动手段自然就退出了历史舞台，转而形成了一批独具中国特色的城市环境治理手段，主要有环境保护目标责任制度、"城考"制度与卫生城市创建制度等。

（1）"三同时"制度。"三同时"制度是指新建、改建、扩建项目和技术改造项目，其防治污染和其他公害的设施，必须与主体工程同时设计、同时施工、同时投产。这项制度自1979年以法律形式被正式确立。1981年5月，国家又颁布了《基本建设项目环境保护管理办法》，把这项制度具体化，并纳入基本建设程序，"三同时"制度的作用才得以充分发挥。1989年12月26日颁布的《中华人民共和国环境保护法》最终对这一制度给予了确认。"三同时"制度的实施，是强化城市建设项目环境管理的重要手段，同时也有利于以预防为主的环保方针得以贯彻实施（见表2-2）。

表2-2　"三同时"制度的演变

时 间	文 件	演 变
1972年	《国家计委、国家建委关于官厅水库污染情况和解决意见的报告》	首次提出
1973年	《关于保护和改善环境的若干规定》	正式规定
1979年	《中华人民共和国环境保护法（试行）》	法律确认
1981年	《基本建设项目环境保护管理办法》	具体化
1989年	《建设项目环境设计规定》	进一步强化
1989年	《中华人民共和国环境保护法》	进一步确认

---

① 张连辉，赵凌云.1953—2003年间中国环境保护政策的历史演变[J].中国经济史研究，2007（4）：63-72.

（2）排污收费制度。排污收费制度是城市环境保护的基本原则——"谁污染，谁治理"原则的集中体现。排污收费最早在1978年12月31日中央批转的《环境保护工作汇报要点》中被提到。1979年9月颁布的《中华人民共和国环境保护法（试行）》明确规定，"超过国家规定的标准排放污染物，要按照排放污染物的数量和浓度，根据规定收取排污费"，从而在法律上确定了排污收费制度。1982年7月，国务院颁布实施《征收排污费暂行办法》，排污收费制度正式确立。此后的事实证明，排污收费制度有利于环境保护工作的开展，它在促进老污染源的治理、控制新污染源的产生以及提供环保基金等多个方面都有积极作用。

（3）建设项目环境影响评价制度（又称环境影响报告书制度）。环境影响评价制度是指对城市规划和建设项目实施后可能造成的环境影响进行分析、预测和评估，提出预防或者减轻不良影响的策略和措施，并进行跟踪监测的方法和制度。环境影响评价制度不仅仅是污染源管理的两大核心制度之一，而且也是众多城市环境保护制度中最重要的制度。1979年4月，国务院环保领导小组发布的《关于全国环境保护工作会议情况的报告》中，要求"要从资源开发利用、厂址选择、工艺路线和产品品种的选择、环境质量影响评价等基本建设前期工作抓起，防止产生新的污染源"。同年9月颁布的《中华人民共和国环境保护法（试行）》又对环境影响评价做了规定。此后的《建设项目环境保护管理办法》《中华人民共和国海洋环境保护法》《中华人民共和国环境噪声污染防治条例》等众多法律法规都提到了环境影响评价制度。

（4）城市环境保护目标责任制。1989年4月，国务院召开了第三次全国环境保护会议，确定了包括城市环境综合整治定量考核在内的8项环境管理制度。随后，在1989年12月正式颁布的《中华人民共和国环境保护法》第16条中明确规定：地方各级人民政府，应当对本辖区的环境质量负责，采取措施改善环境质量。对环境质量负责的行政管理制度，其核心是责任制，即地方各级人民政府及其主要领导人要依法履行环境保护的职责，认真执行环境保护法律、法规和政策，对城市的环境质量负责，并将城市环境治理的任务分解到各有关部门和单位，形成市长统一领导下的有关部门分

法的实用技术体系；促进与世界市场紧密联系的、更加开放的贸易与非贸易体系；合理开发利用资源，防治污染，保护生态平衡①。1990年，中国生态经济学会和中国社会科学院农村发展研究所联合在北京召开纪念"国际地球日"20周年座谈会，刘思华呼吁在党和政府的重要文献中明确三个文明建设的命题，希望唤起全体人民特别是党政领导干部的生态意识。这些倡导和提议以强烈的生态忧患意识和社会责任感，明确了人类对生态环境问题应承担的责任，引起了社会的广泛共鸣。这种生态意识的日益觉醒，成为全社会对国家逐渐明晰的环境保护政策的最有力的回应，预示着中国环境保护时代的来临②。

　　可以说，20世纪80年代是中国生态意识和生态社会主义思想启蒙的年代。这一时期中国的生态社会主义理论研究主要有两个特点：一是批判人类中心主义，关注现代化对人与自然关系的破坏；二是谴责资本主义是破坏生态环境、造成生态危机的根源。1990年以后，中国学界有意识地引介了西方生态社会主义理论，开启了对全球化背景下后现代取向的生态马克思主义（包括生态社会主义）较系统的研究。同时，与这些流派的方法论相关的后现代主义马克思著作也被大量引进中国。20世纪90年代中晚期以来，约翰·贝拉米·福斯特（John Bellamy Foster）等人的生态社会主义思想备受关注。这一时期，生态社会主义理论已经成为不少相关专业大学生、研究生的论文主题，相应的课程也在大学里开设。由于中国学者的不懈推介，也由于中国现代化进程中日益显现的严重的生态负效应，西方生态马克思主义、生态社会主义思想在中国有了较高的接受度。随后，西方生态社会主义理论进入中国主流的政治话语结构，被大众所熟知。中国民间、学界和政府此时并不在意生态社会主义理论背后的后现代主义理论基础和方法论原则，而是开始以非常实用的态度汲取其精粹。随着中国对外开放的推进，生态主义进入中国，持续地影响了当代中国的发展理论和实践③。

---

① 中科院国情分析小组.生存与发展［M］.北京：科学出版社，1989：69.
② 吴晓军.改革开放后中国生态环境保护历史评析［J］.甘肃社会科学，2004（1）：167-170,163.
③ 周穗明.西方生态社会主义与中国［J］.鄱阳湖学刊，2010（2）：23-29.

早在1987年发布的《布伦特兰报告》中就有专门章节关注城市环境问题的对策。该报告认为城市作为越来越重要的人类聚居之地,应该成为追求可持续发展的中心。1992年,在巴西里约热内卢召开的联合国环境与发展大会上,通过了《里约宣言》和《21世纪议程》。《21世纪议程》的第28章又提到"地方行为者规划自身的《地方21世纪议程》",强调地方行为者在环境议程设置、技术创新和行动实施中的重要性。在里约的环境与发展大会上,中国签订了《全球21世纪议程》,向世界表明坚持走可持续发展道路的立场。会后不久,中国就制定了《中国21世纪议程》,包含"环境与发展的十大对策":参照环发大会精神,制定我国环保行动计划持续发展战略;采取有效措施防治工业污染;深入开展城市环境综合整治,认真治理城市"四害";提高能源利用效率,改善能源结构;推广生态农业;坚持不懈植树造林,切实加强生物多样性保护;大力推进科技进步,加强环境科学研究,积极发展环保产业;运用经济手段保护环境;加强环境教育,不断提高全民族的环境意识;健全环境法制,强化环境管理等。1992年8月,中共中央和国务院联合转发了《中国环境与发展十大对策》,深入开展城市环境综合整治,认真治理城市"四害"(即废气、废水、废渣和噪声)是对策之一。"十大对策"成为城市协调经济发展和环境保护的行动纲领。

第三节　城市环境应激开拓式治理的特征与影响

1979年以来,"可持续发展"的理念越来越受到重视,中国掀开了具有开拓性意义的城市环境治理新篇章,国家针对城市环境污染治理的政策从无到有,形成了影响深远的、以政府为主导自上而下的应激开拓式环境治理基本格局[①]。

---

① 董海军,郭岩升.中国社会变迁背景下的环境治理流变[J].学习与探索,2017(7):
　　27-33.

一、城市环境应激开拓式治理的产生背景 ▷▷

　　1978年12月召开的中共中央十一届三中全会，是中国社会主义改革史上的一个里程碑，不仅实现了全党工作重心的转移，即由以阶级斗争为纲转移到以经济建设为中心，而且吹响了改革的号角。从1978年12月到1984年9月，改革的重点在农村，通过发展多种形式的家庭联产承包责任制，调动农民开展商品生产的积极性；在城市，主要进行企业改革试点，扩大企业自主权。从1984年10月到1991年2月，改革的重点由农村转向城市，以增强企业活力为中心，配套推行市场建设、价格改革和宏观管理体制改革，全面展开城市、农村以及科技、教育和政治体制改革。中共十二大报告《全面开创社会主义现代化建设的新局面》，提出了要在不断提高经济效益的前提下实现"两个倍增"。这是中国要进一步加强经济建设的信号。

　　因此，改革开放初期，中国在对待"环境与发展"问题时，首先强调的是经济发展，环境问题的解决不能以停止发展为代价。这种基于中国具体国情的态度在中国城市的发展政策中一直占据主导地位。在这样一种指导思想下，环境保护所扮演的是为经济建设服务的角色，"中国是发展中国家，……必须始终把国民经济的发展放在第一位，各项工作都要以经济建设为中心来进行。因此，环境保护作为国民经济和社会发展的一个重要组成部分，始终要围绕社会主义现代化建设的总目标，更好地为促进经济发展，改善人民的生活质量服务"，"在现阶段，要充分考虑我国经济发展和国力的实际情况，对环境保护和环境建设只能量力而行，使环境保护和环境建设的速度与同期国民经济增长的速度相协调"①。

　　尽管当时的中国已经意识到了不能走西方国家"高消耗、高污染"的工业发展老路，并以"三同时"等具体管理措施来贯彻实施此意图。然而，当时中国的首要任务是摆脱经济落后的现状，环境与发展的关键是发展。这样一来，"经济发展指标"成了评价地方政府政绩的主要依据。而环境保护

---

① 国家计委，国家科委，国家环保局，等.中华人民共和国环境与发展报告/中国环境年鉴（1991）[M].北京：中国环境科学出版社，1991.

投入大、产出少,其效益在短期内很难显现出来。更重要的是,当时地方政府的生态理性意识比较淡薄,还习惯于把环境看作是"取之不尽,用之不竭"的,只图最大限度地夺取自然财富,根本没有考虑资源和能源的再生能力,更没有考虑到生态平衡。

从客观上说,在改革开放初期,生产力水平低,经济效益差,限制了环境保护方面的投入。比如,控制大气污染,就要控制排放源,对于工厂来说就要采取一系列处理装置与回收装置,对居民来说就要搞大规模的集中供热、集中供电、煤气管道。要防治废水的污染,就要提高城市的污水处理能力,建立大的污水处理厂,建设城市排水设施,这些都需要大量投资。可是,根据当时的财政经济状况,一时还拿不出更多的资金投资上述建设。在这种状况下,中国城市基本是在一种无意识的消极状态下从事环境保护工作的。由于对环境保护缺乏系统性的认识,当时的中国城市生态环境形势依然严峻。

二、城市环境应激开拓式治理的主要特征 ▶▶

改革开放之初,城市环境治理一方面受到城市优先发展经济与生态理性意识淡薄的主观意识影响;另一方面又受制于生产力水平低下与财政收入匮乏的客观背景,加之城市环境治理经验的缺失,中国大多数城市的环境治理表现出"头痛医头、脚痛医脚"的应激开拓式治理的特点。具体来说,主要表现在以下三个方面:

(1)持续存在的城市环境污染是应激开拓式治理的触发机制。改革开放后,中国的工业化进程加快,城市化开始迅速发展,但是快速发展背后的环境代价也十分高昂,快速的经济和城镇化发展导致了城市环境的急剧恶化。究其原因,第一,城市人口的急剧增长,破坏了固有的生态平衡。因为人作为大自然的一员,要从自然中索取物质和能量,同时还要不断向环境中排放废弃物,当排放的废弃物超过环境本身的自净能力时,必然造成有些废弃物不能及时得到分解,这些未分解的废弃物聚集起来易导致环境污染。第二,城市环境污染的重要源头之一是大量存在的小企业。由于小企业遍地开花,使得污染在面上铺开,成为大范围环境恶化的主要肇事者。它们本应成为主要的环境管理对象,可实际上从环保角度对它们进行管理的难度很大,管理效果一直不好。对这些小企业来说,"三同时"等管理措施在实施中形同虚设①。第三,旧的工艺和设备老化也是造成城市环境污染的重要原因。由于技术装备落后,对原燃料不能充分利用,既浪费资源,又造成环境污染。基于此,中国不可避免地走上了"先污染,后治理"的老路。所谓"先污染,后治理"是指污染发生了再加以治理,以减弱甚至消除污染对环境的有害影响,这也决定了改革开放初期中国城市环境被动治理的思路。

　　例如,针对当时城市工业污染"三废"问题,1983 年 12 月,国务院召开第二次全国环境保护会议,将"保护环境"确定为中国的一项基本国策,并提出"经济建设、城乡建设、环境建设同步规划,同步发展,实现经济效益、社会效益和环境效益相统一"的战略方针,实行"预防为主、防治结合、综合治理""谁污染,谁治理""强化环境管理"三大政策。1989 年 5 月,国务院召开第三次全国环境保护会议,强化环境管理,推行"老三项"(即环境影响评价、"三同时"和排污收费制度)、"新五项"(即环境保护目标责任、城市环境综合整治定量考核、排污许可、污染集中控制和污染限期治理制度)等政策措施。可以看出,这些制度大多不是从产生环境问题的源头与生产过程中的预防入手的,而是等环境污染和资源破坏产生后再进行治理。换言之,执行这些制度本身就是"先污染,后治理"。而且这些政策方针都是基于实践中出现的问题制定的回应措施,其目的只是控制污染的恶化,是一种末端治理。实际上,改革开放初期,针对城市环境的突出问题,中国一直在被动地开药方,而且是"头痛医头,脚痛医脚"的回应式治理。这种治理思路的结果是:一方面,只有在环境危机爆发之后,污染源才会得到重视和治理,多数污染源在平时的监管中得不到应有的重视和治理,缺少初始端的预防或监管;另一方面,一旦环境问题爆发,这种治理思路往往会釜底抽薪,"关停并转"与污染事件有关的所有产业,其效果只能是治标不治本,进而影响

---

① 张燕,张倩,张洪."先污染后治理"的成因及解决对策[J].电力环境保护,2002(2):55-58.

社会经济发展。

（2）应激开拓式治理具有明显的非常规化、非专业化特征。美国学者詹姆斯·R.汤森（James Roger Townsend）等人认为，中国面临着一种制度化运动的悖论，即改革意味着中国生活的常规化，但它却是以动员的方式进行的①。这种"制度化运动的悖论"，集中体现了应激开拓式环境治理常规化与理性化的困境。与官僚制的"理性主义"逻辑不同，应激开拓式治理具有随意性、权宜性、变通性的特点，似乎任何有助于减少环境污染的技术、策略、手段和方式，无论是正式的还是非正式的，理性的还是非理性的，均可被采用。究其原因，应激开拓式治理手段本身所具有的强大动员能力使其具有一定的吸引力。由于科层式治理体系有其自身的困境，执政党的社会治理能力和政府执行能力都受到一定程度的限制，因而在一些复杂的治理难题面前，治理体系或出于习惯，或出于无奈转向运动手段以实现其动员与治理目标。

在环境保护上，地方政府在制定计划时，没有从长远利益出发，将环保工作纳入城市国民经济和社会发展计划中去。在环保建设上，由于主观生态理性欠缺和客观财政实力屡弱，导致环保建设力度较小，使得环保工作不能正常有效地进行。在项目建设上，对新建、扩建项目往往只看重经济效益，忽视其给城市环境带来的不良影响。没有执行建设项目环境影响评价制度，或者先建设，后评价；也不执行国家规定的防治污染及其他公害的设施必须与主体工程同时设计、同时施工、同时投产使用的"三同时"制度；甚至不经环保部门验收即投产运营。在资源开发上，针对城市森林资源储备下降，环保部门组织开展大规模、轰轰烈烈的植树造林活动。在环保执法上，常常是环保部门对严重污染环境的单位提出限期治理的责令，而政府部门因担心影响国计民生而从中干扰，从而使被严重污染的环境得不到及时的治理②。

（3）应激开拓式治理带有政府直接管控的刚性和粗放式特点。在改革

---

① 汤森,沃马克.中国政治［M］.顾速,董方,译.南京：江苏人民出版社,1995：283.

② 肖显静.生态政治——面对环境问题的国家抉择［M］.太原：山西科学技术出版社,2003：111.

开放初期，中国处于计划经济和计划经济向市场经济转变时期。在计划经济体制下，政府运用指令性计划能够集中大量的人力、物力和财力来解决一些重大的环境问题。但是，也正是由于地方政府在计划经济时期充当了城市环境保护的主导者，因此也就承担了过多的责任与义务，许多本应由城市居民承担的责任都推给了地方政府，本来可以通过市场来调节和引导的事情也主要由地方政府来完成。这样做的结果是，地方政府在城市环境治理中承担的责任越来越重，社会也因此对政府产生了很强的依赖性，导致城市环境治理缺乏自我发展的内在动力。

政府直接管控的机制的主要弊端在于：① 不能真正体现"谁污染，谁治理"的责任机制。例如，城市生活废水和生活垃圾是由城市千家万户居民产生的，按照"谁污染，谁治理"的原则，应该由产生这些生活垃圾的所有居民来负责治理，但事实上又不可能让每户居民都对所产生的污染进行处理后再排放。因此，城市居民对生活废水和垃圾的处理责任也只能通过经济责任的形式来实现，即处理生活废水和垃圾的费用应由每个城市居民来负担。但是，绝大多数城市在计划经济体制下形成的城市生活废水和垃圾处理费用都是由地方政府来承担，而居民并不负担这一费用，这实质上是环境治理责任的转移，没有真正体现"谁污染，谁治理"的原则。② 不利于调动城市居民参与环境治理的积极性。地方政府是城市环境保护工作的组织者、动员者、促进者、协调者、主要监督者和仲裁者，具有不可替代性和不可选择性。而且，地方政府几乎承担了从宏观政策的制定、微观环境质量的监控、环境产品或服务的提供等所有环境管理活动。政府直接管控模式蕴含的管理体制破碎、管理方式僵化、管理手段强制等因素，抑制了其他利益主体参与城市环境管理的积极性。社会组织、企业和公民个人参与城市环境管理的程度有限，即使参与了也都是在地方政府的行政命令之下进行的，带有很强的政府依赖性特点。而地方政府的宏观政策调控工具也决定了其治理手段无法也不能实现针对具体污染问题的具体治理，因而表现出了城市环境管理内容的泛化，城市环境治理成效不明显。③ 地方政府城市环境治理的粗放性凸显。一方面，地方政府虽有治理城市环境污染的动机，但是其治理能力不足，在环境决策方面总是凭经验、拍脑袋决策，存在着"大概齐""差不多"的思想,而不深入、不细致地研究各种流程和规范;在环保执行上,资源投入不足,执行人员能力和经验都欠缺。另一方面,在治理手段上,城市环境治理大多以行政性手段为主,以经济手段为辅。政府在管理城市环境工作中,往往主要采用行政控制手段,即使采用经济手段,也是由政府直接操作,必须由政府投入相当的力量才能运行。这使得人们把治理污染、保护生态看作非经济活动①。

三、城市环境应激开拓式治理的影响 ▶▷

改革开放以后,中国城市经济一直维持着快速发展的势头,然而城市环境问题也始终伴随着经济社会发展的全过程。随着工业化、现代化、城市化进程的加快,大气污染、水质污染、固体废弃物污染等发达国家上百年工业化进程中分阶段出现的各种城市环境问题在中国集中显现,并危及经济、政治、社会、生态安全。随着我国发展战略和经济体制的转型,城市环境保护更受重视。城市环境保护投资强度明显增强,从"六五"计划开始,中国在城市环境保护上的投入逐年增长。同时,微观环保手段的执行情况也有了很大的转变。以"三同时"制度为例,1979年之后,由于相关环保法律的颁布实施,以及《建设项目环境保护管理办法》和《建设项目环境保护设计规定》的相继颁布,大中型建设项目"三同时"的执行率由1979年的44%提高到1989年的99%。此外,环境保护政策的实施绩效有了较大的提高。

地方政府的应激开拓式治理一定程度上遏制了城市环境问题的进一步恶化。同时,它通过政府内部科层体制的压力传导和政治激励得以推进,具有强制性、直接性和高效性等特点,在处理城市环境污染上,具有一定优势。然而,应激开拓的治理也有很多局限,主要表现在以下方面:

(1)由于信息不对称,造成了城市环境治理的战略短视,导致不但不能从根本上解决环境问题,还可能造成更大的生态问题。政府主导具有强大的

---

① 雷健,任保平.中国生态环境保护的制度供给及其政策取向[J].生态经济,2007(12):138-140,145.

科层动员和资源调配能力，却呈现出一种内在脆弱性。这是因为在治理技术和资源短缺的约束下，应激开拓式治理更多的是追求短期效应，以行政手段、动员手段为主，较少出现针对已有污染的市场手段和技术治理，与国外的构建城市风道、污染物化学分解等多种治理工具的综合运用还有很大的距离，尚属于较为低级和简单的治污阶段，因而难以实现"治标又治本"的目标。此外，应激开拓式治理片面强调以政府管控为重心，但对管制"度"的边界把握不准。同时，环境问题的突发性导致了预警的可能性进一步降低，即使存在着政府基于科学技术进步的前提预设，也依旧无法对生态危机的发生地点以及后果进行预测，因而，政府对污染排放或制造者提供污染指标或"排污许可证"的做法缺乏可靠性[1]。不污染就是治理的实践结果，实际上彰显出发展经济与治理污染的矛盾性，更准确地说，是当下经济发展方式的污染性得以自证，也更加凸显出环境污染的"人为"特性[2]。

（2）付出了高昂的成本代价。环境治理成本总体上可以分为有形成本和无形成本。有形成本是指可以以金钱计算的成本，其他则为无形成本。在城市环境的应激开拓式治理中，政府不仅在城市环境污染的治理方面投入了高额的财政支出，而且这种有形成本不是一次性投入的，而是多次成本的叠加。然而城市环保资金的投入并没有发挥其应有的环保效益，一些重要的环保指标"从未完全完成过"，相反，由城市环境污染带来的经济损失却占到国内生产总值的10%左右。一方面是环保投入的翻番增长；另一方面却是多项"环保目标完不成"，环境损失高达国内生产总值的10%[3]。造成这种局面的原因，除资金投入、经济发展模式的限制之外，制度建设不健全和落实不力是根本性的。问题的关键还在于应激开拓式治理会产生无形成本，比如部分地方政府在城市环境治理过程中的原则是"饮鸩止渴处置

① 谭九生.从管制走向互动治理：我国生态环境治理模式的反思与重构［J］.湘潭大学学报（哲学社会科学版），2012,36（5）：63-67.
② 贺璨，王冰."运动式"治污：中国的环境威权主义及其效果检视［J］.人文杂志，2016（10）：121-128.
③ 任志芬.改革开放30周年我国生态文明建设的成果与反思［J］.河南社会科学，2008,16（6）：13-15.

法"，只要能快速完成上级部门的指令或城市居民的强烈要求，法律条文和法律程序可以暂且不顾，甚至为了快速"止渴"，以牺牲法律程序来提高时效。这种实用主义必然会冲击法治权威，进而造成地方政府公信力的降低、地方政府官员政治资本的损失、对民主大环境的负面影响等后果。

基于此，1985年，中国调整了城市环境保护战略，开始实行"城市环境综合整治"的新政策。它的核心思想是把城市环境看作一个受多种因素影响和控制的系统，改善城市环境必须通过城市功能区的合理规划和城市基础设施的重大改进以及对城市污染进行集中治理等多种方式来实现①。1988年，中国政府决定开展城市环境综合整治的定量考核，其理由是为了推动城市环境综合整治的深入发展，使城市环境保护工作逐步由定性管理转向定量管理。随后，这项工作作为一项制度从1989年起正式实行。

---

① 夏光.中国城市环境综合整治定量考核的经验与理论研究[J].环境导报,1996(2):1-3.

第三章

"发展是第一要务"导向下的权宜性治理：1992—2002 年

改革开放以来,"以经济建设为中心"的发展路径在带动工业化、城市化快速发展的同时,带动了经济的迅猛增长。国内生产总值(GDP)从1992年的27 068.3亿元上升到2002年的12万亿元;人均国内生产总值成倍增长,从1992年的2 324元上升到2002年的9 450元①,实现了从基本解决温饱问题、向小康迈进到总体上达到小康水平的历史性跨越。这种高速发展的结果是,一方面开发和生产了许多并非人所必需的物质财富,耗费了大量不可再生的自然资源;另一方面又降低了人们所必需的自然资源——水、空气、阳光、土壤等的质量,生态环境问题日益成为城市经济持续健康发展的制约因素。这一阶段由于工业化进程的紧迫性,以经济增长作为主要目的甚至是唯一目的,把自然界看作单纯的获取财富的资源,这种认知会发出某种与西方工业文明相类似的技术理性,生态理性呈现出暂时性的"妥协",由此导致了城市环境权宜性治理的盛行。

第一节 "发展是第一要务"指引下的城市环境治理

一、"发展是硬道理"思想的形成和发展 ▷▷

1992年初,是中国改革开放和现代化建设的关键节点。1992年1月18日至2月21日,邓小平同志视察武昌、深圳、珠海、上海等地,沿途发表了重要讲话。邓小平同志在南方谈话中毫不含糊地指出:"不坚持社会主义,不改革开放,不发展经济,不改善人民生活,只能是死路一条。"②在1992年初

---

① 中华人民共和国国家统计局[EB/OL].(2018-09-26)[2018-10-02]. http://data.stats. gov.cn/search/keywordlist2?keyword=gdp.
② 邓小平文选:第3卷[M].北京:人民出版社,1993:370.

的南方谈话中,邓小平同志还指出："抓住时机,发展自己,关键是发展经济。现在,周边一些国家和地区经济发展比我们快,如果我们不发展或发展太慢,老百姓一比较就会问了。"① "生活水平究竟怎么样,人民对这个问题敏感得很。"② 针对当时把社会主义同公有制和计划经济机械地等同起来的认识误区,邓小平同志在提出社会主义的本质是"解放生产力,发展生产力、消灭剥削、消除两极分化,最终达到共同富裕"的基础上,他明确指出,"计划多一点还是市场多一点,不是社会主义与资本主义的本质区别。计划经济不等同于社会主义,资本主义也有计划;市场经济不等同于资本主义,社会主义也有市场。计划和市场都是经济手段"③。对于改革的探索实践,判断的根本标准应该看"是否有利于发展社会主义社会的生产力,是否有利于增强社会主义国家的综合国力,是否有利于提高人民的生活水平"④。"发展才是硬道理。"⑤ 中国的主要目标是发展,中国解决一切问题的关键是要靠自己的发展。此后,中国经济奇迹般地腾飞,其政治基础、舆论基础乃至社会基础,在很大程度上是由邓小平南方谈话中的"发展是硬道理"思想奠定的。

对"发展是硬道理"内涵的认识是一个动态的发展过程。中共十三届四中全会以来,以江泽民同志为核心的党的第三代领导集体,在坚持以邓小平同志发展观基本思想为指导的条件下,积极吸取以往"发展"及发展观的经验教训,提出了"发展是第一要务"的思想。鉴于经济建设在国家政治生活和经济生活中的重要地位,从1992年邓小平南方谈话以后,政府便把主要资源投入到促进经济增长中去。1995年9月,在中共十四届五中全会上,江泽民同志指出：中国解决所有问题的关键仍然是发展自己,发展始终是硬道理。2000年10月,在中共十五届五中全会中江泽民同志又一次表明：发展是硬道理是我们必须始终坚持的一个战略思想。2001年7

① 邓小平文选:第3卷[M].北京:人民出版社,1993:375.
② 邓小平文选:第3卷[M].北京:人民出版社,1993:355.
③ 邓小平文选:第3卷[M].北京:人民出版社,1993:373.
④ 邓小平文选:第3卷[M].北京:人民出版社,1993:372.
⑤ 邓小平文选:第3卷[M].北京:人民出版社,1993:377.

月1日，江泽民同志在庆祝中国共产党建党80周年大会上的讲话中指出，"发展先进的生产力，是发展先进文化，实现最广大人民根本利益的基础条件"。2002年11月，在中共十六大报告中江泽民同志进一步强调："党要承担起推动中国社会进步的历史责任，必须始终紧紧抓住发展这个执政兴国的第一要务。""发展必须坚持以经济建设为中心"①，要"集中力量把经济搞上去"②。这一思想是对邓小平同志"发展才是硬道理"思想的新概括。

概括起来，"第一要务"发展观的主要思想内涵是：发展是解决中国所有问题的关键；发展既是党执政的核心内容，又是党执政的基础；作为"第一要务"的发展，是经济、社会、生态和人的全面发展。"第一要务"就是指居于首要位置的、必须做的、必须马上做的头等重要的事情。为什么把发展作为党执政兴国的第一要务？因为"发展是解决中国所有问题的关键"③。毋庸置疑，作为处在社会主义初级阶段的社会主义大国，作为世界上人口最多的发展中国家，"发展是第一要务"在当时的中国具有重要意义。对此，邓小平同志深有感触地说，"发展才是硬道理。这个问题要搞清楚。如果分析不当，造成误解，就会变得谨小慎微，不敢解放思想，不敢放开手脚，结果是丧失时机，犹如逆水行舟，不进则退"④。总之，使中国"更加发展起来。这是民族的要求，人民的要求，时代的要求"⑤。

二、"发展是第一要务"下的经济建设成效及问题 ▶▷

在1992年邓小平南方谈话和中共十四大之后，国民经济高速稳定增长，迎来了继1985年之后的第二个增长高峰，国民生产总值（GNP）和工

---

① 江泽民.全面建设小康社会，开创中国特色社会主义事业新局面［N］.人民日报，2002-11-09.

② 中共中央宣传部."三个代表"重要思想学习纲要［M］.北京：学习出版社，2003：19.

③ 中央文献研究室.十五大以来重要文献选编（中）［M］.北京：人民出版社，2001：1370.

④ 邓小平文选：第3卷［M］.北京：人民出版社，1993：377.

⑤ 邓小平文选：第3卷［M］.北京：人民出版社，1993：357.

业产值的增长速度均超过1988年经济过热时期的水平①。然而，历经经济优先增长的现代化，到21世纪初中国环境状况开始呈现出与发达国家20世纪60年代环境污染最严重的阶段相仿的特征。据国内外学者和研究机构对经济建设中的环境成本和环境损失的估算，当时的"环境损失占GNP的比重在10%至17%之间"②。

（一）综合国力得到了大幅度提升

从1992年到2002年间，中国的国内生产总值（GDP）和人均国内生产总值增长迅速（见表3-1）。2002年，中国人均国内生产总值达到8 214元/人③。随着经济的快速增长，中国的综合国力得到了显著提升。1992年，中国经济总量已居世界第十位；2001年，中国经济总量进一步跃居世界第六位；2002年，中国国内生产总值突破10万亿元④，上升至世界第六位（见表3-1）。一些重要的工农业产品产量均跨入世界前列，如谷物、肉类、棉花、钢、煤、水泥、化肥和电视机居世界首位，原油、发电量等产品产量的位次也明显前移，长期困扰中国经济发展和人民生活的商品供应短缺状况得到了根本的改观⑤。而且，经济结构实现了重大调整，在农产品总量迅速增长的情况下，农业在国民经济中的比重由1992年的21.8%下降为2002年的15.3%，农业劳动者占就业人口的比重由1992年的58.5%降到2002年的21.4%⑥。高新技术产业和现代服务业在"科学技术是第一生产力"⑦的导引下，迅速发展，传统产业也得到提升。总体上看，中国已经由工业化初期阶段过渡到中期阶段。

---

① 梁华.1992年经济形势分析及1993年展望[J].管理世界,1993（1）：68-76,224-225.
② 厉以宁,沃福德.中国的环境与可持续发展[M].北京：经济科学出版社,2004：105.
③ 国家统计局.中国统计摘要（2003）[M].北京：中国统计出版社,2003：16,18.
④ 参考国家统计局网站《2002年国民经济和社会发展统计公报》。
⑤ 褚添有.嬗变与重构：当代中国公共管理模式转型研究[M].桂林：广西师范大学出版社,2008：10.
⑥ 国家统计局.中国统计摘要（2004）[M].北京：中国统计出版社,2004：19,43.
⑦ 邓小平文选：第3卷[M].北京：人民出版社,1993：377.

表3-1　1992年和2002年中国GDP和人均GDP的比较

类　　别	1992年	2002年	年均增长率/%
GDP/亿元	26 638.1	105 172.3	13.8
人均GDP/元	2 287	8 214	12.1

资料来源：国家统计局.中国统计摘要（2004）[M].北京：中国统计出版社,2004：17-18.

（二）人民生活水平大幅提高

　　改革开放以来,中国城乡居民收入水平大幅度提高,增长速度居于同期世界前列,也是1949年以来增长最快的时期（见表3-2）。随着收入的增长,全国城乡居民的储蓄余额也相应地大幅度增长,城乡贫困人口则大幅度减少（见表3-3）。城乡居民家庭消费结构发生了重大变化,居民消费水平和生活质量显著提高（见表3-4）。据国家统计局课题组对小康进程的综合评价显示,20世纪末,全国总体基本跨入小康社会的初级阶段,有3/4的居民初步过上小康生活。城乡居民的居住条件不断改善,从1992年到2002年,城乡居民人均居住面积不断扩大（见表3-5）。与此同时,城乡居民住房的质量和配套设施不断改善。城乡居民的消费档次逐步升级换代。在城市,这种升级换代表现得尤其明显,居民家庭普遍经历了从20世纪80年代的"新三件"（电视机、洗衣机、电冰箱）,到20世纪90年代相当一部分居民家庭的消费品开始向电脑、小轿车、商品房等升级换代的历程。在农村,彩电等耐用消费品也开始普及。

表3-2　1992—2002年城乡居民人均可支配收入及农民人均纯收入的增长

年份 类别	1992年	1997年	2002年	1992—1997 递增速率/%	1997—2002 递增速率/%
城乡居民人均可支配收入/元	2 026.6	5 160.3	7 702.8	17.5	7.0
农民人均纯收入/元	784.0	2 090.1	2 475.6	18.3	2.9

资料来源：国家统计局.中国统计摘要（2004）[M].北京：中国统计出版社,2004：99.

表3-3　1992—2002年城乡居民储蓄不断增长、城乡贫困人口不断减少

年份 类别	1992年	2002年
城乡居民储蓄存款/亿元	11 759.4	86 910.6
农村贫困人口/亿人	0.800	0.282
农村居民贫困发生率/%	8.8	3.0

资料来源：国家统计局.中国统计摘要（2004）[M].北京：中国统计出版社,2004：101.

表3-4　1992—2002年城乡居民消费恩格尔系数呈下降趋势

年份 类别	1992年	2002年
城乡居民	53.0%	37.7%
农村居民	57.6%	46.2%

资料来源：国家统计局.中国统计摘要（2004）[M].北京：中国统计出版社,2004：100.

表3-5　1992—2002年城乡居民居住面积不断扩大　　单位：平方米

年份 类别	1992年	2002年
城乡居民	14.8	22.8
农村居民	18.9	26.5

资料来源：国家统计局.中国统计摘要（2004）[M].北京：中国统计出版社,2004：100.

（三）社会发展水平稳步提高

随着经济的快速增长,国家财政收入增长迅速,因而政府不断加大对社会的投入力度（见表3-6）,从而促进了我国社会的稳步发展,也为改革开放提供了有力的公共支持和保障。1992年以来,我国许多重要的社会指标都从低收入国家的行列跃升到了中低等收入国家行列（见表3-7）。国际上通常运用"人类发展指标指数"（HDID）来表示整个社会的发展状况。联合国开发计划署（UNDP）每年发布的人类发展报告中,利用出生时的预期寿命、成人识字率（占15岁及以上人口的百分比）、综合入学率（小学、中

表3-6　1992—2002年国家财政支出所占比例呈上升趋势

年份 类别	1992年	1993年	1994年	1995年	1996年	1997年	1998年	1999年	2000年	2001年	2002年
金额/亿元	3 742.2	4 642.3	5 792.6	6 823.7	7 937.6	9 233.6	10 798.2	13 187.7	15 886.5	18 902.6	22 053.2
科学研究支出占总支出比重/%	5.06	4.86	4.63	4.43	4.39	4.43	4.06	4.12	3.62	3.72	3.70

资料来源：国家统计局.中国统计摘要（2004）[M].北京：中国统计出版社，2004：181.

表3-7　1992—2002年中国与其他发展中国家、工业化国家在人类发展指数方面的比较

年　份	其他发展中国家	中　国	工业化国家	世界平均水平	中国人类发展指标指数在世界的排名
1992年	0.570	0.594	0.916	0.759	111
1995年	0.586	0.650	0.911	0.772	106
1999年	0.674	0.718	0.926	0.716	87
2002年	0.663	0.745	0.935	0.729	94

资料来源：李鹏鹏.公共服务型政府[M].北京：北京大学出版社，2004：63；联合国开发计划署.1998年人类发展报告：消费模式及其对人类发展的影响[M].北京：中国财政经济出版社，1999：118—120；联合国开发计划署.2001年人类发展报告：让新技术为人类服务[M].北京：中国财政经济出版社，2001：139—142；联合国开发计划署.2004年人类发展报告：当今多样化世界中文化自由[M].北京：中国财政经济出版社，2004：139—142.

学和大学综合毛入学率）、预期寿命、实际人均GDP等指数综合成人类发展指数,对全世界各个国家的社会发展状况和人的基本能力及时地进行监测和动态评估。

　　具体而言,我国社会的进步主要体现在:第一,以国有企业职工基本养老保险、失业保险、城市居民最低生活保障制度"三条保障线"和职工基本医疗保障制度为重点的社会保障体系初步形成,且覆盖范围逐步扩大(见图3-1)。第二,教育发展成效明显。1992—2002年间,中国的小学入学率、小学毕业升学率和初中毕业升学率增长明显(见图3-2)。平均每万人口中大学生的人数由1992年的18.6人上升到2002年的70.3人[①]。每十万人拥有的大专及以上受教育程度的人数从1992年的615人上升到2002年的1 036.85人[②]。文盲率从1990年的15.9%下降到2002年的9.2%[③]。2003年,中国高等教育总规模达1 900万人,高等教育毛入学率达到17%,进入了国际公认的高等教育大众化的初级阶段。第三,公共卫生事业发展水平有了较大提高。1992—2002年间,中国的卫生机构数、医生人数、医院及卫生院床位数

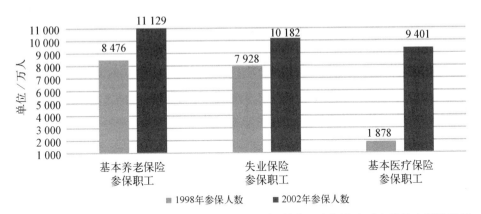

图3-1　1998—2002年以基本养老保险、失业保险、基本医疗保险为重点的社会保障建设
　　　　发展情况
资料来源:国家统计局.中国统计摘要(2004)[M].北京:中国统计出版社,2004:187.

---

① 国家统计局.中国统计摘要(2004)[M].北京:中国统计出版社,2004:176.
② 国家统计局.中国统计摘要(2003)[M].北京:中国统计出版社,2003:175.
③ 国家统计局.中国统计年鉴(2004)[M].北京:中国统计出版社,2004:37.

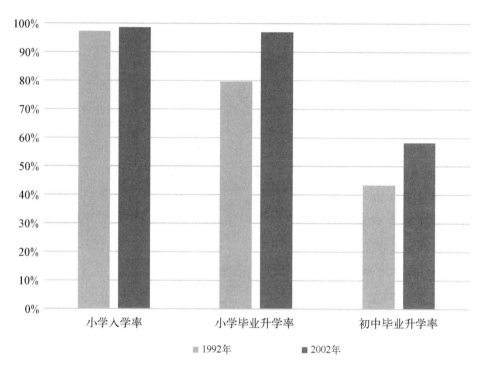

图3-2　1992—2002年中国小学入学率、小学毕业升学率和初中毕业升学率增长情况

资料来源：国家统计局.中国统计摘要（2004）[M].北京：中国统计出版社,2004:175.

都有较大增长①。第四,随着医疗卫生水平的提高,死亡率由1990年的6.67%降低到2002年的6.41%。人均预期寿命由1990年的68.55岁上升到2002年的71.80岁②。第五,城市公用事业发展迅速。如城市人工煤气和天然气供气总量由1997年的193.2立方米上升到2002年的324.9立方米,城市公共交通客运总量由1997年的279.1亿人次上升到2002年的372.8亿人次,城市公用绿地面积由1997年的10.8万公顷上升到2002年的18.9万公顷③。第六,文化市场繁荣发展,满足了人们的精神生活需要（见表3-8）。第七,在推进社会事业社会化、加强城市社区建设、加强农村基层自治组织建设、培育发展民间组织等方面迈出了较大步伐,社会自治程度逐步提高,公民社会在

① 国家统计局.中国统计年鉴（1997）[M].北京：中国统计出版社,1997:146-147；国家统计局.中国统计摘要（2004）[M].北京：中国统计出版社,2004:182.

② 国家统计局.中国统计摘要（2004）[M].北京：中国统计出版社,2004:37.

③ 国家统计局.中国统计摘要（2004）[M].北京：中国统计出版社,2004:10.

表3-8   1992—2002 年间中国文化市场不断走向繁荣

类别＼年份	1992年	2002年
博物馆数量/个	1 106	1 511
公共图书馆数量/个	2 558	2 697
图书总印数/亿册	63.4	68.7
杂志总印数/亿册	23.6	29.5
报纸总印数/亿册	257.9	367.8
广播电台数量/家	261	306
电视台数量/家	308	368

资料来源：国家统计局.中国统计摘要（2004）[M].北京：中国统计出版社,2004：10,183.

中国悄然兴起[①]。

然而,片面追求经济增长必然要付出沉重的资源环境代价。由于长期以来只注重经济增长的速度和数量,争上项目,快上项目,大上项目,不断地铺大摊子,导致了严重的盲目投资和低水平重复建设现象。而且,在争上、快上、大上的项目中,许多是高投入、高耗能、高污染的产业,如钢铁、电解铝、水泥、造纸、化工等。此外,各级地方政府争相圈地搞经济开发区,短时间内大量涌现的开发区直接导致了土地资源的闲置与浪费。2004年6月,内蒙古自治区撤销了55个开发园区,占当地开发园区总数（109个）的50%以上;2005年3月,广西壮族自治区撤销了51个开发区,占原有开发区总数的55.43%[②]。

依靠上项目、铺摊子确实促进了经济快速增长,但这种增长在很大程度上是靠消耗大量能源资源实现的。矿产资源和能源被过度开采,森林遭受过度砍伐,引起水土流失、河流断流。比如,阜新市是中华人民共和国成立以来最早建立的煤电生产基地之一。从1949年到2002年底,阜新累计生产

---

① 褚添有.嬗变与重构：当代中国公共管理模式转型研究[M].桂林：广西师范大学出版社,2008：10.

② 参见国土资源部网站http://www.mlr.gov.cn/GuotuPortal/appmanager/guotu/zygl?nfpb=true8.pagelabel=zygl tdzy _gdbh.page.

原煤5.3亿吨，如果用60吨负载量卡车装煤排列起来，可绕地球4.3周。但到2003年底，阜新市煤炭资源已经枯竭[1]。同时，片面追求经济增长也对生态环境造成了极大的破坏。《2020年的中国：新世纪的发展挑战》一书对此的评价是："今天，中国的空气和水的污染状况，特别是在城市地区，属于世界最严重之列。"[2]以水资源为例，自1992年起，全国城市废水排放总量逐年提高，尤其是在1998年至2002年间，全国废水排放总量提高了12%。另据央视《面对面》栏目报道，在2000年至2002年，有超过60%的地下水资源属于1至3类的标准。2009年，水质4类和5类的已占到了73.8%，而到2011年，全国城市55%的地下水是较差甚至极差的。十年间，地下水水质明显恶化，除了自然原因，更多来自人为因素[3]。此外，在这十年间，大气污染、噪声污染（社会生活噪声、建筑施工噪声、交通噪声）、废渣污染（工业废渣、城市生活垃圾）、光污染等环境问题也较为突出。

三、"发展是第一要务"下的城市环境治理策略 ▶▷

"发展是第一要务"基于人们想要提高物质生活水平和改善生活质量的正当要求。然而，将发展简单地等同于借助科学技术促进经济增长，又将经济增长简单地等同于国民生产总值、国内生产总值和人均收入的提高，从而把丰富多元的人类需要和自然生态要求简化为单一的经济向度，在向所有人许诺未来的"美好生活"的同时，再生产着一种不均衡的经济格局和不合理的"交换—分配"秩序[4]。由此，党和国家必然会重新审视"发展主义"的本质与未来走向。正是在这种批判与扬弃中，中国共产党提出了新的理念——"可持续发展观"，并且用它实现了对"发展主义"的替代。"所谓'可持续发展'，就是既要考虑当前发展的需要，又要考虑未来发展的需

① 程延.资源危机逼近中国[J].决策探索,2004(11):33-34.
② 世界银行.2020年的中国:新世纪的发展挑战[M].北京:中国财政经济出版社,1997:71.
③ 我国城市55%的地下水质差[N].齐鲁晚报,2013-02-23.
④ 胡建.从"发展主义"到"可持续发展观"——析江泽民时期的生态文明思想[J].中共浙江省委党校学报,2015,31(1):96-102.

要,不要以牺牲后代人的利益为代价来满足当代人的利益。可持续发展,是人类社会发展的必然要求。"① 从中可见,"可持续发展观"的根本要求是:在人与自然的关系处于"和谐"的前提下,实现经济效益、社会效益、生态效益的有机协调,据此使人的发展获得可持续性。1998 年,江泽民同志在全国抗洪抢险总结表彰大会上的讲话深刻指出:"历史的事实说明,人们认识自然规律,并不总是即时即刻就能全面把握它的规律性的东西,往往要通过现象的不断往复才能更明确地被人们认知。过去没有认识的东西,今天可能认识,今天没有认识的东西,将来可以被认识。问题是我们要善于做这项工作。自觉地去认识和正确把握自然规律,学会按自然规律办事,以利于我们的经济建设和其他社会事业搞得更好。"② 这是继中共十一届三中全会上提出"按经济规律办事"之后首次提出"按自然规律办事"。2001 年,江泽民同志在海南进行实地考察时指出:"破坏资源环境就是破坏生产力,改善资源环境就是发展生产力,保护资源环境就是保护生产力。"③ 这在一定程度上扭转了传统的生产力发展观。2001 年,江泽民同志在庆祝中国共产党成立八十周年大会上的讲话中提出,"要促进人和自然的协调与和谐,使人们在优美的生态环境中工作和生活"④。2002 年,在十六大报告中,可持续发展被列入建设小康社会的四大目标中。

尽管中央认识到了发展主义的弊端,并试图用"可持续发展观"来实现由"发展的物的本质"向"发展的人的本质"的转换。然而,这种发展主义在赶超发展的过程中逐步形成了一种独具特色的政府强势主导的发展模式。作为要素资源集聚的主平台,城市无疑为地方政府发挥自身的组织功能和资源整合功能提供了运作空间,城市也最为集中地体现了政府强势主导型发展模式的优势及内在缺陷。在日趋激烈的区域竞争压力的驱动下,地方政府的核心职能是最大限度地集聚、整合资源,加快城市经济增长。

① 中共中央文献研究室.江泽民论中国特色社会主义(专题摘编)[M].北京:中央文献出版社,2002:279.
② 江泽民.在全国抗洪抢险总结表彰大会上的讲话,人民日报[N].1998-09-29.
③ 江泽民论有中国特色社会主义(专题摘编)[M].北京:中央文献出版社,2002:282.
④ 江泽民文选:第3卷[M].北京:人民出版社,2006:295.

案例

秦淮河重现碧波①

曾经在城市化进程中不堪重负30多年的秦淮河，经过3年的治理，其12.5公里长的主城段奇迹般重现碧水清波。为何秦淮河能够得到有效治理？治理资金从哪里来？

南京市政府独具匠心地推出了秦淮河工程的项目法人制。秦淮河综合整治工程包括水利、环保、安居、景观、路网5大项目，必须有高度统一的规划和指挥。2003年7月，南京市政府授权成立集投融资、建设、管理和经营为一体的秦淮河建设开发有限公司。社会公益性工程实施项目法人制，公司打破条块壁垒，5大项目统筹推进。随后，南京市巧用政策，成功打开了市场化融资大门：沿河200米范围内开发3 000亩土地融资；自来水费中的城市污水处理费每吨上涨0.15元，每年投入7 500万元，累计投资20年用于秦淮河治理。目前，秦淮河建设开发有限公司也获得银行贷款22亿元。与此同时，南京市政府赋予该公司两个特许经营权，一个是旅游特许经营权，另一个是广告特许经营权。特许经营权的项目所得用来弥补秦淮河建设的资金缺口。

GDP是人类以追求经济增长为特征的传统工业文明的一个典型指标。当今世界各国或地区人民物质生活的改善、工业化进程的推进、国际竞争力的提升甚至国际政治地位的提升都有赖于GDP的增长。然而，作为传统工业文明的核心测度指标，传统的GDP核算体系和核算方法中存在着一系列比较明显的缺陷，如没有把环境与自然资源的代价包括在内，不能全面反映社会福利的普遍提高等，容易诱使人们单纯地追求经济产值和经济增长速度，而不顾自然资源的过度开发和由此造成的资源浪费、生态环境破坏，并

---

① 吕春香.值得借鉴的国内外河流治理的成功经验［EB/OL］.（2019-01-20）［2019-04-30］.http://www.h2o-china.com/news/77646.html.

最终导致自然资源的不断衰竭而形成经济增长中所谓资源空心化现象。

尽管存在上述诸多的缺陷，尽管以"GDP为纲，纲举目张"并未成为法定的政策，但由于中国采取的是渐进式改革，这种改革模式同时强调优化治理与稳定的政治社会秩序，因此政策制定者同时存在两种倾向：一方面由于自上而下层层加码的增长指标的压力，由于媒体对"经济奇迹"的特别关注等因素的影响，在社会舆论和决策考虑的关键性环节上，强调发展；另一方面又担心其发展失控，影响社会稳定，因而强调引导和管控。二者在政策演进中以各自的方式影响政策设计，导致该政策领域在许多核心维度上都存在着暗含张力的政策信号。这使得政策执行者面对较大的不确定性①。为规避风险，他们往往采取"平衡主义"的思路设计具体制度，这进一步导致了模糊性的再生产。

这一点可以在城市环境保护体制中得以证明。新修订的《中华人民共和国环境保护法》规定，环保部门对本辖区的环保工作实施统一监管，土地、矿产、林业等部门按照资源要素分别对资源保护实施监督管理。从这一规定出发，目前中国在环境管理和环境保护领域实行的是统管与分管相结合的多部门、分层次的管理体制。这种体制被称为是相对分散的管理体制。在该体制中，专门的环境管理机关同其他享有环境管理权限的机构共同分享环境管理权限，专门的环境管理机构和其他机构的地位平等或低于其他机构。

城市环境保护局负责对城区的环境保护工作实施统一的监督与管理，与其相平行的市容环卫局、卫生局、绿化管理局、规划管理局、房屋土地管理局、公安局、市容环境执法大队等部门对辖区内不同内容或资源要素的环境保护工作负有监督管理责任。在实际管理和运作的过程中，由于相关法律对环境保护部门和其他部门的"统一监督管理"与"监督管理"的职责和权限等都没有做出明确的区分，对环保部门如何监督其他部门、拥有哪些监督权也未做出具体规定，同时，由于各部门之间利益目标的独立性和差异性，

---

① 刘培伟.基于中央选择性控制的试验——中国改革"实践"机制的一种新解释[J].开放时代,2010(4): 59—81.

就往往容易出现部门与部门之间争权推责的现象,影响环境执法的效果,同时也会给环境保护政策的实施带来不利的影响。

环境政策表现出的模糊性和冲突性相结合的特征,在一定程度上导致部分地方政府在城市环境治理中选择权宜性治理模式。作为地方行政机关,地方政府有责任通过制定和执行相关的法律和法规规范企业的排污行为,减少城市的环境污染。实际上,虽然部分地方政府把发展地区经济作为头等大事来抓,但环境管制的职责严重缺失,在西部这种情况尤为突出。部分地方政府往往不自觉地用经济目标取代社会发展目标,不惜牺牲当地环境来换取经济的一时发展;对排污企业管制失灵,甚至纵容企业的污染行为;对环保政策执行乏力,导致环境不达标的企业仍在运作;产业政策与产业布局不当,招商引资多以劳动密集型、能源消耗型产业为主,造成大量的资源浪费及严重的环境污染。地方政府的环境管制者角色严重缺位,导致管制失灵。

也就是说,在可持续发展观的规制和导引下,发展与保护没能在城市层面的实践中实现本质上的协调。相反,因受发展阶段所限及城市环境治理结构的内在制约,两者呈背离发展趋势,即环境污染与破坏并没有因城市治理政策与措施的进一步完善而得到有效解决,甚至呈恶化态势。换言之,城市环境问题的一个重要体制性根源在于地方政府的发展主义特性。梳理中国20多年城市环境治理的历程,可以发现,城市环境治理总是在"疲惫地追赶"高速发展和变迁的经济。

第二节　城市环境权宜性治理的形成机理

在"发展是第一要务"的指引下,地方政府都将经济建设当成头等大事来抓,这本身并没有什么过错,问题在于,这样一来,"经济发展指标"成为评价各级政府政绩的主要依据。在城市环境治理中,地方政府更关注中短期的经济增长与财政收益,忽视长期的生态质量及生态效益,在城市环境治理投入中缺乏足够的动力，这往往导致城市生态质量难以得到根本改善。在这种困境下，城市环境治理就不可避免地带有某种程度的权宜性、形式性，这突出体现在环境治理制度建设先行、边治理边污染等方面。这种权宜性的城市环境治理，显然不符合城市环境治理政策设计的初衷，对这种治理方式有必要进行反思。虽然地方政府因地方利益、部门利益而呈现出机会主义和地方保护主义的外显特征一定程度上得到认同，但这种解释框架不足以理解权宜性治理的形成机理及消极影响。这就需要转换分析视角，把权宜性治理现象的分析放在广阔的外部制度环境和深层次的内在动力机制相结合的背景下来进行，以探究这种治理方式的因果序列关系，为解决城市生态环境问题探索可行之道。

一、权宜性治理：城市环境治理的主要表征 ▷▷

从"发展是第一要务"到"可持续发展观"的倡导，表明中央政府在环境治理进程中的主动政策调适。然而，区域之间经济社会发展水平以及发展条件的巨大差异，决定了中央政府在城市环境治理上只能制定非常宏观的原则性规定，并强调制定政策"宜粗不宜细"，"要留有充分的余地"，允许地方政府因地制宜地制定符合地方实际、可操作的政策细则。这使得制度与政策安排"应该如何"和"实际做什么"之间出现了若干"真空"地带，拥有一定自主权的地方必然要根据自己的效用目标和行政意图对此做一定的取舍。由此可能导致地方政府权宜性治理行为的出现。"权宜性"是指地方政府在城市环境治理过程中根据特定的情境权宜性地选择并采取弹性化的、变通性的策略、手段和方法，以满足城市居民环境利益诉求的一种行为方式。权宜性治理是次于正式制度所欲实现的秩序的一种治理状态，是与理想的治理状态存在一定落差的实际治理状态。城市环境治理的权宜性主要表现为以下方面。

（1）城市环境治理"两面人"策略。在城市环境治理上，地方政府通过对中央政府的生态政策话语体系的完全模仿，表现出与中央政府环境治理理念、治理目标的高度一致，以此来证明自己在"认认真真""不折不扣"地执行上级的生态政策。但在实际的治理过程中,地方政府既有根据本地实际情况在一定范围内对城市生态政策的灵活运用,也有故意寻找政策"漏洞",打"擦边球",突破城市生态政策范围的行动;或者推迟行动并观望,以察看其他地方执行生态政策的直接经验;或者等待中央政府出台更清晰的替代政策等。这使得中央政府的城市环境治理理念和目标无法得以落实。

（2）城市环境治理处于次要地位。霍姆斯特罗姆认为,面对多重任务委托,或者面对多维度工作,代理人往往会强烈关注那个最容易被观察、最容易显示绩效的工作,而忽视其他工作或者工作的维度[1]。为什么地方政府如此致力于经济发展呢? 学者张军认为,从1978年十一届三中全会提出以经济建设为中心到"发展是第一要务"的提出,"增长共识"被纳入执政党的纲领中,最终取代了长期占主导的地位的政治运动和阶级斗争。此外,中国实行了干部人事制度的改革,建立了一个有效的地方官员考评和晋升的激励机制和治理结构,加上财政体制上的分权和分税,很快就把地方发展经济的激励问题（动力和能量的问题）解决了。在地方政府和干部人事制度上形成了今天流行的基于地方经济发展的可度量的"政绩观",成功地解决好了经济分权和政治集中的平衡[2]。而且,地区的经济发展能直接增加政府的财政收入,也就是预算收入,由于地方官员有预算最大化的倾向,因此,地方官员必然十分关心经济发展带来的税收、规费的增长。官员有预算最大化倾向的原因部分在于,财政收入的增加会直接提高政府的行政能力,特别是在市场经济环境中提供公共产品的能力。比如,政府财力增长以后能够直接进行更多的大型项目投资,为社会创造更多就业岗位,提供更多样化的医疗、卫生、教育等公共物品,改善城市市政建设等。由于公共产品和公共服务的数量和质量直接影响到官员任职的合法性和支持度,所以地方官员一般都具有预算最大化的倾向。预算最大化也会直接带来个人经济收益

---

[1] HOLMSTROM B, MILGROM P. "Multitask principal-agent analyses: insentive contracts, asset ownership, and job design" [J]. Journal of law, economics, and organization, 1991(7).

[2] 张军.中国经济发展: 为增长而竞争[J].世界经济文汇,2005（4）: 101-105.

的增加,如货币性收入的增加、非货币性收益的多样化(如各种津贴、福利等)。地方官员出于自身利益考虑也会注重地区经济发展和政府财政收入的增加。如同企业管理人员的收入包括货币所得和非货币所得一样,政府官员的收益也包括这两个方面。政府官员的非货币所得常常由办公软硬件环境、福利待遇等组成,这些所得的丰裕程度显然与地区经济发展和政府财政收入正相关。

因此,在城市环境治理实践中,受强大的现代性驱使,会引导地方政府选择有利于经济优先发展的基本理念,即经济第一、绩效至上。这种选择符合"发展是硬道理"中"硬"的逻辑。地方政府的作用在城市经济快速发展面前被迅速地放大,因而地方政府的行为偏好是体现政绩。而城市生态治理投资大、见效慢,成果和效益的显现具有滞后性。因此,在这种情况下,多数精明的代理人都会强烈关注某些易于观察、易于量化的政绩工程,而对于其他隐性的、难以量化的公共产品,如人均生活质量、城市生态质量,则给予少量的关注。

(3)城市环境治理存在随机变通性。当一个城市或其周边地区出现重大生态危机引起中央政府重视时,也会相应引起该城市足够的重视并着力进行治理;当中央政府或周边地区对一个城市的生态投入多,该城市相应的投入也多;当中央政府或周边地区对一个城市生态监管弱,则该城市生态治理的积极性也不高。这种"随机变通式"治理,导致地方政府以地方利益为标准,符合地方利益的政策就"用足用活",反之就随意"变通"处理。这从另外一个角度说明,地方政府目前仍是以城市环境治理作为争夺以资本和劳动力为主的流动性生产要素、固化本地资源和避免地方利益稀释的一种辅助手段,而不是旨在真正解决本地区环境问题,提高城市生态质量。

(4)城市环境治理形式大多是"纸面规划"和形象运动。对于地方政府而言,实施城市环境权宜性治理的一个重要方式就是通过对中央政府的环境政策话语体系的完全模仿,表现出与上级政府环境治理理念、治理原则、治理目标的高度一致,以此来证明自己在"认认真真""不折不扣"地执行上级的环境政策,体现自身认真环境治理的愿望和决心;通过传达上级政策精神的会议以及本级政府所做的年度政府工作报告和财政预算、决算报告实现的，是一种典型的"纸面规划"。然而，城市环境权宜性治理并非仅仅停留在文本上，也有实际的行动，但这些行动大多是追求短期效应，如卫生城市达标、复制城市广场、植树节示范、环境模范区打造……这些行动除了短期生态贡献外，对城市整体环境生态的持续性提升和改善效果有限。

二、权宜性治理形成的外部制度环境 ▶▷

城市环境权宜性治理在某种意义上是制度环境变迁条件下地方政府的理性行为选择，有其独特的形成机理。市场化改革进程中制度环境的深刻演变，特别是中央和地方政府间关系在传统的蜂窝式结构和M型结构的基础上进一步加强了地方行政性分权和政策性分权的力度，为地方政府城市环境权宜性治理提供了重要基础。第一，行政性分权的不规范性为地方政府城市环境权宜性治理提供了充满弹性的制度空间。行政性分权是一种政策性行为，每一次权力的放或收都是中央根据城市生态发展需要而采取的一种权宜性措施。分权带有鲜明的主观随意性，因而地方政府的权力边界实际上一直是相当模糊的。第二，行政性和政策性分权诱发了政府间关系的博弈。在权力博弈过程中，地方政府可以充分利用自己拥有的信息优势，最大限度地扩张自己的行为自主性。中央与地方的权力约束与监督的关系上只能限定在有限的范围之内，即在稳定的大局下或不危及治理的合法性获取的边界内，在能提供一份好的经济发展的成绩单的前提下，一些不奉行生态政策的行为也不会受到较为严重的惩罚。第三，目前中央与地方的委托代理控制机制在很大程度上是一种政治—行政的一揽子承包机制。受信息不对称和监督成本的限制，中央政府只能通过下达一个刚性的生态指标体系的方式来约束地方政府。这种承包机制在给地方政府建构一种体现中央政府行政意图的压力机制的同时，恰恰给地方政府城市环境权宜性治理提供了较大的空间。

新旧制度交替过程中不可避免地存在制度短缺现象，这为地方政府城市环境权宜性治理留下了较大的弹性空间。运行良好的制度是依靠外在制度与内在制度结合共同发挥作用的。外在制度由外部设计并靠政治行动由上而下地强加于社会，如法律、法规、政策等。内在制度被定义为群体内随经验而演化的规则，如习惯、伦理规范、道德和礼仪等①。内在制度内含着地方官员在共同的生活和工作中所形成的行为准则方面的共识，具有深厚的心理认同基础、广泛的影响力和较低的交易成本。正如佩切伊和拉兹洛所说："决定人类存亡的不是外部极限，而是内在限度；不是地球的有限性或脆弱导致的物质极限，而是人和社会内在的心理、文化尤其是政治的局限。"② 所以在探究城市生态问题出现的原因和寻找摆脱生存困境的出路上，应当将思考的重心放在内在制度上。但我国环境保护的内在制度明显欠缺，地方政府官员及公民生态意识较为淡薄，在环境保护意识发展与环境现状认知之间存在着严重的反差，往往注重短期的、小范围的、与自身关系密切的环境卫生问题，而忽视长远的、具有广泛意义的环境保护问题。

1992—2002 年，中国城市环境治理领域已经形成了比较健全的环境管理制度体系，这些制度在发挥积极作用的同时，也暴露出诸多缺陷。比如，由于长期受传统计划经济体制观念的影响，1989 年修订的《中华人民共和国环境保护法》没有脱离"人类中心主义"价值观和功利主义环境价值观。如环境保护法第一条规定立法目的时，仍将促进社会主义现代化建设作为重中之重，没有确立生态保护优先的法律地位，这导致仍存在从人的利益和经济发展出发，肆意干预自然，浪费自然资源和持续无度破坏生态环境的行为。在制度的执行上，没有执行建设项目环境影响评价制度，或者先建设，后评价；也不执行国家规定的防治污染及其他公害的设施必须与主体工程同时设计、同时施工、同时投产使用的"三同时"制度；甚至不经环保部门的检验即投产运营 ③。在资源开发上，一些地方政府、资源主管部门、经济开发部门往往只看到资源可以开发的一面，片面强调以开发来解决就业、增加经济收入，忽视了自然资源作为生态环境要素的一面。在环保执法上，常常是环保部门对严重污染环境的单位提出限期治理的责令，而地方政府部门

---

① 柯武刚.制度经济学：社会秩序与公共政策［M］.北京：商务印书馆，2000：122-126.
② 佩切伊，拉兹洛.人类的内在限度：对当今价值、文化和政治的异端的反思［M］.黄觉，闵家胤，译.北京：社会科学文献出版社，2004：2.
③ 肖显静.生态政治——面对环境问题的国家抉择［M］.太原：山西科学技术出版社，2003.

因担心影响地方经济发展和财政收入而从中干扰,使那些严重污染环境的企业不能得到有效的治理。

可见,在现行治理制度结构中,外在制度的比例相当大,然而在政府运用行政手段或执行强制性制度的过程中,又往往因信息不对称及微观个体的"策略行为",致使这些主要的治理制度不能产生满意的环境绩效。

三、权宜性治理形成的内在动力机制 ▶▶

城市环境权宜性治理的一个重要诱发机制,是地方利益的显性化及其同地方政府合法性的内在关联。地方政府的效用偏好同地方经济发展有着天然的内在联系。一方面,地方政府城市环境治理行为内植于区域社会文化网络之中,地方官员特别是基层官员同地方经济总是存在着千丝万缕的关联;另一方面,地方经济的发展是地方政府增加财政收入和各种非预算收入的源头活水。当经济发展成为地方政府城市环境治理的重要约束条件时,便可理解城市环境治理为什么是权宜性、形式化的。如果在不触动各方面既有利益的情况下能够实现城市经济发展,地方政府就不会推动城市工业经济向低碳环保经济转型,它们会尽量避免引发可能的社会冲突因素(如由于环保不达标而导致的企业关门、工人失业);而如果不转型不能带来城市的可持续发展,地方政府也要综合权衡发展带来的效益和可能引发的社会不稳定,确定两全之策。

政绩至上的考核机制是诱发城市环境权宜性治理的一只强有力的"看得见的手"。政绩考核的本意是利用制度的激励和制约功能,将官员追求个人效用最大化的动机同其所承担的公共管理职责联系起来,给政治关系中的各方带来收益,从而履行政府的公共职能。20世纪90年代以来,以GDP增长率、税收增长率和就业率等刚性指标为核心的政绩考核机制,是一种带有强烈功利主义色彩的压力机制和激励机制。地方政府官员推动地方经济发展的积极性、主动性和创造性由此被空前地调动起来,形成了他们追求任期政绩最大化的强烈冲动,其行为偏好是发展短、平、快项目。由于压力型的政绩考核机制过度强调经济增长指标,对地方官员治理污染的业绩不纳入政绩考核范围，导致现实中部分地方政府表面执行中央的环境政策，暗地里都采取与中央政府的意志背道而驰的敷衍态度，由此出现了城市环境权宜性治理。

而干部选拔任用标准的僵硬化以及干部职务变动过于频繁，进一步加剧了少数地方官员短期化、功利化的行为取向，诱发了少数地方官员最大限度地发挥自主性，以各种非常规的手段，甚至超越权限或违反既定生态政策规定，以最大限度地汲取、整合资源，以实现短期政绩的最大化，而极为重要的城市人居环境改善、生态平衡则成为软条款被"灵活地"忽略了。在理解少数地方官员短期化行为的认识中，奥尔森（Mancur Olson）在其国家理论中阐述的"坐寇"和"流寇"理论具有重要启示意义："坐寇"因为长期在一方为政，与地区长远利益是"共荣"的，从而可能提供长期的公共产品，实施影响长期绩效的政策；而"流寇"的利益是"狭隘"的，"打一枪换一个地方"的特征使得其只注重短期收益，往往采取"竭泽而渔"的短期政策①。从这个视角审视，地方政府官员在推动地区经济增长进程中所采取的各种短期手段，可以归结为这种"流寇效应"②。

城市环境权宜性治理的另一重要强化机制是中央政府约束机制的弱化。无论是立法机构制定的正式法律，还是中央行政机关制定的政策，在地方政府的灵活处置下都会变成"软法"，守法和执法环节的疲软是"软法"现象的主要症结。当地方政府缺乏有效约束时，在利益的诱惑下，地方政府的行为就容易体现为追逐自身利益最大化的"怪兽"特征③。而责权利的不完全对称进一步弱化了中央政府的约束力。从监督的技术层面而言，GDP 增长率、税收增长率和就业率等指标比较容易评价，只要对相关指标的统计结果进行评价就可以完成，涉及的监督成本最低。相比之下，对生态环境保护等其他社会发展目标的监督则要困难得多，因为这些发展目标大多是隐性的，无法

① 奥尔森.权力与繁荣［M］.苏长和，译.上海：上海人民出版社，2005：2-8.

② 刘瑞明，金田林.政绩考核、交流效应与经济发展——兼论地方政府行为短期化［J］.当代经济科学，2015，37（3）：9-18，124.

③ MERWAN. Brennan and Buchanan's Leviathan models［J］. The Social Science Journal, 1990, 27(4): 420-433.

通过直接的统计数据进行评价,对它们的考核势必要涉及大规模的实地调研和复杂的评估程序。由于高昂的监督成本,有可能使得中央政府对地方政府城市环境治理的监督弱化、虚化,进一步推动权宜性治理行为的产生。

第三节　城市环境权宜性治理的现实困境

作为一种公共治理的方式,权宜性治理广泛存在于城市环境治理过程中,具有重策略而轻规则、重硬指标而轻软指标、重短期而轻长远等特点。权宜性治理并非一无是处,它在推动经济体制改革、招商引资、发展民营经济、加强城市基础设施和区域合作等方面也发挥着积极的作用。但同时,它也对生态文明融入城市经济建设带来"一连串"的客观现实困境。

一、粗放型经济增长方式的固化和强化 ▶▶

在"发展是第一要务"的导引下,追求经济增长仍然是这一时期的发展目标和任务。这样一来,长期以来依托资源要素的投入和消耗不断增加的经济增长方式得以强化和固化。尤其是1994年开始实施的分税制改革使中央与地方由行政性分权迈入了经济性分权阶段,各个城市都在迫切地寻找和争取自己的市场生存空间和发展领域。于是,个人、企业和政府都进入"短线竞争"状态,即力图在比较短的时期内出绩效,以短期内可以见效的手段争取在市场竞争中的优势地位。此外,在分权改革过程中,地方政府的事权不断增加,由此导致事权与财权存在严重的不匹配。上级政府制定支出政策,决定地方政府的预算规模,压力型考核机制决定了地方政府的支出方向。在这种背景下,地方政府会以优惠的政策措施吸引企业投资,留住资本,而投资者则会以资本为筹码阻碍城市环境治理,这就出现了"资本挟持环境治理"的特殊现象。分权改革策略不仅未能为经济增长动力结构的升级提供有效激励,反而使粗放型增长方式被进一步强化。

随着城市经济规模的进一步扩张，来自粗放型增长方式的制约变得越来越明显。粗放型增长方式的主要特点是：① 企业多以粗放型生产为主，高科技含量不高，产品附加价值较低，资本系数、资源耗损和环境代价较高，能源资源的消耗速度超过了经济增长速度。② 一般都存在过度开发和野蛮开采的倾向，以及急功近利的掠夺式开发，不仅导致资源的极大浪费，而且造成了严重的环境污染和生态破坏，如地表植被的破坏、水土流失、地表塌陷、废矿渣占地，以及"三废"污染等问题十分严重。③ 盲目投资、重复建设导致的产业、产品趋同现象严重，企业设备老化，生产技术更新缓慢。

虽然自1995年甚至更早，中国就提出实现增长由粗放型向集约型转变，但收效甚微。计划经济时期业已存在的粗放型增长方式转变如此艰难，主要与粗放型经济增长的动力结构，即与城市环境权宜性治理的策略有关。历史经验表明，粗放型增长与特定的经济发展阶段相联系，并取决于一定的动力结构，而城市环境权宜性治理及其制度供给只是强化和固化了粗放型增长的内在动力结构，延缓了由粗放型向集约型调整和转换的时间。

二、政企合谋与企业生态伦理责任缺失 ▶▶

市场经济中的微观行为主体即企业都是"理性"的，都在一定的约束条件下追求自身经济利益的最大化。马克思认为，"人类理性最不纯洁，因为它只具有不完备的见解，每走一步都要遇到新的待解决的任务"①。对物质利益的追求"因为建立在掠夺性的开发和竞争法则的基础之上，而不是人驾驭着这种力量"②。利益驱动下的企业以资源无限供给和环境无限容量为前提，以线性经济为特征的"大量生产""大量排放"的生产方式对生态环境系统构成威胁。从理论上说，企业也是解决生态环境问题或生态经济发展问题的主体之一。然而，企业"为了直接的利润而从事生产和交换……它们首先考虑的只能是最近的最直接的结果"③。无效的生产造成巨大的浪

① 中央编译局.马克思恩格斯选集：第4卷［M］.北京：人民出版社,1972：151.
② 福斯特.生态危机与资本主义［M］.耿建新,宋兴无,译.上海：上海译文出版社,2006：29.
③ 中央编译局.马克思恩格斯选集：第4卷［M］.北京：人民出版社,1995：386.

费,使得经济系统出现整体性的高炭化,从而不负责任地将风险转移给了其他的利益个体,最终危害全社会的生态利益。

根据布坎南(James Buchanan)"将政治视为交易的概念",地方政府城市环境权宜性治理的行为是为了实现交换。本来,地方政府作为城市公共利益的维护者,有责任治理城市环境污染,为城市居民创造舒适美好的生活环境,借此来获得自身存在的正当性。然而,地方政府官员也不是道德高尚、毫无私利的神圣主体,而是由"理性经济人"组成的道德平等者,他们有自己的特定利益,并且受这种利益的影响和驱使。他们的利益主要表现为经济利益最大化和政治升迁,这需要解决居民就业、提高社会福利水平、增加财税收入,这些都离不开企业的支持。此外,污染企业通过政府的保护还可以实现利润增加及打击同行的目的。利益的相互依存及行为目标的趋同,使地方政府与企业除了在环境污染治理中形成的对抗冲突关系外,还存在某种变相的共谋关系。城市的部分企业家往往会积极地与地方政府建立联系,从而获取诸如减少环境保护检查等方面的利益;同时,为了实现自身的政治利益,拥有一定经济和财政自主权的地方政府,会以各种手段保证经济实现增长,如与环境敏感性企业建立紧密联系,通过弱化环境规制强度来降低当地企业的"合规成本",或帮助环境敏感性企业躲避各种环境管制政策,从而形成政企联盟。

由于地方政府采取城市环境权宜性治理方式,这种治理方式是通过符号或象征式的措施实施治理,而治理者并不真心想或无力实现正式规范所要求的目的。于是,个别地方政府对违法企业"睁一只眼、闭一只眼",或者以罚代管,处罚之后不再过问,进行地方保护。这种不作为,一定程度上纵容了环境敏感型企业乱作为甚至是为所欲为。不难看出,城市环境权宜性治理下的地方政府行为必然表现出"泛企业化"和"趋利化"特征,即地方政府将按照企业的寻利目标来确定自己的行为取向。政府行为的泛企业化在实际经济活动中主要表现为两种形式:一是直接参与企业的生产经营活动,使政府成为企业实质上的决策者;二是主导内部资源配置和政府间横向竞争,其主要表现是主导辖区内资源向能提高本地财政能力的项目倾斜。严重污染环境和浪费资源的"五小"企业和圈地性质的开发区屡禁不止，除了监督执法不严外，也与地方政府的城市环境权宜性治理有着一定关系。

而且，城市环境权宜性治理，必然导致企业经济利益最大化偏好，进而导致企业微观主体做出趋向于反生态伦理的经济行为抉择。具体而言，在经济发展过程中，相当一部分企业为了当前利益而不遵守城市环境保护法律法规，还有一部分企业主体采用偷排"三废"、拒缴环境排污收费等反生态伦理和反自然价值的手段，掠夺自然资源和破坏生态环境，实现企业财富积累。

三、公众环保意识与生态文明价值观弱化 ▶▷

从理论上讲，城市环境保护和可持续发展的根本动力在于城市居民的参与，其基础是公众环境意识的普遍提高。多名学者认为[1][2][3]，环境行为是个人环境态度和情境因素相互作用的结果。当情境因素，如经济限制、社会压力的作用较强时，环境行为对环境态度的依赖作用就会变弱。有学者认为，在绿色消费上，中国人虽然具有较为积极的环境价值观念，但是并不能有效地落实到行动上，主要原因就是人们受到一些情境因素的影响而不能普遍购买绿色产品[4]。由此可见，公众环保意识受到情境因素的影响。

城市环境权宜性治理本身内含地方政府对城市环境的认识及做出治理策略的主观意愿和情感，且在一般治理规律的指导下对城市环境进行未

① HINES J M, HUNGERFORD H R, TOMERA A N. Analysis and synthesis of research on responsible environmental behavior[J]. Journal of environmental education, 1986, 18(2): 1-8.

② GUAGNANO G A, STERN P C, DIETZ T. Influences on attitude behavior relationships: a natural experiment with curbside recycling[J]. Environment and behavior, 1995, 27(4): 699-718.

③ SCOTT D, WILLITS F K. Environmental attitudes and behavior: a Pennsylvania survey[J]. Environment and Behavior, 1994, 26(2): 239-260.

④ CHAN R Y K. Determinants of Chinese consumers' green purchase behavior[J]. Psychology & Marketing, 2001, 18(4): 389-413.

触及根本的表面化治理。也就是说,城市环境权宜性治理具有传递信号的动机,即城市环境只是一种表面化的治理,甚至是伪治理。表面化环境治理模式是浮在生态文明建设表面的形式主义,以表面上的绿色化外衣掩盖生态恶化的本质特征,以获取环境治理的所谓的绩效。让山区和农村的大树进城市,以绿色油漆刷绿荒山以应对卫星电子眼和检查人员,用水泥、钢筋硬化河道堤岸等,都是典型的表面化治理行为。城市环境治理本质上是修内功和收实效的治理,是让城市居民在环境治理中获得生态权益的生态文明工程;表面化生态治理是典型的形式主义和劳民伤财的政绩工程,不但没有丝毫的环境治理绩效,而且对城市居民本已脆弱的环保意识造成伤害。

显然,城市环境权宜性治理所建构的生态伦理只是披了一层保护自然的虚假外衣,其实质依然是如何有效"驱使"自然来满足人类的消费欲望,因而它本质上依然是"人类中心主义"的产物。在这样的思维引导下,人们将衡量幸福程度的标准定位于尽可能多地占有科技含量高且包装(或装潢)精美的物品(商品),或尽可能享受高档次、高品位的商业服务。这种弥漫在现代工业社会中的世界性的文明病,也在这一时期的中国盛行。然而,这种消费主义具有反生态特征:一是加剧了对自然资源的消耗。因为消费主义的消费观加速了自然资源的消耗和人类向大自然的过度开发和掠夺。也就是说,掠夺式消费引发了生态危机。二是产生的大量消费废弃物加重了对环境的污染。国家环保总局和教育部在2003年"6·5世界环境日"前后联合进行的全国公众环境意识调查报告得出的结果显示,我国公众的环保意识还处于较低的水平,环境道德意识较弱,只有25%的公众在购物时考虑到环保因素,30%的人在处理废弃物时符合环境道德要求,多数人对环境问题的现状缺乏清醒的认识,对于环境状况的判断大都态度中庸,无敏感性,对许多根本性的环境问题缺少了解,而相当一部分公众不愿主动地获取环境知识①。

---

① 杨洪刚.我国地方政府环境治理的政策工具研究[M].上海:上海社会科学院出版社,2016:126.

可见，在城市环境权宜性治理信号传递下的生态伦理及其建构的生态环境，并没有完全遵循自然的本性，无法真正地保护自然环境。这就不难理解在1992—2002年经济迅猛发展的时期，尽管中央也提出了可持续发展的理念，一再强调城市环境保护的重要性，并为此编列计划，投入大量环保资金，却依然陷入总想避免但又好像难以逃离的经济发展与生态环境衰退的怪圈之中。因此，摈弃权宜性治理，倡导严格遵循自然本性的生态伦理，以此来塑造城市居民的生态文明价值观，实现人与自然的和谐发展。

总的来说，1992—2002年，在"发展是第一要务"思想确立及中共十四大确立建立社会主义市场经济体制目标以后，经济发展逐渐被置于重要位置，由此创造了中国经济增长奇迹。尽管这一阶段我国立足于改革开放新阶段和新趋势，深刻认识到中国生态环境问题的严重性、紧迫性及其对经济建设的制约性，形成了较为完善的生态文明建设思想和经济建设观。而且，相继印发了《全国生态环境建设规划》《全国生态环境保护纲要》《全国环境保护工作（1998—2002）纲要》《中国可持续发展行动纲要》，也修改制定了环境保护法律法规，如修改了《中华人民共和国大气污染防治法》《中华人民共和国水污染防治法》《中华人民共和国海洋环境保护法》，制定了《中华人民共和国噪声污染环境防治法》《中华人民共和国建设项目环境保护条例》，通过了《中华人民共和国清洁生产促进法》等环境保护法规①。但由于这一时期可持续发展经济制度和政策还未形成体系，散见于各类政策文件和试点实践中，城市生态环境建设依然受到严重制约，城市生态空间持续遭受威胁，城市经济建设面临的资源约束、环境污染、生态退化等形势依然严峻，城市亟待进入科学发展阶段。

① 赵凌云.中国特色生态文明建设道路［M］.北京：中国财政经济出版社，2014：126.

第四章

"科学发展观"指引下的
参与式治理：2002—2012 年

经过改革开放 20 多年的高速发展,城市经济迅猛增长,人口急剧增加,规模不断扩大。但是,经济粗放式增长以及长期积累的结构性矛盾日益严重,城市环境权宜性治理下的生态环境持续恶化,导致"生存性环境权益""生产性环境权益""发展性环境权益"之间频发利益冲突。面对这一发展不平衡的严峻形势,勇于反思和与时俱进的中国共产党,在 2003 年党的十六届三中全会上提出了"科学发展观",其内涵为"坚持以人为本,树立全面、协调、可持续的发展观,促进经济社会和人的全面发展",坚持"统筹城乡发展、统筹区域发展、统筹经济社会发展、统筹人与自然和谐发展、统筹国内发展和对外开放的要求"。2017 年,中国共产党把建设生态文明的重大战略方针首次写入了党的十七大报告。十七大报告中明确指出:"建设生态文明,基本形成节约能源资源和保护生态环境的产业结构、增长方式、消费模式。循环经济形成较大规模,可再生能源比重显著上升。主要污染物排放得到有效控制,生态环境质量明显改善。生态文明观念在全社会牢固树立。"① 这标志着中国共产党对人与自然的关系、生态文明建设的认识更加科学。生态理性开始复苏。公众的参与同政府生态理性的复苏呈正相关关系。在这一时期,公众参与成为城市环境治理的关键词。

第一节 "科学发展观"指引下公众 参与环境治理的勃兴

科学发展观是对可持续发展观的发展与完善。"科学发展观的本质,就是经济与社会、地区与地区、城市与农村、人与人、人与社会、人与自然、今人与后人之间的协调发展。发展不是单纯的经济增长,而是社会整体的进步,

---

① 高举中国特色社会主义伟大旗帜,为夺取全面建设小康社会新胜利而奋斗[N].新华日报,2007-10-16.

既包括社会关系方面的进步，也包括自然关系方面的进步。"① 从2003年科学发展观被提出开始，中国城市环境治理进入历史性转变的关键阶段。这一阶段，城市环境治理政策的价值导向、评价标准发生了很大的变化，更加突出"生态型"思维方式，城市生态环境的推进也由"管理模式"向"治理模式"转变。

一、科学发展观的提出与深化 ▶▷

与西方国家环保事业最初由公众推动不同，中国的环境保护工作是由中国共产党推动的。2002年，中共十六大反映了中国共产党对环境问题认识的转变，即不再把环境简单地与人口、资源、农业等单个问题联系起来，而是看到了环境与经济发展之间的矛盾需要通过综合改革经济体制加以调节，提出走"资源消耗低、环境污染少……的新型工业化路子"②。2003年，中共十六届三中全会明确提出要"树立和落实全面发展、协调发展和可持续发展的科学发展观"。这一理念不仅强调保护环境，提倡人与自然和谐相处，而且在发展模式上强调可持续性，要求形成节约能源资源和保护生态环境的产业结构、增长方式、消费模式，走生态文明之路。2004年3月，胡锦涛同志在中央人口资源环境工作座谈会上第一次提出"建设资源节约型国民经济体系和资源节约型社会"。2005年，中共第十六届五中全会通过的第十一个五年规划中明确提出了以科学发展观统领经济社会发展全局，"建设资源节约型、环境友好型社会"③。2007年3月，在中共十七大报告起草组第四次全体会议上，胡锦涛同志指出"全面落实科学发展观，坚持科学发展、和谐发展、和平发展，是我们实现全面建设小康社会目标、进而基本实现现代化必须遵循的发展思路……我们讲发展，必须是坚持以人为本、全面协调可持续的科学发展，必须是落实中国特色社会主义事业总体布局、注重统筹

① 俞可平.科学发展观与生态文明[J].马克思主义与现实，2005（4）：4-5.
② 冉冉.中国地方环境政治：政策与执行之间的距离[M].北京：中央编译出版社，2015：44.
③ 中共中央文献研究室.十六大以来重要文献选编（上）[M].北京：中央文献出版社，2005.

协调的和谐发展"①。在2007年6月中央党校举办的省部级干部进修班上，胡锦涛同志又从整体上对科学发展观的深刻内涵做出了更为全面的概括："科学发展观，第一要义是发展，核心是以人为本，基本要求是全面协调可持续，根本方法是统筹兼顾。"②对科学发展观内涵的新概括，体现了发展本质与发展动力、发展目的与发展方式、发展要求与发展方法的"三个统一"。

中共十七大报告中进一步阐述了科学发展观的科学内涵，倡导将科学发展观贯彻落实到经济社会发展的各个方面，"建设生态文明，基本形成节约能源资源和保护生态环境的产业结构、增长方式、消费方式。循环经济形成较大规模，可再生能源比重显著上升。主要污染物排放得到有效控制，生态环境质量明显改善。生态文明观念在全社会牢固树立"③。不仅如此，中共十七大报告还提出了生态文明的具体举措，"必须把建设资源节约型、环境友好型社会放在工业化、现代化发展战略的突出位置，落实到每个单位和家庭。完善保护生态环境的法律和政策，加快形成可持续发展体制机制"。生态文明的提出，标志着我国的环境保护从此形成了在战略层面走"可持续发展战略"，在观念层面落实"科学发展观"，在道路方面走"生态文明之路"，在方针上确立"发展循环经济和环保产业"的发展道路④。

2007年10月，胡锦涛在参加中共十七大江苏代表团讨论时，对把"又快又好"调整为"又好又快"作了说明。他说："科学发展观的形成提出有一个过程。改革开放之初，我们一直在强调加速发展，注重经济增长速度；后来我们又提出'又快又好'发展；去年中央经济工作会议，我们讲'又好又快'。这是立足基本国情，不断适应发展要求提出的。这不仅仅是文字表述的变化，而是有深刻内涵的，就是要走生产发展、生活富裕、生态良好的文明

① 中共中央文献编辑委员会.胡锦涛文选：第2卷[M].北京：人民出版社,2016：578.

② 坚定不移走中国特色社会主义伟大道路，为夺取全面建设小康社会新胜利而奋斗[N].人民日报,2007-06-26.

③ 中共中央文献研究室.十七大以来重要文献选编（上）[M].北京：中央文献出版社,2009：16.

④ 李东松，张恒力.生态政策的六十年发展轨迹——以党的历次代表大会（1949—2009）报告为基础[J].北京行政学院学报,2010（1）：71-75.

发展道路。"① 2007年12月，胡锦涛同志在中央经济工作会议上指出，"节约资源、保护环境，关系到经济社会可持续发展，关系到人民群众切身利益，关系到中华民族生存发展"②。此外，还要"大力发展循环经济……完成现代化的任务"③。2007年12月，胡锦涛同志在新进中央委员会的委员、候补委员学习贯彻党的十七大精神研讨班上的讲话中指出："党的十七大强调要建设生态文明，这是我们党第一次把它作为一项战略任务明确提出来。建设生态文明，实质上就是要以资源环境承载力为基础、以自然规律为准则、以可持续发展为目标的资源节约型、环境友好型社会。从当前和今后我国的发展趋势看，加强能源资源节约和生态环境保护，是我国建设生态文明必须着力抓好的战略任务。我们一定要把建设资源节约型、环境友好型社会放在工业化、现代化发展战略的突出位置，落实到每个单位、每个家庭，下最大决心、用最大气力把这项战略任务切实抓好、抓出成效来。要加快形成可持续发展体制机制，在全社会牢固树立生态文明观念，大力发展循环经济，大力加强节能降耗和污染减排工作，经过一段时间的努力，基本形成节约能源资源和保护生态环境的产业结构、增长方式、消费模式。"④ 这是对生态文明内涵的深刻阐释。

随着中国经济社会的不断发展和人民生活水平的不断提高，对干净的水、新鲜的空气、优美的环境等方面的要求越来越高。2010年2月，胡锦涛同志在省部级主要领导干部深入贯彻落实科学发展观加快经济发展方式转变专题研讨班上的讲话中指出，"良好生态环境是经济社会可持续发展的重要条件，也是一个民族生存和发展的根本基础……我们必须深刻认识加快生态文明建设的重要性和紧迫性，痛下决心，下大气力，始终坚持和全面落实节约资源和保护环境的基本国策，深入实施可持续发展战略，大力推进

① 中共中央文献编辑委员会.胡锦涛文选：第2卷［M］.北京：人民出版社,2016：549.
② 中共中央文献研究室.十七大以来重要文献选编（上）［M］.北京：中央文献出版社,2009：78.
③ 中共中央文献研究室.十七大以来重要文献选编（上）［M］.北京：中央文献出版社,2009：78.
④ 中共中央文献研究室.十七大以来重要文献选编（上）［M］.北京：中央文献出版社,2009：109.

资源节约型、环境友好型社会建设，坚持根据自然环境承载能力和承受能力规划经济社会发展，坚决杜绝先污染后治理、先破坏后恢复、边治理边污染、边恢复边破坏的现象，推动整个社会走上生产发展、生活富裕、生态良好的文明发展道路"①。2012年7月，胡锦涛同志在省部级主要领导干部专题研讨班上的讲话中指出，"推进生态文明建设，是涉及生产方式和生活方式根本性变革的战略任务，必须把生态文明建设的理念、原则、目标等深刻融入和全面贯穿到我国经济、政治、文化、社会建设各方面和全过程。要牢固树立尊重自然、顺应自然、保护自然的生态文明理念，坚持节约资源和保护环境的基本国策，坚持节约优先、保护优先、自然恢复为主的方针，着力推进绿色发展、循环发展、低碳发展，形成节约资源和保护环境的空间格局、产业结构、生产方式、生活方式，从源头上扭转生态环境恶化趋势，为人民创造良好生产生活环境，实现中华民族永续发展，为全球生态安全作出贡献"②。2012年，中共十八大提出"要坚持以科学发展为主题，全面推进经济建设、政治建设、文化建设、社会建设、生态文明建设，实现以人为本、全面协调可持续的科学发展"，明确了科学发展观是党必须长期坚持的指导思想，并写入了党章。这一做法充分体现了中共对中国环境发展尤其是一直以来污染的重点区域即城市生态环境的密切关注，其对环境问题的认识在逐步深化。

二、科学发展观提出的深层背景 ▶▶

科学发展观的提出，是对时代要求进行范式革命的回应。科学发展观是基于生态安全状况这一国内背景，以及西方发达国家给中国带来的巨大生态环境压力下提出的。

（一）西方生态殖民主义的冲击

生态殖民主义是在不平等的国际政治经济秩序的框架内，西方发达国家针对发展中国家和落后国家的在生态环境问题上带有明显剥削与掠夺性

---

① 中共中央文献编辑委员会.胡锦涛文选：第3卷［M］.北京：人民出版社,2016：351.
② 中共中央文献编辑委员会.胡锦涛文选：第3卷［M］.北京：人民出版社,2016：610.

质的经济、政治行为的总称①。它是在新的国际形势下出现的一种没有殖民地的殖民主义。改革开放以来，国际形势的新变化给中国的经济社会发展和对外交往带来了种种挑战，应对气候变化、节约资源、保护环境已经成为国际社会高度关注的问题。作为一个发展中的经济贸易大国，中国既面临国内发展经济和保护资源、环境的压力，又要面对经济全球化带来的新挑战。随着全方位对外开放的推进，西方发达国家对中国的生态殖民主义威胁也不容小觑。

首先，能源资源安全已经成为各国经济安全和国家安全的重要组成部分。"全球能源安全，关系各国的经济命脉和民生大计，对维护世界和平稳定、促进各国共同发展至关重要。"②随着全球工业化进程的不断深入，各国的能源资源消费也日益增加。2002年，BP公司世界能源统计年鉴显示，该年世界一次能源消费从2001年的91.65亿吨油当量增至94.05亿吨油当量，增长了2.6%，超过了世界过去十年的年均增长率1.4%，成为近几年中增幅较大的一年③。"为了解决国内资源有限性和需求无限性之间的矛盾，西方发达国家盯住了资源丰富而资源保护意识淡薄，或虽不乏资源保护意识但开发利用手段落后的发展中国家"④，以中国石油、铁矿石等资源需求增长为借口，趁机制造新的"中国威胁论"——环境资源威胁论。1994年9月，时任美国世界观察研究所所长莱斯特·布朗在美国《世界观察》上发表了《谁来养活中国——来自一个小行星的醒世报告》。该报告认为，中国日益严重的水资源短缺，高速的工业化进程对农田的大量侵蚀、破坏，加上人口增长，到21世纪初，中国为了养活十多亿的人口，可能得从国外进口大量粮食，这可能引起世界粮价的上涨，对世界的粮食供应产生巨大

① 张剑.生态殖民主义批判[J].马克思主义研究,2009(3):117-124.

② 胡锦涛.保障全球能源安全树立新能源安全观[EB/OL].(2006-07-18)[2018-10-12].http://news.sohu.com/20060718/n244316897.shtml.

③ 耿彤,杨伟红.2002年世界能源市场综述——来自BP的最新能源统计报告[J].国际石油经济,2003(7):38-42.

④ 李祥.环境殖民主义批判[J].南京林业大学学报(人文社会科学版),2010,10(4):24-29.

影响①。布朗的该报告在全球范围内掀起了一股"中国生态威胁论"的浪潮。1996年,美国《世界政策杂志》春季号刊登题为《中国迈进资源缺乏时代》的文章,认为自1994年中国成为能源纯进口国后,中国年人均能源消费约5桶石油,保持这样的水平到2005年,中国每年将多进口60亿桶。如果没有其他石油替代资源被发现,中国迟早不得不从其他方面满足自己的需求,其他的选择代价可能更大,它既表现在财富损耗上,也表现在流血战争方面②。2004年,英国石油公司(BPPLC)首席经济学家皮特·戴维斯(Peter Davis)表示"中国现在对能源流动有着难以置信的影响力,它的影响力不仅是在亚洲,而是在全世界范围内,世界能源市场的整个重心正在转变"③。

其次,针对全球气候变暖导致的冰川融化、海平面上升、粮食减产以及物种灭绝等环境灾难,一些西方发达国家试图将气候变化问题作为获取竞争新优势的手段。20世纪中期,美、英、日等发达资本主义国家在工业化发展到相当程度之后,开始意识到城市生态环境治理问题。这些发达国家纷纷以"地球卫士""生态警察"的面目出现,将环境污染问题推给第三方国家,谴责这些国家给全球生态环境带来的破坏。同时,在发达国家的主导下,还数次召开了人类环境(发展)大会,不顾一些发展中国家的实际发展水平,要求它们承担过多的减排责任,不断向它们施加舆论压力。中国作为排放大国,在气候变化问题上面临着更大的国际压力。1997年12月,在日本京都通过的《京都议定书》遵循《联合国气候变化框架公约》制定的"共同但有区别的责任"原则,要求作为温室气体排放大户的发达国家采取具体措施限制温室气体的排放,而发展中国家不承担有法律约束力的温室气体限控义务。1999年9月15日,英国时任环境大臣约翰·格默(John Gummer)在《卫报》上发表"China's new long march"一文,他在文章中指出"中国将于2005年成为全球最大的污染源,没有中国的参与,将无法解决臭氧损耗

---

① 曾正德."中国生态环境威胁论"的缘起、特征与对策研究[J].扬州大学学报(人文社会科学版),2010,14(2):16-22.
② 曹凤中,马登奇.绿色的冲击[M].北京:中国科学出版社,1998:424-428.
③ 中国成第二大石油消费国　重塑世界能源格局[EB/OL].(2004-04-02)[2018-10-10].http://www.phoenixtv.com.

和气候变化问题"①。2001 年，美国宣布退出《京都议定书》。2005 年，时任美国总统的小布什公开宣称"世界第二的温室气体排放国是中国，但是中国却被排除在《京都议定书》的限制之外。这是一个需要全世界所有国家共同付出努力的问题。美国想要在全球共同应对气候变化中担任领导角色，但不愿意被需要承担义务的这一有缺陷的条约所束缚。相反，美国政府一贯乐于在有关气候变化的事务中担任领导角色。我们现在的做法必须和降低大气中温室气体浓度这一长远目标相一致"②。2009 年 12 月，哥本哈根会议的召开强化了全球环境议题。会议结束后的第二天，时任英国首相布朗就该会议结论不如外界预期，没有出台具有法律效力的共识，公开指责有一小部分的国家挟持了哥本哈根会议，阻挠通过相关方案。时任英国气候变化大臣米利班德（Edward Miliband）则随后在《卫报》上撰文，直接点名中国是挟持会议的国家之一③。

最后，在国际产业链中，资本主义社会的经济链条遵循的是"原料/资源/能源—生产加工—全球销售—过度消费"④这一基本模式。由于中国处于工业化发展初期，具有自主知识产权的产品较少，劳动力成本的优势导致中国许多时候成为低端产品的"世界工厂"，并承受着随之而来的资源和环境的巨大代价。发达国家从自身环境保护和产业结构调整的需要出发，打着援助发展中国家的旗号，纷纷将污染严重的产业和较难处理的（处理成本太高或者难处理）垃圾转移到发展中国家⑤。有关数据表明，日本已将60% 以上的高污染产业转移到东南亚和拉美国家，美国也将 39% 以上的高污染、高消耗的产业转移到其他国家⑥。就这样，西方垄断资本在全球"货币

① GUMMER J. "China's new long march"［EB/OL］.（1999-09-15）［2018-10-06］.http：//www.guardian.co.uk/society/1999/sep/15/guadian society supplement4?INTCMP=SRCH.

② 小约瑟夫·奈.理解国际冲突理论与历史［M］.张小明，译.上海：上海人民出版社，2002：8.

③ 洪雅芳，文俊杰.英国官员指责中国"劫持"哥本哈根会议［EB/OL］.（2018-09-11）［2018-10-10］.http：//news.ifeng.com/world/special/gebenhagenqihou/zuixin/200912/1222_8755_1482995.shtml.

④ 张剑.生态殖民主义批判［J］.马克思主义研究，2009（3）：117-124.

⑤ 李克国.环境殖民主义初探［J］.中国环境管理干部学院学报，1998（Z1）：5-7，19.

⑥ 刘曙光.全球化与反全球化［M］.长沙：湖南人民出版社，2003：140-141.

流通过程中把自然资源的退化输出到国外",在全球"生产流通过程中把污染和对职业健康与安全的危害输出到国外",在全球"商品流通过程中把生产和消费的危险手段输出到国外"①。20世纪末期,因为改革开放,中国的制造业发展进入了野蛮扩张的阶段,考虑到技术和成本的因素,中国开始从发达国家进口固体废物进行二次加工处理以赚取利润。然而,一些发达国家却以此为契机,打着再生利用的旗号,向中国倾倒危险废弃物。据世界绿色和平组织报告,发达国家正以每年5 000万吨的规模向发展中国家转移废弃物②。联合国环境规划署也公布,全球每年产生危害垃圾约5亿吨,其中90%来自发达国家,并且大量垃圾被转移到发展中国家③。中国"洋垃圾"进口规模在1990年之前较小,每年不到100万吨,1997年超过1 100万吨,之后大幅增加,2002年的进口量约为2 200万吨,5年内翻了一番;2005年更是激增到4 300万吨④。垃圾进口已经成为中国的一项大宗交易,并且在全国各地都设有专门的"洋垃圾"回收处理机构,为西方发达国家生态环境的改善做出了"卓越贡献"。

发达国家的生态殖民,不管是直接的还是间接的,给中国生态环境带来的灾难是中国必须重视的。在这样的国际大背景下,中国既要切实有效地回应挑战,肩负起应尽的国际责任,展示"负责任大国"的形象,又要加强本国的生态环境建设。科学发展观正是顺应这样的国际形势变化而提出的。该战略是中国应对当前西方生态殖民主义所带来的种种挑战而提出的有力举措,对于提高中国经济发展的质量和效益,抢占国际产业链的制高点具有重要的推动作用。

(二)国内生态危机的驱动

改革开放以后,随着生产力进一步发展,国民经济进入高速发展轨道,

① 陈艳平,贺新元.生态殖民主义:本质、表现及其对策[J].延安大学学报(社会科学版),2009,31(4):14-17.
② 李克国.环境殖民主义初探[J].中国环境管理干部学院学报,1998(Z1):5-7,19.
③ 郭尚花.生态社会主义关于生态殖民扩张的命题对我国调整外资战略的启示[J].当代世界与社会主义,2008(3):104-108.
④ 刘建国.禁止洋垃圾入境对我国垃圾分类的意义与启示[J].资源再生,2018(3):10-13.

国民生产总值增长速度大幅度提升,中国在国际社会上的竞争力和影响力越来越强,国际地位也越来越高。1978—2007年,中国GDP年均增长9.7%,大踏步迈入工业化中期①。然而,这种建立在高能耗、高投入基础上的发展给中国带来巨大成就的同时,也让中国付出了能源资源过度消耗、生态环境破坏的沉重代价。从工业到农业,从点源到面源,从水到空气,中国的环境形势日益严峻。经济的恶化和能源资源短缺成为经济社会发展的主要制约因素②。

面对飞速发展的社会经济和突飞猛进的城市化进程,我们看到了现代化建设的绚丽之光,同时也觉察到光环周围的不和谐色彩。比如,土地退化、耕地缩减、水资源危机、河流污染、水质下降、空气污浊、生物多样性锐减等问题越来越严重。2001年,世界银行(World Bank)发展报告列举的世界污染最严重的20个城市中,中国占了16个。联合国开发署(UNDP)2002年的报告称,中国每年空气污染导致1 500万人患支气管疾病,2.3万人患呼吸道疾病,1.3万人死于心脏病③。据2002年的环境状况公报显示,截至2002年,中国七大江河水系均遭受不同程度的污染,仅不足三分之一的检测断面满足3类水质要求,尤以海河和辽河流域污染最为严重,滇池、太湖和巢湖氮、磷污染严重;空气质量检测中有107个城市空气质量劣于三级,占比为31.2%,空气质量达标城市的人口比例仅占统计城市人口总数的26.3%。部分城市二氧化硫污染严重,酸雨污染较重。粗放型增长方式已使人类生存所必需的合格的水和空气都成了一种奢望。对此,时任国务院总理温家宝在政府工作报告中明确提出:"我们的奋斗目标是,让人民群众喝上干净的水、呼吸清新的空气,有更好的工作和生活环境。"④2004年7月1日,中国环保总局首次公布了113个中国环境保护重点城市空气污染综合指数排名情

---

① 十年看转变实现新跨越——迎接党的十八大系列报道[EB/OL].(2018-10-07)[2018-10-08].http://www.cenews.com.cn/ztbd1/18d3/.

② 方世南.环境友好型社会与政府在环境治理中的作为[J].学习论坛,2007(4):40-43.

③ 梁从诫.2005年:中国的环境危局与突围[M].北京:社会科学文献出版社,2006:95.

④ 让人民喝上干净水呼吸清新空气[EB/OL].(2005-03-06)[2018-10-14].http://news.sina.com.cn/o/2005-03-06/07505278726s.shtml.

况,其中临汾、阳泉、大同、石嘴山、三门峡、金昌、石家庄、咸阳、株洲、洛阳十大城市依次位列前十①。

以北京为例。2002年,北京市环境状况公报显示,该年北京的大气环境质量继续呈改善趋势,但耗煤量过大、水资源紧缺等问题依然严重制约着北京环境质量和生态状况的迅速改善。与实施《北京市环境污染防治目标和对策》的第一年(1998年)相比,北京市的二氧化硫、一氧化碳、可吸入颗粒物和总悬浮颗粒物有所下降,但二氧化氮上升了2.7%,并且该年度还发生了3次酸雨事件②。在2004年10月,北京市区的空气污染指数更是从10月3日的84增至10月8日的402,达到五级严重污染水平③。

以上海为例。2002年,上海市的环境优良天数全年仅有281天,占比为77%④。2003年,上海市中心城区二氧化硫浓度为0.043毫克/立方米,较2002年上升了0.008毫克/立方米;全市废气排放总量为8 391亿标立方米,其中工业废气排放量为7 799亿标立方米,跟2002年相比,分别增加了6.19%和4.83%⑤。

再以广州为例。2000年,广州市环保部门在工作汇报中透露"尽管近年来广州市为治理城市生活污水不遗余力,但佛山、南海、三水等市垃圾、生活污水通过佛山水道、水口涌、西南涌,直接汇入广州珠江河段西航道,严重威胁着广州水体,尤其是对广州饮用水源造成污染"⑥。2004年,广州市环境

---

① 国家环保总局首次公布内地城市空气污染黑名单[EB/OL].(2004-07-14)[2018-10-14].http://finance.sina.com.cn/g/20040714/0519868523.shtml.

② 2002年北京市环境状况公报[EB/OL].(2003-06-05)[2018-10-08].http://www.bjepb.gov.cn/bjhrb/xxgk/Ywdt/hjzlzk/hjzkgb65/bsndhjzkgb/505400/index.html.

③ 北京市区空气质量出现严重污染[EB/OL].(2004-10-08)[2018-10-09].http://www.bjepb.gov.cn/bjhrb/xxgk/Ywdt/dqhjgl/dqhjglgzdtxx/509483/index.html.

④ 2002年上海市环境状况公报[EB/OL].(2003-02-18)[2018-10-08].http://www.sepb.gov.cn/fa/cms/shhj//Shhj2143/shhj2144/2003/02/18066.htm.

⑤ 2003年上海市环境状况公报[EB/OL].(2004-04-28)[2018-10-08].http://www.sepb.gov.cn/fa/cms/shhj//shhj2143/shhj2144/2004/04/7557.htm.

⑥ 佛山污水直排严重威胁广州饮用水[EB/OL].(2000-12-13)[2018-10-08].http://www.gzepb.gov.cn:81/was5/web/detail?record=5837&channelid=5785&searchword=%B9%E3%D6%DD%BB%B7%B1%A3&keyword=%B9%E3%D6%DD%BB%B7%B1%A3&StringEncoding=gbk.

公报公布广州入海河的水质跟2003年相比有所下降，水质处于较差水平，水中的氨氮超4类标准属5类水质。广州、东莞水质达标率有较大幅度的下降①。2005年，《中国环境报》报道显示2004年广州市的灰霾天气全年达到144天②。

GDP的增长并不一定能带来幸福，以牺牲环境赢得的经济发展不是我们想要的。面对突出的环境问题，2003年胡锦涛同志在中共中央十六届三中全会第二次群体会议上指出："树立和落实科学发展观，要正确处理增长数量和质量、速度和效益的关系。增长是发展的基础，没有经济数量增长，没有物质财富积累，就谈不上发展。但是，增长并不简单等于发展，如果单纯扩大数量，单纯追求速度，而不重视质量和效益，不重视经济、政治、文化协调发展，不重视人与自然的和谐，就会出现增长失调、从而最终制约发展的局面。"③

三、科学发展观指引下公众环境参与意识的觉醒 ▷▷

生态文明教育中科学发展观的强化和内化，大大提高了公众的环境意识以及公众参与环境保护的自觉性。2005年，胡锦涛在中央人口资源环境工作座谈会上指出"完善促进生态建设的法律和政策体系，制定全国生态保护规划，在全社会大力进行生态文明教育"④。2005年颁布的《国务院关于落实科学发展观加强环境保护的决定》提出，要加强环境教育，弘扬环境文化，倡导生态文明，这标志着国家对加强生态文明教育的高度重视。于是，

① 2004年广东省环境状况公报［EB/OL］.（2005-10-14）［2018-10-08］.http://www.gdep.gov.cn/hjjce/gb/2003gongbao/201009/t20100913_87108.html.

② 广州下决心告别雾霾［EB/OL］.（2005-08-03）［2018-10-08］.http://kreader.cnki.net/Kreader/ViewPage.aspx?dbCode=CCND&filename=CHJB200508030021&tablename=CCND0005&uid=WEEvREdxOWJmbC9oM1NjYkZCbDZZZ2dsaFNPcGpWdTB0bFJWUklhSzNScHY=$R1yZ0H6jyaa0en3RxVUd8df-oHi7XMMDo7mtKT6mSmEvTuk11l2gFA!!.

③ 中共中央文献编辑委员会.胡锦涛文选：第2卷［M］.北京：人民出版社，2016：102.

④ 中共中央文献研究室.十六大以来重要文献选编（中）［M］.北京：中央文献出版社，2006：823.

通过宣传教育在全社会树立生态文明观念成为共识。生态文明教育吸收了"为了环境的教育""可持续发展教育"的成果,把环境教育提升到改变整个文明方式、改变人们基本生活方式的高度。科学发展观强调实现"自然—社会—人"的有机统一发展,强调追求经济、政治、文化、社会和生态的协调统一,不仅孕育催生了生态理性,而且孕育催生了理性生态人。生态理性和"理性生态人"已越来越不能容忍企业以"利润最大化"为目标的逐利行为对自然环境所造成的威胁与破坏。

至此,公众的环境认知不断深化,从环境关心到环境行动,一个突出的表现是围绕环境问题的群体性事件迅速增加,且事件呈暴力化、对抗性强的特征①。环境群体性事件通常表现为规模民众通过集体上访、阻塞交通、围堵党政企业单位等方式,向政府和企业施压,以表达自己的环境诉求并维护合法权益,如厦门PX事件、陕西凤翔血铅事件、北京六里屯与广州番禺等地垃圾焚烧厂事件等。环境群体性事件高速增加的态势,一定程度上反映了公众社会行动力的增强。社会力量已自下而上形成对改善城市环境治理机制的倒逼。

(一)社区自治领域的形成和社会组织的崛起:公众参与环境治理的微观基础

社会公众包括公众个人和公众团队。他们更关注自己生活于其中的社会环境,更有动力去建设好、维护好自己所在的生态环境。在社会自治模式的倡导者丹尼尔·A.科尔曼看来,现代社会正面临着一场巨大的生态危机,传统的关于生态危机产生原因的人口爆炸说、技术失控说和消费异化说都没有抓住问题的本质,"往往被强调过头或者错误理解,其实,它们本身根植于一个危害环境之社会的基本特点当中"②,而真正的原因在于国家的政治经济权力集中于少数人、资本主义价值观的狭隘化和社群的丧失。为此,科

---

① 张萍,杨祖婵.近十年来我国环境群体性事件的特征简析[J].中国地质大学学报(社会科学版),2015(3):53-61.
② 科尔曼.生态政治——建设一个绿色社会[M].梅俊杰,译.上海:上海译文出版社,2006:45.

尔曼提出通过基层民主的方式来化解生态危机，"要把公共政策领域通常自上而下的方法颠倒过来，让民众和社群有权决定自己的生态命运和社会命运，也让民众有权探寻一种对环境和社会负责任的生活方式"①。卢克也认为，将领导权力和资源权限由政府移交给非政府组织，不是削弱而是解放了政府部门，使政府部门可以更好地提供公共服务②。

社区是由生活在一定地域范围内的人们所形成的一种社会生活共同体。它是人、空间及活动互动的基本单位。社区作为"家"的组合，易于引导人们产生家园意识感和家园归属感，从而将保护本地区的环境与社区的发展结合起来。可以说，社区是最适当的社会生态空间和构建环保净土的最适当的"力场"。利用社区力量"自组织"保护生态环境，是当今世界的一种趋势，也是城市环境治理可以依赖的基础力量。美国学者奥斯特罗姆在《公共事物的治理之道》中提出了"自主治理"理论③，是对利用社区力量"自组织"进行环境治理的一种肯定。

1986年，中国民政部门首次把"社区"概念引入城市治理。1987年，中国民政部门倡导开展以民政对象为主体的社区服务。"社区"概念第一次进入中国政府管理视域。2000年11月，中共中央办公厅、国务院办公厅联合下发的《民政部关于在全国推进城市社区建设的意见》（下文简称《意见》）中，社区被官方定义为"聚居在一定地域范围内的人们所组成的社会生活共同体"，并提出了社区建设的总体目标、基本方向和整体思路。《意见》发布后，各个城市的社区建设得到了前所未有的发展。社区建设开始突破单纯的社区服务、社区环境改善等硬件设施的建设范围，逐渐走向规范化、纵深化，并朝着更深层次的社区民主自治等管理创新的方向发展。

随着改革的不断推进，以产权多元化和经济运行市场化为基本内容的

---

① 科尔曼.生态政治——建设一个绿色社会[M].梅俊杰，译.上海：上海译文出版社，2006：133.
② LUKE J S. Catalytic Leadership: strategies for an interconnected world[M]. San Francisco: Jossey-Bass Inc. Pub., 1998: 37-148.
③ 奥斯特罗姆.公共事物的治理之道[M].余逊达，陈旭东，译.上海：上海三联书店，2000.

经济体制改革直接促进了具有相对自主性的社会的形成①。作为自主型社会，城市居民逐渐摆脱对公有制单位的经济依赖，开始关注和参与与自身利益密切相关的公共事务。社区环境资源是社区居民共同拥有并实际使用的，其状况如何直接关系到社区成员的利益与安全，保护自身拥有的资源不被破坏的主动性与积极性是任何其他主体不具备的，因此社区居民保护社区环境的行为是主动的、自愿的，是低成本的、可行的。而且，社区居民相互之间具有密切的交往，这样使社区内的相互制约、相互监督将变得简单而日常。同时，社区成员相互间有较好的认同和较高的社区凝聚力，能保证社区成员团结一致地保护属于自己的社区环境资源。

改革开放以来，随着中国经济的持续快速发展和社会的转型，各种形式的社会组织也实现了前所未有的快速发展和繁荣。1998年6月，民政部正式将"社团管理司"更名为"民间组织管理局"，这意味着社会组织正式得到了官方的认可，社会组织在中国取得了合法性地位。环保民间组织的发展是社会组织兴起的主要内容之一。环保民间组织一般指民间的、非营利的、自主管理的，并且具有一定志愿性质的、致力于解决各种环境问题的组织。1978年5月，中国环境科学学会成立，这是最早由政府部门发起成立的环保民间组织。一般认为，中国最早成立的纯粹环保民间组织是1994年在北京成立的"自然之友"，它的正式名称为"中国文化书院绿色文化书院"。1995年，"北京地球村"成立。1996年，"绿家园志愿者"成立。1998年，第一个起源于网络的环保民间组织"绿色北京"成立。这个时期正是中国社会开始发生巨大转变的时期。随着改革开放政策的实行，各个领域开始逐步与国际接轨，中国社会吸收、借鉴国际先进经验在力度、广度、深度上体现出一种波澜壮阔的宏大气势。中国环保民间组织同样是伴随着这个潮流发展壮大起来的，并已经成为推动我国和世界环境事业发展的不可或缺的重要力量。截至2012年底，全国生态环境类社会团体已有6 816个，生态环境类民办非企业单位有1 065个，环保民间组织共计7 881个。随着全社会环

---

① 孙立平.改革开放以来中国社会结构的变迁[J].中国浦东干部学院学报,2009,3(1): 5-12.

境意识的增强,民间环保组织的数量有了大幅增长,从2007年到2012年增长了38.8%[①]。

环保民间组织赖以存在和发展的公共空间,表现为整个社会对于环境保护的巨大需求,以及人们由此形成的强烈的环境忧患共识和共同的环境保护价值观,为整个社会源源不断地提供着环境保护这样一类重要的公共服务和物品。有关资料显示,在督促圆明园湖底防渗工程整改、怒江建坝之争、用环保袋替代塑料袋、少开一天车、推进社区"自助绿化"等活动中,都可以看到环保民间组织活跃的身影。北京、上海、广州、深圳等城市的地方政府自2005年以来就尝试使用宽松的备案制度帮助一些活跃于基层社区的社会组织获得合法身份,并探索"公益招投标"等政府购买社会组织服务的新型制度促进其发展。这些改革暗含着不同的制度创新思路,要求地方政府在改进社会治理方式的同时,兼顾好社会组织发展的活力、政府治理和社会自我调节良性互动以及社会组织融入既有社会治理体系等多个目标。

环境非政府组织促成生态环境意识日益觉醒的单个公民组成有机的整体,以理性的、有秩序的方式采取行动。它以强大的群众基础和社会舆论成为政府和市场之外的"第三种力量"。如果这一力量得到规范和引导,将在很大程度上弥补政府和企业在城市环境治理问题上的失灵,增强城市环境治理的社会合力。相比政府、企业,环保民间组织具有生态中心性(突破地域利益主义,一切以生态为中心)、横向网络性(组织结构不是科层化,而是横向化)以及贴近生活性(把环保与生活结合起来,在微观方面有优势)特征,因此它在城市环境治理中有着不可替代的作用。

(二)城市经济体制转型与相关法律制度的出台：公众参与环境治理的宏观环境

尽管社会转型时期的国家强调要加强政治权威和维护社会政治秩序的稳定,但这并不意味着国家就需要重新回归到通过强化政府的政治职能来

---

① 我国已有近8 000个环保民间组织[N].经济日报,2013-12-09.

强化政治权威的传统模式。在实践中，国家主要是通过转变政府职能和革新社会治理模式来强化政治权威和维护社会政治秩序的稳定。随着社会主义经济体制改革的逐步深入，经济自由权利的主体出现了多元化的趋势，政府则逐渐退出具体的经营活动，承担起不同经济主体利益的协调者和规则的制定者的角色①。政府逐渐改变了原来的认为自己全知全能从而大包大揽的做法，还权于企业、还权于社会，把市场机制和社会系统自身能够处理的职能归还给市场和社会，而把自身职能定位于市场和社会不能处理或无法处理的事务，从事规划、决策、考核等"掌舵"事务，而不是项目管理、执行和服务提供等"划桨"事务。"小政府，大社会"成为政府改革的理念，政府职能正从"划桨"向"掌舵"转变，从"全能政府"向"有限政府"转变，从管制型政府向服务型政府转变，由微观的直接干预向宏观的间接调控转变。

不难看出，中国的宏观制度环境是一种有利于城市自主性生长的环境。如果说城市自主性的扩大为公众参与城市环境治理提供了体制基础，那么，相关法律制度的出台则为公众制度化参与城市环境治理提供了法律保障。自20世纪70年代以来，随着《人类环境宣言》《里约环境与发展宣言》等国际性法律文件的发布，公众参与在环境保护与管理中的地位逐渐得到认可和深化②。2006年2月底，我国正式发布《环境影响评价公众参与暂行办法》，这是中国环保领域第一部公众参与的规范性文件。它明确规定了建设单位和环境保护行政主管部门在环境影响评价的不同阶段应当公布的信息以及信息公布方式。2007年4月，国务院颁布了《政府信息公开条例》，明确将"环境保护"纳入政府重点公开的信息范围。同时，国家环境保护总局还颁布了《环境信息公开办法（试行）》（以下简称《办法》），这是中国第一部有关信息公开的综合性部门规章。该《办法》将强制环保部门和污染企业向全社会公开重要环境信息，同时明确了信息公开的主体和范围，规定环境信息公开的方式，为公众参与环境保护提供了前提和基础。2012年8月修订并于2013年1月1日生效的《中华人民共和国民事诉讼法》第55条规

---

① 常健.当代中国权利规范的转型［M］.天津：天津人民出版社，2000：431.
② 李东兴，田先红.我国公众参与环境保护的现状及其原因探析［J］.湖北社会科学，2003（9）：118-119.

定:"对污染环境、侵害众多消费者合法权益等损害社会公共利益的行为,法律规定的机关和有关组织可以向人民法院提起诉讼。"这是中国首次在诉讼法中规定了公益诉讼主体,虽然如何实施有待进一步的司法解释或配套规定的出台,但它给公众通过民事诉讼途径参与环境保护提供了程序法基础,是一大制度进步①。

除了法律法规外,不少政策性文件对公众参与环境管理作了规定。例如,2006年国务院发布了《关于落实科学发展观加强环境保护的决定》规定,实行环境质量公告制度,定期公布各省(区、市)有关的环境保护指标,发布城市空气质量、城市噪声、饮用水水源水质、流域水质、近岸海域水质和生态状况评价等环境信息,及时发布污染事故信息,为公众参与环境治理创造条件。

地方政府也陆续出台了许多关于公众参与环境保护的地方性法规和规章。比如,2011年颁布的《化阳市公众参与环境保护办法》,2012年颁布的《昆明市公众参与环境保护办法》等。这些地方性法规、规章对公众在该区域内参与环境保护的情况进行了明确的规定,有着非常重要的进步意义。

第二节 公众参与下环境威权主义的消解

城市环境问题本质上是一个公共问题。要有效解决城市环境问题就应当让治理权力回归公众。正如盖伊·彼得斯指出的,要使政府的功能得到最好的发挥,最好的办法就是使那些一向被排除在决策范围外的成员有更大的个人和集体参与空间②。在城市环境治理领域亦是如此。日本环境学者宫本宪——针见血地指出,"环境管理若没有居民参加就不会有效果。如果没有当地居民的参与,净化河流、保护绿地、保护街区等都是不可想象

---

① 卓光俊.我国环境保护中的公众参与制度研究[D].重庆:重庆大学,2012.
② 彼得斯.政府未来的治理模式[M].吴爱明,夏宏图,译.北京:中国人民大学出版社,2001:60-73.

的"①。公众参与对于促进城市环境治理民主化,保障城市居民环境权,平衡公众环境利益诉求进而实现环境正义都大有裨益。

一、威权主义形态下的城市环境治理 ▶▷▷

中国特色的政治与市场体制决定了从国家到地方的线性治理结构,而且决策权力主要集中在政府机构。这些特征使这一阶段的环境治理呈现出威权主义的色彩。环境威权主义的各种强制性治污策略被证明更能适应复杂的政治生态和环境压力。然而,在这种模式中,地方政府成了城市环境治理中的唯一合法主体,几乎垄断和控制了所有环境事务的管理权和经营权。这突出表现在:一是在环境政策的制定上,政府起主导作用,其他社会行为主体(企业、民间环保团体和市民等)则处于被"边缘化"甚至被"排斥"在外。二是在环境政策的实施中,地方政府一方面通过制定环境标准和环境政策,强制企业减少污染排放,进行污染治理;另一方面它们负责收集污染信息,发出削减污染的指令,并对违反规定者施以处罚。也就是说,地方政府通常采取的是直接操控的行政手段和间接控制的经济手段,而被治理对象只能机械服从。历史地看,威权型城市环境治理有其合理性并在实际生活中发挥了积极的作用,特别是针对那些具体的、可用指标量化的点源污染物问题的治理效果则更趋明显。然而,随着环境问题复杂性的凸显以及公众环境保护参与意识的不断觉醒,以政府为单一主体且带有浓厚行政命令、强制执行和直接干预等"直控"色彩的环境治理模式的弊端则日趋暴露。

(一)城市环境治理威权主义的代表:"强制命令型"治污

威权主义是作为民主政治的对立面出现的。不过,同为民主政治的对立面,威权主义与极权主义却有很大的不同。相比而言,威权主义是一种介于民主政治与极权主义之间,通过控制舆论宣传、暴力工具、法律的废立、政治参与等对整个社会进行有限多元的、自上而下统治的"中心—边缘"式的

---

① 宫本宪一.环境经济学[M].朴玉,译.北京:生活·读书·新知三联书店,2004:100.

政治形态①。它的主要特点为：① 其政府的合法性主要依靠共同体传统、强制性权力与经济绩效，而非选举程序下的民授；② 其政治多元程度颇为有限，政府权力通常由一个克里斯玛型领袖或小集团所垄断；③ 民众虽然在经济领域和社会生活方面具有一定的自由，但政治参与的渠道较少，参与的程度较低②。威权主义倾向于限制公民自由，入侵个人生活，限制公众参与，由中央政府采取命令管制型政策工具实现环境目标。

环境威权主义则是把权威主义运用于环境治理过程中，通过政府强制性的干预管制与严厉处罚手段来实现环境保护的目标。环境威权主义这一理论最早是由美国的罗伯特·海尔布隆于1974年在其《追问人类的前景》一书中提出的。在该书中，海尔布隆认为，如果没有一个可以采取大规模强制性手段的中央集权政府来充当环境独裁者，人类将会陷入因为争夺资源所引发的环境灾难中。其中这些强制性的手段包括：控制人口、对资源和能源实行配给制、暂停公众的政治参与、由政府接手私人经济和财富的分配等③。随后，在1977年，威廉·欧弗斯在《生态与稀缺的政治》一书中指出，一个稳定的政府就是要有秩序地去分配匮乏的自然资源。因此，需要制定类似"生态社会契约"，来限制一些公民的政治参与自由④。环境民主论认为民主制度下的公民社会参与能够让民众获得更多信息，维护自己权益，从而有利于环境治理。然而也有学者发现，过多的民主参与可能会成为环境有效治理的障碍。因此，比较政治研究的学者提出了环境威权主义，这种理论将环境治理的权力集中到政府，尤其是中央政府，它认为只有通过集权、强制的方式才能实现环境的有效治理。

环境威权主义的各种强制性手段成为突破官僚体制内部"上动、下不动"政策执行困境的重要路径。中国政府采取的环境治理模式被认为是这

---

① 杨志军.中央与地方、国家与社会：推进国家治理现代化的双重维度[J].甘肃行政学院学报,2013(6):12-20,122.
② 项继权.威权主义的韧性：理论解释及其局限[J].江海学刊,2017(3):110-116.
③ HEILBRONER R. An inquiry into the human prospect[M]. New York: Norton, 1974.
④ OPHULS W. Ecology and the politics of scarcity: prologue to a political theory of the steady state[M]. San Francisco: WH Freeman and Co., 1977.

种路径的典型代表。中国的环境治理也的确在某种程度上表现出了威权主义特征，即更多的中央集权、更多的政府管制、限制公众参与、限制信息的公开与透明①。随着国家治理格局由总体性支配转向技术化治理，权力与市场、权力与社会等多种关系得到重塑，国家对市场和社会资源缺乏完整的动员能力②。因此，环境威权主义的代表——铁腕治污应运而生。它能够带来的较高的行政权威，同时权力再分配、资源再分配过程可以有效弥补常规治理的动员缺陷，政策效果明显。它涉及减少个人的自由，逐步改变人们对环境的不友好行为，能够遏止环境恶化，在短时间内对环境危机做出快速的、集中的反应，因此这也被认为是一种"好"的威权主义③。

铁腕治污是以政策目标为导向，依靠政策工具强权回归的方式实现的。这种方式以政府的强制和命令为基础，能够发挥出行政组织的强大统筹力和协调力。在此基础上，也力图综合运用各类政策工具，以调动社会各界的参与，期望在短时间内通过部门力量的横向联合和纵向推动，达到快速治污的目的。铁腕治污是国家相关职能部门因加强对污染企业的查处力度而出现"一刀切"的治理方式。作为改革开放以来的非常规治理手段，目前它已成为一种常态的现实存在。从这个意义上说，铁腕治污作为一种外生压力，可以在短期内发挥引擎功能，使城市环境治理有效运转起来。

（二）城市环境威权主义的约束和限制

环境威权主义具有强大的科层动员和资源调配能力，然而其治污的结果却呈现出一种内在脆弱性。这是因为在治理技术和资源短缺的条件下，环境威权主义难以实现"治标又治本"的目标。在计划经济时代，国家对各种资源有着较强的整合能力，市场和社会依附于权力而存在，因而能够以运动方式长期地动员各类社会主体。然而在经济社会转型时期，城市的各种资源都处于紧张的状态，国家发动一场长期"运动式"治污已经不现实。在

---

① 冉冉.中国地方环境政治：政策与执行之间的距离［M］.北京：中央编译出版社,2015.
② 渠敬东,周飞舟,应星.从总体支配到技术治理——基于中国30年改革经验的社会学分析［J］.中国社会科学,2009（6）：104-127,207.
③ 比森.环境威权主义的到来［M］.冉冉,译.北京：中央编译出版社,2012.

资源条件的约束下,为了解决城市的环境治理问题,在特定范围内、较小规模的及短暂的"运动"便成为理性选择①。然而,与工业化、城市化和市场化不断深化相伴生的日益恶化的城市生态环境状况表明,这一环境管理模式的运行效果不甚理想。

一是管理成本过高、管理队伍实力有限导致环境政策的威慑力与社会控制力的弱化。按照制度上的设计,威权型环境治理的成本主要由地方政府承担。这些成本主要包括支付给机构人员的薪金,日常所需的会议、交通、通信费用和办公经费,评估协调的成本,解决各种矛盾和冲突所耗费的协调成本、监测成本、法律诉讼成本,这些成本大部分都落在承担政府环境职能的各级环境保护部门身上。与之不相称的是,各级环境保护部门的规模、经费以及直接从事环境管理的人员数量受到现行双重管理体制(上一级环保部门、地方政府)所限,加之环保部门的相关职能和法律地位不够明确,有关环境治理的规范性文件的法律层级偏低,使得环境管理相关机构面对大量违反环境保护法律规定的企业或其他对象时,常常因精力和能力有限,而出现心有余而力不足的状况。更为重要的是,由于政府财政所提供的环保人员的编制和经费非常有限,而实际的环保工作又比较繁重,因而使得职能部门向企业收取有关费用(如排污费),就兼有了维持环保机构自身生存的目的,这样就发生了"目标置换"。更有甚者,有些环保职能部门和个别政府官员利用权钱交易牺牲甚至掠夺生态环境。

二是城市环境治理依然存在结构科层化和功能科层化的分离,这是威权型环境治理难以改善的结构性约束。这主要表现为体制性障碍长期存在,分权化、部门化、碎片化治理现象突出。政府部门之间环保职能的交叉与断裂,导致城市环境治理活动的一致性和内聚力弱化。实际上,城市环境治理是一项综合性、社会性、技术性很强的工作,需要政府各相关职能部门齐抓共管,分工负责。然而,在实际管理和运作的过程中,由于相关法律对环境保护部门和其他部门的"统一监督管理"与"监督管理"的分工与权

---

① 唐皇凤.常态社会与运动式治理——中国社会治安治理中的"严打"政策研究[J].开放时代,2007(3):115-129.

限等都没有做出明确的界定，对环保部门如何监督其他部门、拥有哪些监督权也未做出具体规定，从而容易导致这些部门间既有职责重叠又存在管理主体缺位的现象。比如，污染防治职能分散在海洋、渔政、公安、交通等部门，资源保护职能分散在矿产、林业、农业、水利等部门，综合调控管理职能分散在发改委、财政、国土等部门。这样的组织结构使其中各组织之间难以兼容，信息、资源等无法在部门之间进行有效的流通，从而出现"孤岛现象"。无论是横向，还是纵向，政府间在解决城市环境问题时缺乏对接与协调机制，纵向上存在"上有政策，下有对策"，横向上存在"零和博弈"的困境。

三是公权力主导下私主体缺失。威权型环境治理模式是以政府公权力为主导，以行政命令为主要管制方式，无论是宏观环境政策的制定，还是微观层次的环境政策执行，都被牢牢打上公权力为主、政府控制的标记。地方政府在城市环境治理的各个环节中扮演着无所不能的角色，客观上导致企业、环保组织、公众等私主体不能与其共享治理权力，私主体处于被动的服从地位或者边缘化的地位。其结果不仅会导致政府环境治理效率的低下，而且容易造成公众的冷漠态度和对立情绪，进而为环境群体性事件的滋生提供了通道。近年来，环境群体性事件在中国呈多发态势，引发这些问题的原因固然是多方面的，而环境治理中社会力量的薄弱以及更多利益群体在生态治理中话语权的丧失，无疑是导致上述矛盾的重要诱因。

二、公众参与下城市环境威权主义走向环境民主 ▶▷

改革开放以来，随着城市环境问题的日益复杂和日趋严重，地方政府在面对环境危机时，多少显得力不从心。一些地方政府在城市环境治理过程中仍然采取环境威权主义的方式，市场自决型治理的难以达到预期，造成很多项目都难以走出"政府拍板—居民抗议—项目搁浅"的怪圈。这不仅对前期投入的资金是一种严重浪费，而且也容易对地方政府的公信力和社会稳定产生不良影响，在遭遇"政府失灵"和"市场失灵"的双重困境之后，环保非政府组织应运而生。经过数十年的迅速发展，环保非政府组织已成为城市环境保护中不可忽视的力量。

（一）环境NGO的发展概况

1. 环境NGO的兴起历程

环境NGO（Non-Governmental Organizations），是相对政府环境保护组织而言的民间环境保护团体。它围绕环境保护开展活动，是中国环境保护的一支新生力量。一般认为，中国真正意义上的环境NGO产生于20世纪90年代，以1994年3月在北京成立的"自然之友"为标志，紧跟其后的便是1996年成立的"地球村"和"绿家园"。至此，除以上三大环境NGO之外，各地的民间环保组织如雨后春笋般破土而出，构成了当今中国初具规模、兼具特色和潜力的"民间环保群"①。十七大以后，在国家政治话语的引导下，环境公益组织更是呈现出蓬勃发展的态势。

2006年，中华环保联合会发布的《中国环保民间组织发展状况报告》将环境NGO的发展历程划分为三个阶段：诞生和兴起阶段（1978—1994年）、发展阶段（1995—2002年）和壮大阶段（2003年以后）（见表4-1）。

表4-1　中国民间环境保护组织的发展阶段

	诞生和兴起阶段（1978—1994年）	发展阶段（1995—2002年）	壮大阶段（2003年以后）
维度一：与政府的关系模式	① 资源来源依靠于政府 ② 独立性弱	① 开始强调独立于政府，自主行动 ② 填补环境保护领域空白	① 与政府合作 ② 相互补充
维度二：资源动员能力	① 缺乏外部资源动员能力 ② 参与人员仅限环境专业人士	① 开始动员社会资源，规模较小 ② 成员文化层次相对较高	① 动员社会资源参与 ② 动员方式增多

---

① 王津，陈南，姚泊，等.环境NGO——中国环保领域的崛起力量［J］.广州大学学报（社会科学版），2007（2）：35-38.

（续表）

	诞生和兴起阶段 （1978—1994年）	发展阶段 （1995—2002年）	壮大阶段（2003年 以后）
维度三：组织活动层次	①宣传教育 ②科学研究交流	①宣传教育性的科学考察 ②保护自然资源 ③废物回收等行动	①维护公众权益 ②组织社会力量开展环境监督 ③积极影响重大公共领域的决策

资料来源：徐家良，万方.中国民间环境保护组织活动阶段性特征分析［J］.经济社会体制比较，2008（2）：164-169.

1）诞生和兴起阶段（1978—1994年）

1972年，联合国在瑞典首都斯德哥尔摩召开的第一次国际性环境会议揭开了中国环境保护的序幕。1973年，由国务院委托国家计委在北京组织召开的全国第一次环境保护会议，标志着中国环境保护事业的起步与发展。1978年5月，中国首个由政府部门发起的民间环境保护组织——中国环境科学学会成立。随后政府相继在1983年、1984年发起成立中国野生动植物保护协会和中国环境保护工业协会（中国环境保护产业协会的前身）。1991年，中国第一家民间环保组织——盘锦市黑嘴鸥保护协会注册成立。随后，中国由民间自发组成的环保组织相继成立。此时，中国正处于以经济建设为中心的改革开放初期，经济发展与环境保护之间的矛盾渐露端倪。环保组织大部分都是在政府的支持下发展起来的，到了后期开始引入环境保护领域的专家，成立了民间环保组织。这一时期，环境保护事务基本上处于政府主导、专家参与的状态。

在这一阶段，由于环保组织多是通过政府部门发起成立或者借助于政府的力量成立，这类组织的资金来源主要是政府的资助和会费。环境保护组织的主体也多是环保领域的专门工作者，参与的主体具有一定程度的专业限制性，无法吸收更广泛的力量。如中国环境科学学会就是由全国从事环境保护的科技工作者，以及与环境保护相关的科研、教育、管理、产业等领域的个人及单位所组成的。受政府背景和专业特征的影响，民间环境保护组织所参与的环保活动范围非常有限，活动主要集中在各种形式的环境保护宣传教育活动（如环境保护宣传月活动、环境日活动）以及环境科学研究交流等方面。1987年，中国野生动植物保护协会与香港天龙影业公司主办首届野生动物保护国际会议，围绕野生动物保护的行政管理、科普教育、自然保护区等问题进行了交流①。1994年成立的"自然之友"也举办过很多绿色文化讲座、青少年绿色夏令营和环境意识调查活动。

2）发展阶段（1995—2002 年）

1995年，世界妇女大会在北京召开并举行了"非政府组织论坛"，联合国各组织和专门机构及有关政府机构和非政府组织的代表共1.7万余人出席了会议。这次大会的召开，将NGO概念传入到中国，从而引发了一些中国人创办类似于国外NGO组织或对传统社团进行变革的冲动②。同年，"自然之友"发起了保护滇金丝猴和藏羚羊行动，迎来了中国环保民间组织发展的第一次高潮。1999年，"北京地球村"与北京市政府合作，成功进行了绿色社区试点工作，将环保组织发展到城市社区中，环保工作开始向基层延伸，逐步为社会公众所了解和接受。

这一时期，民间自发成立的环保组织数量开始增多。2006年，中华环保联合会宣布，截至2005年底，中国共有各类环保民间组织2 768家。其中，政府部门发起成立的环保民间组织1 382家，占比为49.9%；民间自发组成的环保民间组织202家，占比为7.2%；学生环保社团及其联合体共1 116家，占比为40.3%③。随着政府介入程度的降低，这一阶段中国的民间环境保护组织的资金来源开始更多地依靠组织自身。民间组织的快速发展也使得该时期环境公益组织开始广泛吸收社会群体，不再局限于专业的环保工作者，但是环境主体的文化层次相对较高。例如，创建"地球村"的廖晓义毕业于中山大学，曾留学美国。在这段时间，民间环保组织参与活动的方式不再仅仅局限于宣传教育，开始根据自身组织的特征开展一些标志性的活动。如1995年成立的清华大学学生绿色协会以"倡导绿色生活、开展绿色实践，提倡可持

① 徐家良，万方.中国民间环境保护组织活动阶段性特征分析[J].比较论坛，2008（2）：164-169.
② 马庆钰.非政府组织管理教程[M].北京：中共中央党校出版社，2005：81.
③ 中华环保联合会.中国环保民间组织发展状况报告[R].2006.

续发展,用科学的发展观为中国的环保事业做出贡献"为宗旨,立足清华,从学校做起,面向中小学、社区开展环保、自然类教育课程。上海"根与芽"自1999年成立以来,围绕着环境、动物和社区三大主题开展了许多卓有成效的项目,如早期的黄页回收项目、拯救东北虎项目、上海动物园猩猩馆改建项目等。但是该时期的环境保护活动多表现为民间环保组织单独行动的模式。

3)壮大阶段(2003年以后)

2002年,国务院第五次全国环境保护会议指出要动员全社会的力量加强环境保护,这为中国环境保护事业的不断发展提供了政策上的空间。《环境影响评价法》《环境信息公开条例》《政府信息公开条例》为公众行使监督权提供了依据和规范,为更深层次的环保公众参与奠定了基础。值得一提的是,2008年,原国家环保总局正式更名为国家环保部,在其2008年获国务院批准的环保部"三定"方案中,环保部增加了环境监测司、总量司和宣教司三个司,宣教司的设立体现了宣教对中国环保的重要性,这赋予了环境NGO更多的机会与责任。

除去政策方面,在行动方面,环境NGO也正朝着发展壮大的目标前进。21世纪初期,工业化的迅猛发展使得经济发展和生态文明建设之间的矛盾进入白热化阶段。环保民间组织活动领域也不再局限于早期的环境宣传、特定物种保护等,而是从公众的角度出发,维护公众的环境权益,组织公众参与环保行动,开展社会监督,为国家环境事业建言献策。2003年的怒江保护行动、2004年的北京动物园搬迁行动、2004年的"26度空调"行动、2005年的圆明园防渗工程行动等,都有民间环境保护组织不同程度的参与。这一阶段环境保护组织在国家政策的倡导下,开始由消极等待转向积极参与,环保组织活动也由初期的单个组织行动,进入相互联合、共同行动时代。如2004年反对金光集团APP公司云南圈地毁林事件就是由"绿色和平""自然之友""北京地球村""中国政法大学环境"四大环保组织联合采取行动的。

2. 2002—2012年间环境公益组织的发展趋势

下面从数量、注册方式、资金来源、公共关系几个方面来说明2007—2012年间我国环境非政府组织的基本情况。

（1）数量方面。根据中华环保联合会发布的《中国环保民间组织发展状况蓝皮书》，截至2008年10月，全国共有环保民间组织3 539家，其中由政府发起成立的环保组织1 309家，占比约为37%；草根环保组织有508家，占比约为14%。根据民政部《2012年社会服务发展统计报告》，截至2012年底，全国生态环境类组织共有7 881个，其中社会团体有6 816个[①]。2007—2012年间，环保NGO的总数呈现不断增长的趋势，在2010年达到最高值。2007—2012年民政部登记注册的生态环境类社会组织数量变化情况如表4-2所示。

表4-2 2007—2012年民政部登记注册的生态环境类社会组织数量

年　份	社会团体	民办非企业	基金会	总　数
2007	5 530	345	34	5 909
2008	6 716	908	28	7 652
2009	6 702	1 049	35	7 786
2010	6 961	1 070	47	8 078
2011	6 999	846	64	7 909
2012	6 790	1 078	60	7 928

资料来源：中国国际民间组织合作促进会.中国NGO参与环境保护的现状,挑战和机遇［EB/OL］.［2018-10-08］.http://www.doc88.com/p-0804642620052.html.

（2）注册方式。截至2008年，约有33%的环境保护民间组织为高校内部组织，这其中有85.1%的组织为高校内部社团。除此之外，39%的环保组织选择挂靠在民政部门，这其中有76.6%是由政府发起成立的环保民间组织，选择继续挂靠在机关或者事业单位的仅占4%左右。中国当时的民间组织注册规定，对于草根环保民间组织而言，在工商部门注册的许可概率相对而言会更高，因而这类组织更愿意选择在工商部门注册。加之民间组织注册规则规定国际环保民间组织尚无法在国内取得注册。因此，在这一时期，对于草根环保民间组织和国际环保民间组织来说，注册问题依然是制约其发展的关键问题之一（见图4-1）。

---

① 刘鉴强.中国环境发展报告（2015）［M］.北京：社会科学文献出版社,2015.

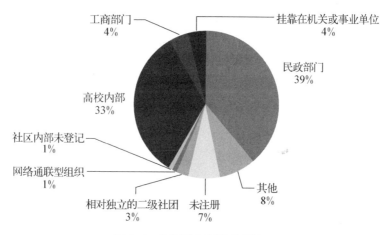

图4-1　环保民间组织注册情况

（3）资金来源。环保民间组织最普遍的资金来源是会费，其次是组织成员捐赠、政府及主管单位拨款和企业捐赠。调查数据显示，由政府发起成立的民间环保组织和高校环保社团更多的是依靠政府的财政和会费支撑，而国际组织分支机构和草根环保组织的大部分资金来源于基金会和慈善捐款。2008年，中国已经有近26%的环保民间组织有固定的资金来源，相比于2005年增长了近2.1%（见图4-2）。

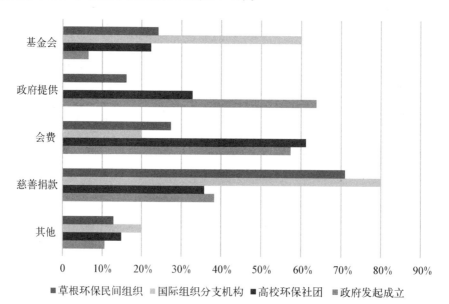

图4-2　各类环保民间组织资金来源情况

（4）公共关系。在与企业的关系方面，大多数环保民间组织与企业的关系仍然是半合作半冲突的状态，愿意和环境形象较好的企业开展合作。一些环保民间组织的活动和污染企业的利益会发生冲突，24.4%的环保民间组织认为它们偶尔与企业利益发生冲突，认为它们经常与企业利益发生冲突的占2.3%。在和污染企业进行交涉时，68.6%的环保民间组织会采取向政府部门反映情况的方式，40%的环保民间组织倾向于与企业进行协商谈判。随着中国《环境影响评价公众参与暂行办法》《政府信息公开条例》等一系列政策的发布，2008年之后，环保民间组织在与污染企业进行交涉时，开始采取提起公益诉讼的方式，依照法律法规对企业进行文明监督。

在与媒体和公众的关系处理方面，借助媒体扩大影响力进而得到社会公众的支持已成为中国环保民间组织的共识。通过媒体的宣传，环保民间组织可以快速进入公众的视野，吸引政府和公众的注意。到2005年，已经有79.4%的环保民间组织被媒体报道宣传过[1]。公众环保意识的提高也使得公众开始通过环保民间组织参与环境治理。2005年，已经有90%以上的环保民间组织经常组织公众参与环保活动；63.4%的环保民间组织与学校有合作关系；41.7%的环保民间组织与研究机构有合作；中国社会公众对环保民间组织持支持态度的已达69.5%[2]。

在与政府的关系方面，95%以上的环保民间组织遵循"帮忙不添乱、参与不干预、监督不替代、办事不违法"的原则，寻求与政府的合作；61.9%的环保民间组织认为拥有与政府直接沟通的正常渠道；选择与政府合作的环保民间组织为64.6%，选择既非合作也非对抗的有32.1%，认为存在一些矛盾的占3.3%[3]。

总体来看，这一阶段，中国环境保护民间组织还处于起步阶段，数量少、作用小、活动范围窄，与工业发达国家的同类组织相比差距大。但是，它们发展较快，凭着自身的天然优势正在发挥着独特作用，为中国的环保事业和构建和谐社会贡献力量。

---

① 中华环保联合会.中国环保民间组织发展状况报告［R］.2006：12.
② 中华环保联合会.中国环保民间组织发展状况报告［R］.2006：12.
③ 中华环保联合会.中国环保民间组织发展状况报告［J］.环境保护,2006（3）.

（二）环境群体性事件：中国公众环保自力救济行为的典型体现

1. 环境民间组织所参与的重要活动

随着中国改革开放的深入和社会主义市场经济的建立与发展，环境民间组织在我国蓬勃发展，在保护生物多样性、保护河流、对公众进行宣传教育、开展科学研究、支持环保产业、参与环保政策的制定、对环境污染受害者进行援助、参与国际环保交流等领域表现活跃。表4-3是1995年以来中国的环保民间组织所开展过的活动。

表4-3　1995年以来中国环境民间组织所开展的重要活动

起始年份	活动名称	主要参与的环保民间组织	相关职能部门的反馈
1995年	保护滇金丝猴	"自然之友"、北京八所大学的环保社团	云南省政府做出制止砍伐滇西北原始森林的决定
1997年	海南天然气化肥项目选址	北京天则经济研究所	湖南省人大常委会推翻原有决定，将天然气化肥项目落址洋浦
1999年	保护母亲河行动	中国青基会、世界自然基金会	团中央、全国人大环资委、水利部、林业局等部门共同参与发起
2000年	拉市海地区环境和水资源保护项目	"绿色流域"	当地政府采纳意见，实现经济与环境利益的双赢
2003年	保护怒江	"绿色流域""绿家园""自然之友""绿岛"	温家宝亲笔批示，怒江水电工程被紧急叫停
2004年	反对金光集团APP公司云南圈地毁林	"绿色和平""自然之友""北京地球村""中国政法大学环境研究所"	资源研究和服务中心、浙江省饭店业协会国家林业局参与调查并严惩责任者
2005年	质疑圆明园湖底防渗工程	"自然之友"、地球纵观环境教育中心、"北京地球村"	国家环保总局下发通知，要求整改，圆明园水面恢复
2009年	参与起草《水电管理条例》	"中国河网""绿家园"	国家发改委邀请关注江河的NGO参与制定《水电管理条例》，并参与国家环评

（续表）

起始年份	活动名称	主要参与的环保民间组织	相关职能部门的反馈
2009年	诉贵州省清镇市国土资源管理局一案	中华环保联合会	清镇市国土资源局当庭撤回有潜在污染环境危险的百花湖风景区冷饮厅加工项目土地使用权决定
2009年	叫停金沙江中游的鲁地拉和龙开口两座水电站开发项目	重庆市绿色志愿者联合会	环保部作出行政处罚,责令两电站停止主坝建设,同时决定暂停审批金沙江中游水电开发建设项目

资料来源：根据2006年和2008年的《中国环保民间组织发展状况报告》整理而成。

由表4-3我们可以看出,随着环保民间组织的活动方式和领域日益多元,社会对环境NGO的了解在深入,环境NGO的声音在扩大,活动的领域在拓宽,政府对它们的态度正在改变。环保组织所涉及的环境议题不再仅仅是教育和自然保护,还包括环境政策的制定、监督执行和维权。另外,环保民间组织充分发挥现代信息传播平台的优势,选择切入与公众生活相关的议题,放大声音、扩大影响,争取公众支持,参与公共政策过程,使得公民社会和环境保护不再只是停留在口号上,而是能够真切地看到其发展和进步。

2. 环境群体性事件的发展现状

公众及环保NGO参与城市环境治理的意识的觉醒,使得政府与社会之间的关系逐渐从权威命令型转变为协商民主型。从环保主义行动者进入政治行为的过程来看,虽然形成了环境行动者尤其是在去政治化背景下形成的绿色行动者与政府组织及体系的"嵌入性"协商共生关系,但是这种嵌入性的实质却还是约束与控制,也即嵌入式控制。单一的嵌入性已经造成了一系列问题,从政治系统与社会成长方面来看,最大的负回馈就是环境抗争事件的频繁发生,特别是近年来城市邻避型环境抗争事件愈演愈烈[①]。民间环境保护组织"自然之友"在其年度环境绿皮书中指出：2009年是很

---

① 杨志军.当代中国环境抗争背景下的政策变迁研究［D］.上海：上海交通大学,2014.

多环境问题开始爆发的一年,环境问题从隐性变为显性。专家指出,2009年环境健康事件高发绝非偶然,经过30多年的经济高速发展,环境污染所造成的危害特别是对人体健康的危害正日益显现,甚至到了集中爆发的时期①。

1)环境群体性事件的数量不断上升

"环境群体性事件是指因环境矛盾而引发,由部分民众参与并以集体上访、阻塞交通、围堵党政机关、围堵工厂等方式,对企业和政府造成影响,维护自己因环境问题而受到侵害的合法权益,具有一定地域性、规模性、可预见性、反复性和危害性的群体行为。"②随着中国工业化步伐的加快,尽管市场经济给社会带来了巨大的经济财富,人们的物质生活越来越丰富,但企业污染所引发的各种社会矛盾愈发严重。这集中表现在两个方面:一方面,环境问题使中国付出了巨大的经济代价,中国每年因污染导致的经济损失达1 000亿美元③;另一方面,由环境问题引发的民众和企业对抗、民众与政府对立的群体性事件增多。

学者张萍和杨祖婵对230起环境事件进行了初步统计,发现中国在2003年到2012年间环境群体事件在数量上呈明显上升趋势,尤其是2008年以来,总体涨势非常明显(见图4-3)。2003年,公众意识的觉醒使得公众开始积极参与到环境保护中来。2007年之后,环境群体性事件开始呈现出激增趋势,每年都有数十起较大规模的环境群体性事件发生。在2011年达到了最大值,随后开始有所回落。

2)环境群体性事件的规模越来越大

从参与人数来看,环境群体性事件的参与人数每年都在快速增加。从1994年到2003年,参与人数从73.2万人次上升到307.3万人次,增加了近3.2倍,平均每年递增12.3%④。中国社会科学院法学研究所通过调查发

---

① 柳田.2010环境绿皮书发布:中国进入环境事件频发期[N].解放日报,2010-03-20.

② 张有富.论环境群体性事件的主要诱因及其化解[J].传承,2010(11):122-123.

③ 杨杰.灰霾迷城,我们付出多少健康代价[N].中国青年报,2013-12-11.

④ 中共中央党校出版社.提高构建社会主义和谐社会能力[M].北京:中共中央党校出版社,2005:155-156.

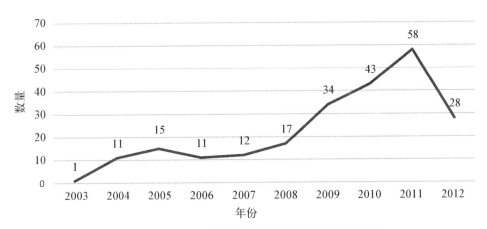

图4-3 2003—2012年期间环境群体性事件的数量分布

资料来源：张萍，杨祖婵.近十年来我国环境群体性事件的特征简析［J］.中国地质大学学报（社会科学版），2015.

现，环境污染问题尤其容易引起大规模的群体性事件。调查显示，2000—2013年发生的万人以上的大规模群体性事件，有50%是关于环境问题的。例如，发生于2012年的江苏启东环境群体性事件，约有数万民众举行示威，呼吁启东人民站出来共同抵制王子制纸公司将有毒废水排放到启东附近海域。如此规模巨大的环境群体性事件是前所未有的。时任国家环境保护部部长的周生贤也指出，近年来，民众改善环境质量的诉求越来越强烈。环境信访和群体事件以每年30%以上的速度在上升①。2005年以来，环保部直接结报处置的事件共927起，重特大事件72起。其中，2011年重大事件比上年同比增长120%②。在2012年的短短四个月里，四川什邡、江苏启东和浙江宁波接连爆发了三起环境群体性事件。此后，环境群体性事件进入频发期，大规模的环境群体性事件持续爆发（见表4-4）。

---

① 周生贤.适应新形势迎接新挑战全面开创环境执法监督工作新局面［J］.环境经济，2008（6）：8-16.

② 杨朝飞.十一届全国人大常委会第二十九次会议闭幕后的专题讲座［R］.2012-10-26.

表4-4　2005—2013年由环境污染引发的群体性事件

主要事件	发生时间	污染企业	纠纷年限	参与人数	抗议方式
浙江东阳画水镇化工污染	2005年4月15日	东农化工公司	2001—2005年	数千人	多次抗议、上访,后与群众干部、警察发生冲突
陕西凤翔"血铅"案	2009年8月3日	东岭集团冶炼公司	2006—2009年	近千人	附近居民围堵工厂,双方发生冲突
广西靖西事件	2010年7月11日	靖西信发铝厂	2007—2010年	数千人	多次上访,后与厂家、警察发生冲突
大连PX事件	2011年8月14日	福佳大化石油化工有限公司	2010—2011年	上万人	自发组织到市政府前示威集会、游行
四川什邡事件	2012年7月2日	四川宏达钼铜有限公司	2012年5—7月	近千人	集聚在市委、市政府门前示威、抗议
江苏启东事件	2012年7月28日	王子制纸公司	2012年6月9日—7月28日	数万人	民间反对排污项目建设没引起重视。在市政府门前集结示威
上海松江民众抗议建电池厂事件	2013年5月1日	安徽国轩电池厂	2012—2013年	数千人	万人签名反对,百辆汽车聚集。在上海松江区政府门前举行大规模抗议
昆明PX项目事件	2013年5月4日	中石油云南公司	2013年3—5月	近3 000人	民众对政府监管和企业自律缺乏信任,在昆明市中心的南屏广场聚集

（三）公众参与环境群体性事件的典型案例分析

1. 反对金光集团APP公司云南圈地毁林事件

1）案例回顾

　　2004年11月，国际环境NGO"绿色和平"公开讨伐印度尼西亚金光集团在云南圈地伐林的非环保恶性行为。"绿色和平"组织在调查报告中称，曾大范围严重破坏印度尼西亚原始雨林的APP公司正在"进军"云南，林浆纸一体化项目或将给中国带来新一轮生态灾难。对此，当事者金光集团立刻极力否认，并义正词严地反驳披露者"绿色和平"组织的指责是不负责任的。双方各执己见，一直处于僵持不下的状态。国内传媒就该事件的诸多争论展开了集中而持久的报道。《南方周末》主动跟进事件，第一时间前往云南调查采访，获取更多第一手的证据，并刊登了整版报道《金光集团博弈云南，亚洲最大纸浆公司圈地始末》。同一天，"绿色和平"组织站在了舆论的制高点，用证据再次指控APP公司砍伐的事实，引起了新一轮热议。随后，《北京青年报》、东方卫视等11家媒体对此进行了专题转载报道。尽管以"生态优先或发展优先"为界，新闻媒体报道分化为不同态度的两个阵营，但它们都坚持科学发展观，认为中国应该在实践中寻求保护环境和经济正向发展的平衡。媒体真实的报道为受众认知事件的全貌提供了更多的视角，使得APP议题不断升华为舆论的焦点。

　　一时间该事件迅速成为政府和全国公众的热点议题。2005年1月中国政府介入，国家林业局组织专家组赴云南开始调查。起初云南省政府否认金光集团伐林的事实，将责任推给当地居民。最终，2005年3月30日，在全国打击破坏森林资源专项行动电话会议上，国家林业局森林资源管理司副司长王祝雄表示，印尼金光集团APP公司在云南"确实存在毁林行为"，中国政府对此将予以彻查，并依据法律严惩责任者。至此，印尼金光集团圈地伐林终成实锤。

2）案例分析

该案例中，媒体在金光集团APP公司圈地伐林事件中对环境信息的传播和公众环境意识的提高都起着较大的助推作用。在该事件中，《南方周末》《北京青年报》及一些经济类报刊主要起到深入挖掘议题、传播舆论的作用。在中国，它们的参与可能影响民众及其他媒体对于议题重要性的判断，并影响民意的形成；它们对于议题的解读方式也往往影响到后面跟进报道的媒体。媒体信息发布渠道的多样性和信息扩散的便捷性，给政府带来了压力。同时，后期媒体的跟踪报道使得公众能及时了解事件的进展，使得政府在环境问题上更加强调公民参与，吸纳民意。该事件的发生不仅反映出公民参与环境保护的权利意识的觉醒，而且反映了媒体在城市环境治理中所能起到的驱动作用。媒体对于同一事件的不同解释，彼此互相竞争以获得社会大众的认同与支持，这个过程反而促进媒介真实趋近于社会真实，为受众认知事件的全貌提供了更多的视角。日益宽松多元化的媒体环境，将对中国的环境治理进程施加更积极的影响。

2. 中华环保联合会诉清镇市国土资源管理局行政不作为案

1）案例回顾

　　2009年5月25日，中华环保联合会接到贵州省清镇市群众匿名举报，称在清镇市百花湖饮用水源保护区内有一未完成全部建设的冷饮厅加工项目，将对百花湖饮用水源构成潜在威胁。中华环保联合会随即联合志愿律师赴实地进行多次调查，发现群众反映的情况属实。清镇市国土资源管理局于1994年11月14日未经百花湖风景名胜区管理机构的同意，将百花湖内一处宗地出让给李万先。在双方签订的《国有土地使用权出让合同》（宗地出让合同）中约定："乙方（李万光）应在1995年11月15日竣工，如未按期完工，届时可向甲方提出具有充分理由的延期申请，但延期不得超过一年。若延期一年仍未完工，由甲方无偿收回该宗地的土地使用权以及地块上全部建筑物或其他附属物。"但直至合同到期日，清镇市国土资源管理局也一直未履行职责收回该块土地。

　　根据事实调查和合同记载，2012年7月8日，中华环保联合会委托北京市长安律师事务所律师向清镇市国土资源管理局发送律师函，建议其收到律师函后十日内，依法履行收回土地使用权的法定职责，以消除该建筑项目对环境造成的潜在危害，但清镇市国土资源管理局仍未如期履行职责。

　　7月27日，中华环保联合会向贵州省清镇市人民法院提起环境行政公益诉讼，请求法院判令清镇市国土资源管理局收回与李万先签订的《国有土地使用权出让合同》中涉及的位于百花湖内地块的土地使用权及地块上全部建筑物或其他附属物，以维护国家法律尊严，保护百花湖环境不受侵害。经审查，贵州省清镇市法院于2009年7月8日决定立案受理。8月28日，清镇市国土资源局报请清镇市政府作出《关于无偿收回清镇市百花湖冷饮厅国有土地使用权的决定》，同时注销该块土地使用权证。

　　9月1日，贵州省清镇市人民法院公开审理此案。庭审中，中华环保联合会以清镇市国土资源局已作出收回土地使用权决定为由，申请撤诉。至此，全国首例由社团发起的环境公益诉讼案就此落下帷幕。

2）案例分析

　　这个案例是全国首例由社团发起的环境公益行政诉讼案。在该案例中，中华环保联合会立足于维护公众和社会的环境权益，作为社团组织以原告身份提起了环境公益诉讼。在中国，社团组织作为原告提起环境公益诉讼往往遭拒，法院通常要求原告必须与案件有直接利害关系，否则不予立案。该案的顺利立案、审结，突破了《中华人民共和国民事诉讼法》《中华人民共和国行政诉讼法》对原告资格"直接利害关系"的严格限定，实现了中国社团组织进行环境公益诉讼的"破冰"，从而为推动建立中国环境公益诉讼制度奠定了实践基础。

　　在此期间，政府大力倡导要把社会团体纳入公益诉讼主体中去，加强群众对环境治理问题的参与。此案中，公众参与环境监督，向环境公益组织检举，双方携手抵制环境污染的行为无疑为后续普通公民和社会团体联合保护环境起到了示范作用。

3. 厦门PX项目事件

1）案例回顾

厦门海沧PX化工项目是2006年厦门市引进的由腾龙芒烃有限公司投资的化工项目，总投资额达108亿元人民币，项目选址在厦门市海沧台商投资区，投产后每年的工业产值可达800亿元人民币。2001年，翔鹭集团向厦门市提出在海沧建设PX项目。2001年5月，厦门市向国务院上报PX项目建议书，随后国务院委托咨询公司对PX项目进行评估。2006年7月，国家发改委正式批复核准腾龙芒烃有限公司投资建设PX项目；2006年11月，厦门PX项目正式开工建设。在这之前，厦门PX项目表面上是一帆风顺的。转折点发生在2007年3月的两会期间，厦门大学化学系教授、政协委员赵玉芬联合另外104名政协委员，向政府提交了一项提案，提案认为PX是高致癌物，但PX厂距离厦门市中心仅有7公里，且PX厂的选址距离新开发的"未来海岸"居民区只有4公里，因此建议暂缓PX项目建设，重新选址并勘察论证。该提案被列为全国政协会议的"一号提案"。接下来的两个月，随着工程的推进，更多的信息通过媒体和网络等渠道被披露，厦门民众对该项目的反应也越来越激烈。2007年5月下旬，关于号召民众"散步"的短信开始流传；5月30日，厦门市政府宣布暂缓建设PX项目，并启动公民参与程序。2007年6月1日，部分市民聚集在市政府门前"散步"，当天下午，厦门市政府紧急召开新闻发布会，宣布重新对该项目进行环评。7月，选定中央环境科学院作为环评机构。12月5日，环评报告出台，环评进入了公民参与阶段。12月13日和14日两天，厦门市政府召开了关于厦门PX项目事件的环评市民座谈会。12月15日，福建省政府召开专项会议，宣布迁建厦门PX项目，预选地为漳州。至此，轰轰烈烈的厦门PX项目事件告一段落。

2）案例分析

不少学者在对厦门PX项目事件环评前的公民参与进行分析时,总是将以"散步"为主要表现形式的零碎的、无组织的非制度化参与看作是唯一的参与形式,但从案例中可以清楚地看出,在这一阶段出现了包括以人大代表和政协委员为代表的公共利益群体以议案和提案的方式参与其中。只是这种制度化参与常被忽视,限制了非制度化参与的发展。所以,厦门PX项目事件的公民参与呈现制度化参与与非制度化参与交织、制度化参与的低效性是非制度化参与出现的促发因素等特点。

第三节　城市环境参与式治理的确立与强化

科学发展观的提出,为城市环境参与式治理提供了科学依据和内在动力。而威权型环境治理则无法回应公众的重大关切,部分地方政府出于政绩考虑,匆忙拍板、出台"自娱自乐"的城市建设项目。最终,在多重不可承受的压力下,地方政府威权型治理被迫以"民意"为先,转向参与式治理。城市环境参与式治理,既可以通过吸纳公众参与,使地方政府更切合实际地考虑公众的环境需求与偏好,又可以让公众参与提升与切身环境利益相关的环境政策质量来改变自身处境,最终达到和谐治理、服务公众的施政目标。参与式治理模式并不是要摒弃政府的主导地位,而是需要对其在整个环境治理中所处的位置进行重新定位,即"维持基本治理秩序和战略角度的主导者,从'掌控者'转为'掌舵者'"①。该模式的最大优点是既能够承接传统的治理模式,又能引入公共治理模式,不至于引发治理模式转型过程中的断裂,实现治理模式的"无缝接轨"。

实际上,城市环境的整体性和系统性使得城市环境治理不可能由某个部门独立进行,需要不同的主体共同参与。城市环境参与式治理的优势在于:

---

① 吴一鸣.参与式治理应对邻避冲突问题探究[J].中国行政管理,2017(11):141-144.

一是可以强化地方政府环境治理的效果,完善环保决策,提升治理的科学化、民主化程度。二是公众参与可以形成对城市环境污染的广泛监督,这仅靠政府部门是无法做到的。在城市生活中,大大小小的污染现象不时发生,而这些现象很难逃出城市居民的眼睛,这样就会形成强大的城市环境监督网。三是可以较好地遏制环保工作中政府失灵和市场失灵现象,防止地方政府和环境敏感性企业为了自身利益最大化而采取不负责任的短期行为。

2002年,中共十六大指出"要健全民主制度,丰富民主形式,扩大公民有序的政治参与,保证人民依法实行民主选举、民主决策、民主管理和民主监督,享有广泛的权利和自由,尊重和保障人权",对公民参与环境治理起到了指引性作用。2003年实施的《中华人民共和国环境影响评价法》明确提出了有关实行环境影响评价公民参与制度的规定,对环境评价的范围、时机程序做出了规定。2006年国家环境保护总局发布的《环境影响评价公民参与暂行办法》(环发〔2006〕28号),作为中国环保领域的第一个公民参与的规范性文件,对公民参与的要求、组织形式等进行了详细规定,为公民参与环境影响评价提供了较为可靠的依据①。2006年2月6日,国家环保总局提出要建立公共环境信息披露制度;2006年7月5日,国家环保总局对外发布新的《环境信访办法》规定,"突发重大环境信访事项时,紧急情况下可直接报告国家环境保护总局或国家信访局"。2007年推出"区域限批"时,时任环保总局副局长的潘岳表示"传统的依赖行政手段的环境管理方式已经不能够解决问题,中国的环境问题需要新的思路,就是融合行政手段、市场力量和公民参与的综合手段"②。中共十七大则明确要求"在制定与群众利益密切相关的法律法规和公共政策原则上要公开听取意见"。2008年5月1日起开始施行环保总局发布的《环境信息公开办法(试行)》。该条例将强制环保部门和污染企业向全社会公开重要环境信息,为公众参与污染减排工作提供制度性平台。2009年,中共十七届四中全会强调作决策、定政策"要坚持问政于民、问需于民、问计于民",要将群众的环境需求放在首位。

---

① 国家环境保护总局环境工程评估中心.环境影响评价相关法律法规[M].北京:中国环境科学出版社,2008:27.
② 郭翔鹤,潘岳.痛陈环保困局:"流域限批"已是最后一招[N].新闻晨报,2007-07-04.

2000—2012年有关公众参与环境治理的法律与政策如表4-5所示。

表4-5 2000—2012年有关公众参与环境治理的法律与政策汇总

时间	法律与政策名称	颁布方	政 策 涉 及 内 容
2000年	《中华人民共和国大气污染防治法》	全国人大常委会	任何单位和个人都有保护大气环境的义务，并有权对污染大气环境的单位和个人进行检举和控告
2003年	《中华人民共和国环境影响评价法》	中华人民共和国主席令	除国家规定需要保密的情形外，对环境可能造成重大影响，应当编制环境影响报告书的建设项目，建设单位应当在报批项目环境影响报告书报送前，举行论证会、听证会或采取其他形式，征求有关单位、专家和公众的意见
2005年	《国务院关于落实科学发展观加强环境保护的决定》	国务院	发挥社会团体的作用，鼓励检举和揭发各种环境违法行为，推动环境公益诉讼。企业要公开环境信息。对涉及公众环境权益的发展规划和建设项目，通过听证会、论证会或社会公示等形式，听取公众意见，强化社会监督
2006年	《环境影响评价公众参与暂行办法》	国家环保总局	国家鼓励公众参与环境影响评价活动，公众参与实行公开、平等、广泛和便利的原则，建设项目需征求公众意见；建设单位必须在环评文件报送审查之前，征求公众意见的期限不能少于10天
2006年	《国家"十一五"规划纲要》	国务院	实行环境质量公告和企业环保信息公开制度，鼓励社会公众参与并监督
2007年	《政府信息公开条例》	国务院	行政机关应当将主动公开的政府信息，通过政府公报、政府网站、新闻发布会以及报刊、广播、电视等便于公众知晓的方式公开
2007年	《国家环境保护"十一五"规划》	国务院	完善环境保护公众参与机制；加强信访工作，拓宽和畅通群众举报投诉渠道；开展环境公益诉讼研究，加强行政复议，推动行政诉讼，依法维护公民环境权益；完善公众参与的规则和程序，采用听证会、论证会、社会公示等形式，听取公众意见，接受群众监督，实行民主决策

（续表）

时间	法律与政策名称	颁布方	政 策 涉 及 内 容
2009年	《规划环境影响评价条例》	国务院	制作环境影响评价报告时要征求相关群众、单位或组织的意见,特别是涉及公共利益的项目的环评报告
2010年	《关于培育和引导环保社会组织有序发展的指导意见》	环保部	积极扶持、加快发展,加强沟通、深化合作,依法管理、规范引导环境保护社会组织
2012年	《中华人民共和国民事诉讼法》	全国人民代表大会	对污染环境、侵害众多消费者合法权益等损害社会公共利益的行为,法律规定的机关和有关组织可以向人民法院提出诉讼

在一系列政策法律的保障下,公众参与城市环境保护和治理的热情不断高涨,参与的范围不断扩大,从宣传教育为主逐渐扩展到立法、决策、执法、司法等公共行政领域。更重要的是,公众在环保活动中的"角色"也在发生变化,由单纯依附政府、配合官方到逐渐发出自己的声音,环保社会组织日益发展壮大,开始真正展现出作为有别于政府、企业的"第三部门"的独特作用。可以看到2007年的厦门PX事件、2008年云南丽江水体污染事件、2009年广州反对建设垃圾焚烧厂事件、2010年广西靖西铝厂污染事件以及2011年浙江海宁癌症村事件等,其背后都活跃着专家、学者、环保社会组织以及普通民众等各类"公众"的身影,展现出社会力量积极参与环境事务,合力扭转环境保护不利局面的多元治理格局。在这一阶段,无论是关于参与式治理的倡导政策,还是公共参与环境治理的具体实践,都不断走向制度化、完整化和规范化,呈现出"自上而下"与"自下而上"交相呼应的蓬勃景象,参与的有效性大大增强,公众参与正不断深化。

一、城市环境宣传教育中的公众参与 ▶▶

生态文明最终能否为社会所接受,能否转化为城市居民的道德意识和道德理念,并指导社会实践,在很大程度上取决于环境宣传教育的广度和深度。1995年底,原国家环保局、中宣部以及国家教育委员会联合颁布的《全国环境宣传教育行动纲要(1996—2010年)》,标志着中国环境教育进入制度化和规范化阶段。正是在这部纲领性文件的指引下,形成了具有中国特色的多层次、多形式、多渠道的环境教育体系。2012年5月,《全国环境宣传教育行动纲要(2011—2015年)》颁布。这一文件的颁布之所以受到广泛的关注,一方面是因为这一文件是环境保护部、中宣部、中央文明办、教育部、共青团中央、全国妇联六部委首次联合下发的环境教育工作指导意见;另一方面是由于其中蕴涵的"参与""创新""绩效"等亮点和"建立全民参与的社会行动体系"等目标均表明,环境教育的重心已经从之前的"知识传播"过渡到"行动倡导",标志着环境教育进入了新的发展阶段。

倡导是环保民间组织进行环境宣传教育的重要功能维度之一。它包含两个层面:一是针对政府决策部门的政策倡导;二是针对企业和公众的社会倡导。首先,针对环境法规的制定和政府决策,环保组织可以与立法部门、各级政府之间共同构建制度化的沟通渠道,通过大众媒体,以宣传、采访、披露等方式为环境利益相关者提供更多、更全面的信息,从而激发其参与环境治理的热情与决心,进而充分表达各个层面的环境利益诉求,促使法规和政策体现不同利益群体的共同利益和价值。其次,大力倡导居民从垃圾分类、节水节电等日常行为做起,改变生活方式,提升居民的环保意识,建立全民共同参与的社会行动机制。

大多数城市利用环保民间组织进行了卓有成效的环境宣传。以天津为例。2000年,天津市注册成立了首家环保民间组织"绿色之友",拥有团体会员21个,个体会员500余人①。2007年,天津市成立了市级社团组织——天津生态道德教育促进会,集聚了一大批专家、学者和有志于环保事业的高层人士。截至2013年,天津市共成立了NGO环保社团43个,拥有大学生环保社团团员、社区环保志愿者等2万余人,初步建立起具有天津特色和优势的环境宣传教育网络体系。2010年,在充分调研并参考借鉴国内外开展环境宣教经验的基础上,天津环保宣教中心会同相关部门,完成了《天津

---

① 郝未宁.发动公众参与天津生态文明建设的实践与思考[J].绿叶,2013(4):107-113.

市环境教育立法可行性研究报告》，起草了《天津市环境宣传教育条例（草案）》，标志着天津市环境宣教工作开始进入法制化轨道。不仅如此，天津还开通了环保公众参与专门网站——天津环境网，广泛听取社会各界对环保工作的意见与建议，为社会提供环境咨询服务；引导社区成立"夕阳红环保志愿者""巾帼文明环保队""环保卫士"等环保志愿者队伍，并通过在社区开设环保课堂、倡导生态文明和绿色生活方式、组织居民展开"清脏护绿"等公益活动；从企事业单位、街道及乡镇等聘请了2 800多名环保监督员，对天津市的环境质量、环境安全进行全方位监督，对环境政策、环境知识进行深入宣传，对改进环保工作、改善环境质量提出合理化建议。

二、城市环境污染信息披露中的公众参与 ▷▷

　　从某种意义上说，环境信息公开是公众环境权益尤其是参与权得以实现的前提。"只有相关的环境信息全面、透明地展现在公众面前，公民的环境知情权得到保障，公众才能更好地了解并参加环境行政决策活动，避免与其他主体产生不必要的利益冲突，成为真正知晓自己所处境况的、享有话语权的决策主体。"[①] 因此，信息及信息的获取是有效推进公众环境参与的前提条件。城市环境污染信息披露可以使城市的环境状况、地方政府及相关部门的环境治理行为和绩效、企业的环境信誉等信息都曝光在整个社会的视线里，有利于各治理主体间的相互监督，也有利于政策制定者对相关议题进行关注。环保民间组织大都具有自愿性、独立性、组织性、非营利性和民间性等特点。投身于环保事业的非政府组织成员，其动机不是为了牟取个人的利益，也不只是因为个人的生活环境遭到破坏。由于环保民间组织在经费、组织隶属关系上不依靠政府，因而它们敢于针对与地方政府利益相关且敏感的环境问题，发布环保信息，反对和制止那些严重破坏环境的工程。可以说，环保民间组织有效进行实地调研，并及时将调查结果反馈给环保部

---

① 周珂,史一舒.环境行政决策程序建构中的公众参与[J].上海大学学报（社会科学版）,2016,33（2）:14-26.

门，这是环保民间组织监督政府活动，实现与政府的日常互动和对话的重要渠道，也是公众参与的有效途径。

随着工业化进程的加速，中国不少城市空气污染严重。于是，不少环保民间组织都加入对所在区域空气质量的监测过程当中。公众环境研究中心自2006年5月成立以来，开发并运行了中国水污染地图和中国空气污染地图两个数据库，以推动环境信息公开和公众参与。2012年10月，公众环境研究中心等机构在北京发布了《2012年城市空气质量信息公开指数（AQTI）评价报告》。2012年8月，"兰州空气观察团"成立，其核心工作人员大多是来自高校的大学生。"兰州空气观察团"项目是兰州公益组织开展环境监督、发动公众参与的一次勇敢尝试。该公益活动有两个目标：一是通过公益活动提升公众在大气污染源定位、环境检测、信息公开等方面的参与度；二是通过数据累计做出分析报告，希望提高政府部门环境信息透明度，并且通过实战型的业务来提升各地环保组织的在空气污染方面的干预和改良能力[①]。再以苏州绿色江南组织为例。该组织注册为民办非企业，其定位是为公众维权、防治企业污染的环保组织。该组织和其他民间环保社会组织一起曝光了富士康公司的污染数据以及鼎兴电子污染河流的数据，为政府治理环境污染提供了参考数据，LSJN还参与开展关于太湖流域高排放企业发布会，公布包括镇江、常州、溧阳等地区的高污染排放企业，并和其他四家环保组织共同发布调研报告《谁在污染太湖流域？》，引起了政府及社会各界的高度关注。由于环保社会组织的参与，一定程度上将公众的意见表达和利益诉求纳入制度化渠道，有助于化解因环境问题带来的社会稳定风险。

三、城市环境影响评价中的公众参与 ▷▷

环境影响评价中的公众参与是指项目开发建设过程中，建设单位、环保

[①] 兰州公益组织"空气观察团"引领民众参与环保［EB/OL］.（2012-10-30）［2018-10-10］.http://www.wenming.cn/zyfw_298/yw_zyfw/201210/t20121030_909966.shtml.

主管部门、环评单位、受到或可能受到项目影响的公众、相关领域的专家学者、感兴趣团体、新闻媒体等相关群体就项目产生或可能产生的环境影响进行双向交流的活动①。环评中引入公众参与，有利于建设单位从民众角度分析项目可能存在的环境危害，能及早寻找解决办法，提高决策质量，因而是一种从源头上解决利益双方矛盾纠纷的方式。

2003年9月1日起施行的《中华人民共和国环境影响评价法》，对公众参与环境影响评价方面做了较为详细的规定。该法第5条、第11条、第21条对国家鼓励公众参与环境影响评价、规划环境评价影响的公众参与、建设项目的环境影响评价的公众参与都做了规定，但对公众参与环境影响评价的程序、救济措施等方面并没有进行详细的规定。2006年2月14日，原国家环保总局正式发布《环境影响评价公众参与暂行办法》。该办法对公众参与环境影响评价的权利进行了确认，确认了公众参与环境影响评价的原则，参与主体的权利义务，征求意见的具体范围，各个阶段信息公开的要求，调查公众意见的具体形式、时间和具体期限等。该办法还明确规定，建设单位在报审环境影响评价报告书时，应当在该报告书中对公众的参与意见采纳与否进行说明，这在一定程度上可以提高公众参与环境影响评价的积极性，更是对中国公众的环境权的尊重。

以山西省大同市医药工业园区为例②。大同市医药工业园区规划环境影响评价是由山西省生态环境研究中心于2011年开展的。本次医药工业园区规划环评的公众参与贯穿整个环评工作的全过程，主要采取了信息公告、政府部门访谈、群众走访及发放调查表、企业走访和专家咨询的方式来征求公众意见。在环评工作前期，收集资料并对政府职能部门进行访谈，主要形式为面对面访谈，同时在大同市人民政府网站进行信息公示；深入现有医药企业调研，与企业代表面对面交流，对园区内及周边村庄的居民进行走访，同时发放公众调查表。在评价工作中期，组织考察了石家庄华北制药集团，就制药行业排污情况和治理措施向相关专家进行了咨询。在评价工

---

① 曹静瑶.公众参与海洋环境影响评价机制研究[J].哈尔滨师范大学社会科学学报，2015（5）：39-41.
② 闫函.规划环境影响评价中的公众参与实例研究[J].北方环境，2013，25（5）：136-138.

作后期，就评价形成的初步结论与政府部门及医药企业进行沟通，并征求意见，同时就前期调研的部分公众进行回访，说明其意见的采纳、落实情况，并再次征求公众意见。

四、城市环境决策过程中的公众参与 ▶▷

这一阶段，随着公众对城市生态环境的日益关注，由此对环境决策的科学性和可行性的要求也在不断提高。然而，环境决策的科学化需要民主化来保驾护航，这就要求在决策过程中遵循民主原则，扩大公众参与。扩大环境决策中的公众参与，对于决策问题的确认、提高政策的合法性和促进政府决策的理性化有很大的意义，也能够在很大程度上确保环境政策的有效执行。

2005年，中华环保联合会在全国范围内开展了公开征集公众对国家"十一五"环保规划的意见和建议，有470多万社会公众参与，提出了9个方面27条建议。同年，中华环保联合会还组织了百名国内外知名专家，先后两次针对中国经济快速发展的环境战略问题开展了论坛讨论，根据专家建议，起草了五份建议书，上报国家环保总局和有关部门。2007年，在《中华人民共和国水污染防治法（修订草案）》经全国人大一审后，全国人大全文公布并提出向社会各界征求意见的建议。该建议提出后，上海基督教青年会、"绿家园"、公众环境研究中心、"淮河卫士"、云南大江流域管理研究及推广中心、"绿石环境行动网络"、"地球村"、"自然之友"等环保民间组织发起了联合签名活动。

再以反对怒江建坝事件为例。2003年8月，数家大型水电集团共同推出了在怒江中下游修建13个梯级水电站的开发方案。该工程设计总装机容量为2 132万千瓦，年发电量1 029.6亿千瓦时，是三峡的1.215倍，但投资比三峡少。这一开发方案得到了地方政府的大力支持。但是，怒江作为我国仅存的两条自由流淌、未经水电开发的河流之一，其生态系统保持得相对完整，有大量珍稀的濒危动植物，还有丰富灿烂的土著文化。不当的开发有可能导致环境灾难，对当地居民生活造成难以估量的消极影响。2013

年11月，云南环保民间组织"绿色流域"和北京的"绿家园""自然之友"等联合发出呼吁，并得到众多环保民间组织的响应，由此引发了关于怒江开发的社会大讨论。其中，"绿色流域"等组织还深入调查和了解水电开发对当地百姓生产生活的重大影响，呼吁让环境受损者知情并参与有关决策。一封《民间呼吁依法公示怒江水电环评报告的公开信》征集到了99个个人签名及61个环保组织的签名，并呈送给国务院、国家发改委、国家环保总局等有关部委，这对"保护怒江、慎重开发"的共识形成起到了非常大的作用。

环保民间组织通过政策倡导、政策游说、策略联盟、诉诸媒体与制造舆论压力等方式反对怒江建坝，最终成功影响了政府的公共政策。有学者认为，"怒江保卫战"成为在中国环保组织发展历史上的里程碑事件，并被称为"公众参与环境决策的破冰之举"[①]。

五、城市环境维权中的公众参与 ▷▷

城市环境维权是指城市居民采取公开的和公共的行动，旨在改变政府在城市环境治理中的"庸政""惰政""错政"行为，推动环境立法，完善环境治理和环境保护。环境维权运动日益成为公众社会运动的主体，成为影响地方政府城市政策过程和内容的重要力量。正如克里斯托弗·卢茨（Christopher Roots）所指出的，在"新社会运动中，就它们活动的专业化及接近决策者的规范性而言，环境运动对政治具有最持久的影响力并且经历了最广泛的制度化进程"[②]。

以南京梧桐树事件为例。2011年3月9日，南京市太平北路40多棵梧桐树被"放倒"在地，准备迁移，为地铁3号线大行宫站让道。有网友将南京太平北路此前绿树成荫的图片配以梧桐被"砍头"后等待装车

① 张萍，丁倩倩.环保组织在我国环境事件中的介入模式及角色定位——近10年来的典型案例分析[J].思想战线，2014，40（4）：92-95.
② 卢茨.西方环境运动：地方、国家和全球向度[M].徐凯，译.济南：山东大学出版社，2005：1.

的图片,在微博上转发给了著名主持人"老南京"黄健翔。此后,黄健翔在微博上发起了拯救梧桐树的活动,主持人孟非、导演陆川等众多社会知名人士也纷纷跟进,由此引发了大量的关注和回帖支持。3月14日,南京市民自发为中山东路沿线的梧桐树系上了"绿丝带"。"绿丝带"是南京一个独具标志性的民间护绿行动。3月15日下午,时任南京市副市长的陆冰带领市城管局和地铁建设指挥部相关人员及各大媒体进行了现场办公调研,并宣布将主城区1 000多棵要迁移的树减至600多棵。3月17日下午,时任南京市委书记朱善璐批示,南京的绿和树是城市的生命线和重要特色,所有市政工程规划、建设都要以保护古树名木为前提,原则上工程让树,不得砍树。3月19日,南京市民在南京图书馆门口集会抗议砍伐树木的行动。最终在3月20日,时任南京市副市长陆冰称,地铁3号线的移树工作已全面停止,政府将公开征集民意,以进一步优化地铁建设方案。

除了上述五种行动之外,公众和环保民间组织参与城市环境治理的形式还有很多,如环境信访、环境公益诉讼等。应该说,这一阶段公众和环保民间组织所展示出来的能力表明了他们对政府环境政策的影响已从提建议阶段发展到直接正面交涉阶段。但由于有关注册条例的限制,这一时期环保民间组织很难成为网络成员式组织,民众中的环保志愿性资源远未得到充分利用。在《2013年全国生态文明意识调查研究报告》中,公民对生态文明的总体认同度、知晓度、践行度得分分别为74.8分、48.2分、60.1分,呈现出"高认同、低认知、践行度不够"的特点①。一言以蔽之,公众参与城市环境治理的意识正在逐渐提高,但并没有实现跨越式的进步。

---

① 2013年全国生态文明意识调查研究报告[J].绿叶,2014(4):33-43.

第五章

"美丽中国" 话语导引下的
能动式治理：2012 年至今

中共十八大将生态文明建设提升到中国特色社会主义事业"五位一体"的高度，首次把"美丽中国"作为未来生态文明建设的宏伟目标。建设美丽中国，实质上就是建设以资源环境承载力为基础、以自然规律为准则、以可持续发展为目标的资源节约型、环境友好型社会。城市是环境、经济、社会的复合体与基本单元，美丽城市建设是美丽中国建设的重要基础[①]。2013年的两会提出，建设美丽城市，转型发展，是"美丽"基石；生态空间，优化布局；宜居环境，合力创造[②]。2016年，中央国务院颁布的《关于进一步加强城市规划建设管理工作的若干意见》，对城市未来发展的路线给予清晰的部署，意见中指出要恢复城市自然生态，将生态要素引入市区。美丽城市建设实际上是指用生态理性的整体性驾驭经济理性的片面性，用生态理性的有限性规制经济理性的无限性，用生态理性的公正性统御经济理性的自私性，从而保持生态理性与经济理性之间必要的张力，推动城市生态文明建设朝着更为科学的方向发展。

第一节　美丽中国建设的内涵与进展

一、美丽中国建设的内涵 ▷▷

"美丽中国"不仅单纯指称天蓝、地绿、山青、水清的自然生态环境，更是包含了可持续发展、绿色发展和人民生态幸福要素在内。也就是说，美丽中国的"美丽"有两个特点：第一，美是多层次的、全方位的美；第二，强调

---

① 万军,李新,吴舜泽,等.美丽城市内涵与美丽杭州建设战略研究[J].环境科学与管理, 2013,38(10):1-6.
② 谈燕."美丽城市"内涵是什么——从政府工作报告环境指标看生态文明建设[N].解放日报,2013-01-31.

美是"内在美"和"外在美"的有机统一。简言之，美丽中国的"美丽"不仅仅意指自然意义上的直观审美感受，同时，它还意指超自然意义上的审美感受。美丽中国是生态环境之美、社会环境之美与人文环境之美的辩证统一。

（一）优美宜居的生态环境之美

建设美丽中国，环境之美是重要任务和目标。从一定意义上说，建设美丽中国就是建设"天蓝、地绿、水净"的生态环境，达到人与自然、人与自身和解，最终实现人与自然和谐的生态文明理念。"人本身是自然界的产物，是在自己所处的环境中并且和这个环境一起发展起来的。"[1] 自然界是人类赖以存在和发展的首要物质前提，无论是生产、生活还是文化发展需要，自然界都是人类的一部分，是"人的无机的身体"[2]。人类对自然的关照从根本上说就是对人类自身生存的关照。人类的生存发展离不开自然生态系统的平衡与良性运行。经济发展、社会进步和文化创造也只有在人与自然的和谐共生中才能得以实现。当然，人具有主观能动性。人类为了满足自身的欲望和幸福，总是要不断地否定自然界的自然状态，并改变它。然而，这种改变必须尊重自然，顺应自然，否则就要遭受自然的报复。恩格斯早就指出，"我们不要过分陶醉于我们人类对自然界的胜利。对于每一次这样的胜利，自然界都会对我们进行报复。每一次胜利，起初确实取得了我们预期的结果，但是往后和再往后却发生完全不同的、出乎预料的影响，常常把最初的结果又消除了"[3]。

中国社会 40 年的改革开放实践，所奉行的是以速度和效益为目标的增长型发展路径。中国正以历史上最脆弱的生态系统，承受着最多的人口和最强的经济发展压力，由此带来的一个非常严峻的社会问题是："生态非安全性生存。"身处以"疏离""非有机化"为特征的、与环境关系紧张的中国人，需要在生态环境之美的新起点上开始新的精神成长与人性复归的历程。

---

① 中央编译局.马克思恩格斯选集：第3卷［M］.北京：人民出版社,1995：374-375.
② 中央编译局.马克思恩格斯选集：第4卷［M］.北京：人民出版社,1995：45.
③ 中央编译局.马克思恩格斯选集：第20卷［M］.北京：人民出版社,1971：519.

"生态幸福"理念与实践正是这场复归运动的合理根基和可靠支点。"生态幸福"才是幸福的,人类真正意义上的生态感和幸福体验,最终是以生态整体性为总体性尺度的。"生态幸福尺度"旨在超越以往评价人类进步的"历史性尺度"(实质上是生产尺度)和"价值性尺度"(实质上是人的自由和发展尺度)的诸多弊端,着力彰显"生态本体性"时代公众追求的新伦理文化,是当代及未来中国公众生存价值的新方向。毕竟,湛蓝的天空、清新的空气、清澈的水、绿色的家园……这是每个人都期望拥有的。反之,因资源浪费、生态恶化所带来的生命与生活质量不断下降,居民幸福感的实现必将是一句空话。邓小平曾说过:"如果不把环境保护好,……即使工农业生产发展得再快,市政建设搞得再好,那也是功不抵过啊!"① 人与自然和谐共生,自然环境的健康、美丽也是人类重要的幸福。习近平总书记深刻指出,"良好的生态环境是最公平的公共产品,是最普惠的民生福祉"②。由此可见,能够带来"生态幸福"的生态环境之美,是"美丽中国"的幸福密码,是美丽中国建设的前提。

(二)追求至善的人文环境之美

环境美一定程度上能带来人美和社会美。反之,环境恶化则会给人类社会发展带来极大的阻碍。乔纳·里科韦里(Giovanna Ricoveri)指出:"人也是自然的一部分,所以,对自然的剥夺也是一部分人对另一部分人的剥夺;环境恶化也是人际关系的恶化。"③ 因此,环境美及其所带动和创造的人美、社会美才是真正意义上的国家美。由此可知,美丽中国建设离不开环境美,更离不开人美,人美是一切美丽的源泉。只有充分发挥人性之美,才能为美丽中国找到灵魂支点。如果人与人之间的信任度很低,由竞争关系引起的人情越来越淡漠,社会贫富不断加剧,民众的"道德底线"不断失守,精神生活日益迷茫和虚无,那整个社会就不是美丽的,而是充满尔虞我诈的

---

① 童怀平,李成关.邓小平八次南巡纪实:卷六[M].北京:解放军文艺出版社,2004:143.
② 中共中央文献研究室.习近平关于社会主义生态文明建设论述摘编[M].北京:中央文献出版社,2017:4.
③ RICOVERI G. Culture of the left and green culture[J]. Nature, 1993(3):116-117.

黑暗与丑陋、邪恶与不幸,那么就不存在生态环境的自然之美。

当代中国正处于社会转型时期,无论是现实的社会生活形态,还是作为社会生活之规制与导引的正式制度与非正式制度,都处于迅速变革之中。在这个时期,出现了诚信缺失、人际生疏等现象,这样的人文环境,很难真正克服在实现生态可持续性目标上公民个体行为与态度之间的不一致性,无助于甚至反向作用于创建一种可持续发展的社会。也就是说,不负责任的行为导致的人和自然生态价值链中的任何一个环节出了问题,生态各方的生态性存在及生态之美就会遭到破坏,环境将会变得丑陋,也会严重影响人类的生存条件及生存状况。因此,道德自觉对于生态文明建设来说就显得尤为重要。实现自然美、人美的生存结构样态依赖于人的道德担当。唯有如此,生态价值链才能处在和谐共生的状态。美丽中国建设需要营造一个充满正义、信任,社会成员之间互相尊重、诚信友爱、团结互助,充分彰显人性美的人文环境,需要唤醒人们的心灵纯洁之美和博爱情怀,倡导和追求真善美,使人与人之间相互信任、和睦相处,让整个社会充满人性之美和人文关怀之美。

（三）文明和谐的社会环境之美

人"不仅生活在自然界中,而且生活在人类社会中"①。人的活动具有社会性,社会是人与自然关系的纽带。没有和谐的社会环境,就不可能有优美宜居的生态环境之美,没有全社会齐心协力为生态文明建设做出的努力,美丽中国就无从实现。处于社会转型期的中国,社会的无序性在凸显,突出地表现在少数干部的腐败、社会保障的不完善、社会权利的弱化等,这些问题容易造成阶层的过度分化,引发社会关系的紧张。冲突的社会、无序的社会难以给人以真正的美感,文明和谐的社会环境之美也就难以产生。毋庸置疑,文明和谐的社会环境之美是美丽中国建设的基石和保障,也是美丽中国建设的落脚点和归宿。

文明和谐的社会环境之美涵盖两个基本要素:第一,社会和谐。社会

---

① 中央编译局.马克思恩格斯全集:第20卷[M].北京:人民出版社,1965:55.

和谐包括人与人、人与社会和谐相处。中共十八大指出："必须坚持促进社会和谐。社会和谐是中国特色社会主义的本质属性。"社会和谐，一方面表现为经济社会发展与人口、资源、环境的和谐，使发展既为了满足当代人的需要，又不对后代人的发展构成威胁，实现代内公正和代内公平；另一方面，社会和谐表现为人与人之间的地位平等、相互尊重。人与人之间的地位平等，集中表现在人格和法律地位上的平等。在人格上，每个人都是独立的主体，都有做人的尊严。在法律地位上，每个人都平等地享有宪法和法律赋予的权利和自由，每个人都能通过法律手段来保障其合法权益，共享社会发展成果。第二，社会包容。社会包容则指社会系统对具有不同社会特征（民族、性别、社会地位、信仰等）的社会成员由于价值取向、生活习惯和思维方式的差异而表现出来的多元的社会行为的宽容和认同。包容性也意味着"机会平等、公民积极参与社会事务、消除社会上下层之间的排斥、实现社会团结与公民自由"①。因此，实现社会包容，需要在尊重社会成员社会行为差异的基础上寻求一致性的社会认同，需要缓解不同社会阶层由于拥有社会资源的差异而导致的利益冲突，需要消除社会排斥因素，充分保证社会弱势群体平等表达利益诉求和参与社会治理的权利。

可见，美丽中国是一个内涵极为广泛而深厚的概念，是一个经济、政治、文化、生态建设综合发展的目标。其中，最外层的是优美宜居的生态环境之美，第二层是支撑生态环境之美的人文环境之美，第三层是生态政治之美。生态问题既是社会问题，也是政治问题。需要指出的是，美丽中国本质上就是要解决人的发展与生态环境及资源承载力之间的矛盾，实现经济社会的健康发展。同时，营造一个符合人的内在本性需要的生态环境。只有拥有清新的空气、干净的水、宜居的环境，只有根治生态破坏和环境污染，才谈得上"美丽家园""美丽中国"。从这个意义上说，生态环境之美是美丽中国建设的前提和首要价值。中共十八大把生态文明建设纳入中国特色社会主义事业五位一体的总体布局，明确要求"把生态文明建设放在突出地位，融入经济建

---

① 吉尔斯.第三条道路——社会民主主义的复兴[M].郑戈,译.北京:生活·读书·新知三联书店,2000:107.

设、政治建设、文化建设、社会建设各方面和全过程"①。中共十九大要进一步指出，"必须树立和践行绿水青山就是金山银山的理念，坚持节约资源和保护环境的基本国策，像对待生命一样对待生态环境"②。生态文明建设不仅代表了中国共产党为人民群众创造良好生产生活环境的坚定意志，而且也代表了对中国特色社会主义建设规律认识的进一步深化。

这种"深化"的关键在于要对"融入"加以准确和全面的理解。生态文明建设与其他四个建设的关系，不是一种简单叠加的关系，也不是谁取代谁的关系，而是一种融入或交融的关系。这就意味着在经济建设、政治建设、文化建设、社会建设的内涵及发展方向上，任何一种建设都不能脱离生态文明的维度而简单地发展，"生态文明就如一条生命的'绿线'贯穿中国特色社会主义道路的始终"③。融入了生态文明建设之后的经济建设，应该是一种环境友好的、可持续发展的经济建设道路；融入了生态文明建设之后的政治建设，应该把生态环境问题的政治效应作为整个政治文明建设的一项重要内容来看待，并导入其发展的核心内容之中；融入了生态文明建设之后的文化建设，应该把资源节约意识、环保意识、生态道德、环境正义等作为文化建设的重要内容和发展方向；融入了生态文明建设之后的社会建设，应该把生态环境这一公共物品的建设作为民生工程建设、公共服务供给的一项重要内容。当然，与经济建设、政治建设、文化建设、社会建设相交融的生态文明建设，自然也会具有更加切合中国具体国情的特点与内容。

美丽中国是党中央基于国际国内背景和中国未来发展定位提出的一种社会形态。尊重自然、顺应自然、保护自然的生态理性是美丽中国建设的哲学基础和生态文明建设的路径选择。中共十八大以来，"美丽中国"政治话语不断强化、深化和细化，规避了以经济理性为驱动的现代性的种种弊端，

---

① 胡锦涛.坚定不移沿着中国特色社会主义道路前进为全面建成小康社会而奋斗[N].人民日报，2012-11-18.
② 习近平.决胜全面建成小康社会夺取新时代中国特色社会主义伟大胜利——在中国共产党第十九次全国代表大会上的报告[M].北京：人民出版社，2017：23-24.
③ 全国干部培训教材编审指导委员会.建设美丽中国[M].北京：人民出版社，2015：25.

大大促进了经济理性到生态理性的转型,从而真正重塑人与自然的关系。

二、美丽中国建设的话语演进 ▷▷

　　自中共十八大以来,中国运用生态理性预知环境危机并自觉致力于避免环境灾难的努力就越来越强烈。习近平总书记在发给"生态文明贵阳国际论坛"2013年年会的信中将生态文明与"中国梦"结合起来。他在信中这样写道:"走向生态文明新时代,建设美丽中国,是实现中华民族伟大复兴的中国梦的重要内容。中国将按照尊重自然、顺应自然、保护自然的理念,贯彻节约资源和保护环境的基本国策,更加自觉地推动绿色发展、循环发展、低碳发展,把生态文明建设融入经济建设、政治建设、文化建设、社会建设各方面和全过程,形成节约资源、保护环境的空间格局、产业结构、生产方式、生活方式,为子孙后代留下天蓝、地绿、水清的生产生活环境。"[①]

　　注重人与自然整体性的生态理性认为人与自然的地位是平等的,人与自然、人与人以及人与生活在地球上的其他生物体之间是相互影响、和谐共生的。习近平总书记2015年在云南考察工作时强调,"要把生态环境保护放在更加突出位置,像保护眼睛一样保护生态环境,像对待生命一样对待生态环境,在生态环境保护上一定要算大账、算长远账、算整体账、算综合账,不能因小失大、顾此失彼、寅吃卯粮、急功近利"[②]。2016年,习近平总书记在省部级主要领导干部学习贯彻党的十八届五中全会精神专题研讨班上再次强调,"人因自然而生,人与自然是一种共生关系,对自然的伤害最终会伤及人类自身。只有尊重自然规律,才能有效防止在开发利用自然上走弯路"[③]。

　　生态理性主张遵循自然规律,牢固树立尊重自然、顺应自然、保护自然的理念,辩证处理好经济发展与环境保护的关系。为此,习近平总书记在主持十八届中央政治局第六次集体学习时指出:"要正确处理好经济发展同生态环境保护的关系,牢固树立保护生态环境就是保护生产力、改善生态环

---

① 习近平谈治国理政[M].北京:外文出版社,2014:211-212.
② 习近平关于社会主义生态文明建设论述摘编[M].北京:中央文献出版社,2017:8.
③ 习近平关于社会主义生态文明建设论述摘编[M].北京:中央文献出版社,2017:11.

境就是发展生产力的理念，更加自觉地推动绿色发展、循环发展、低碳发展，决不以牺牲环境为代价去换取一时的经济增长。"① 在 2015 年中央城市工作会议上习近平总书记再次强调，"城市发展不仅要追求经济目标，还要追求生态目标、人与自然和谐的目标，树立'绿水青山也是金山银山'的意识，强化尊重自然、传承历史、绿色低碳等理念，将环境容量和城市综合承载能力作为城市定位和规模的基本依据"②。同时，生态理性以务实理性的态度解决现实中存在的问题，采取的措施具有较强的针对性。针对长期以来城市存在的国土开发与资源环境承载能力不够匹配、城市建设用地低效扩张、空间利用效率和综合效益不高、布局不够合理、由于过度开发导致城市生态系统退化等突出问题，习近平总书记在 2015 年中央城市工作会议上指出，"要控制城市开发强度，划定水体保护线、绿地系统线、基础设施建设控制线、历史文化保护线、永久基本农田和生态保护红线，防止'摊大饼'式扩张，推动形成绿色低碳的生产生活方式和城市建设运营模式"③。而且生态理性强调细节，城市环境治理应该像绣花一样精细。正如习近平总书记所强调的那样，"要强化智能化管理，提高城市管理标准，更多运用互联网、大数据等信息技术手段，提高城市科学化、精细化、智能化管理水平。要加快补齐短板，聚焦影响城市安全、制约发展、群众反映强烈的突出问题，加强综合整治，形成常态长效管理机制，努力让城市更有序、更安全、更干净"④。

　　注重从系统性思维出发思考的生态理性认为，环境系统的各因子相互关联、相互制约、相互影响，其中任何一个环境因子的变化都可能引起环境系统全方位的连锁反应。同时，环境问题同经济、政治、文化、科技等问题交织在一起，形成了复杂、多因素、全方位的社会问题。要避免"公用地悲剧"，消除生态环境的负外部性，关键是政府、社会和市场主体的合作治理，其中尤其重要的是政府要履行好生态保护和环境治理的职能。党的第十八

---

① 习近平谈治国理政［M］.北京：外文出版社，2014：209.
② 习近平关于社会主义生态文明建设论述摘编［M］.北京：中央文献出版社，2017：32.
③ 习近平关于社会主义生态文明建设论述摘编［M］.北京：中央文献出版社，2017：67-68.
④ 习近平.加强和创新社会治理，完善中国特色社会主义社会治理体系［EB/OL］.（2018-02-09）［2018-10-10］.http://theory.people.com.cn/n1/2018/0209/c416915-29814531.html.

届三中全会提出,要"紧紧围绕建设美丽中国深化生态文明体制改革,加快建立生态文明制度,健全国土空间开发、资源节约利用、生态环境保护的体制机制,推动形成人与自然和谐发展现代化建设新格局"①。

然而,"现行以块为主的地方环保管理体制,使一些地方重发展轻环保、干预环保监测监察执法,使环保责任难以落实,有法不依、执法不严、违法不究现象大量存在。综合起来,现行环保体制存在四个突出问题:一是难以落实对地方政府及其相关部门的监督责任;二是难以解决地方保护主义对环境监测监察执法的干预;三是难以适应统筹解决跨区域、跨流域环境问题的新要求;四是难以规范和加强地方环保机构队伍建设。"为此,要改革环保管理体制,"主要是指省级环保部门直接管理市(地)县的监测监察机构,承担其人员和工作经费,市(地)级环保局实行以省级环保厅(局)为主的双重管理体制,县级环保局不再单设而是作为市(地)级环保局的派出机构。这是对我国环保管理体制的一项重大改革,有利于增强环境执法的统一性、权威性、有效性"②。

此外,习近平总书记还主张对经济发展做客观全面的评价,不能单纯以经济发展总量论英雄,还要考虑在生态环境保护方面做出贡献,我们需要的是绿色GDP。他指出:"生产总值即便滑到第七、第八位了,但在绿色发展方面搞上去了,在治理大气污染、解决雾霾方面作出贡献了,那就可以挂红花、当英雄。"③因此,在评价经济发展好坏时应把资源消耗、环境损害和生态效益等指标以科学适当的权重纳入考评体系,并把考核结果作为重要参考指标来评判地方党政部门政绩和决定领导干部的升迁。"如果生态环境指标很差,一个地方一个部门的表面成绩再好看也不行,不说一票否决,但这一票一定要占很大权重。"④因此,在对地方领导干部进行考核时,要真正发挥好生态考核"指挥棒"的作用,对为了追求GDP而盲目决策带来生态环境恶化的领导干部要追究其责任,而对绿色GDP各项指标突出的领导干

① 中国中央关于全面深化改革若干重大问题的决定[M].北京:人民出版社,2013:3.
② 习近平谈治国理政:第2卷[M].北京:外文出版社,2017:391.
③ 习近平关于全面深化改革论述摘编[M].北京:中央文献出版社,2014:107.
④ 习近平关于全面深化改革论述摘编[M].北京:中央文献出版社,2014:104-105.

部则予以重点提拔，这样就可以引导领导干部"牢固树立生态红线的观念。在生态环境保护问题上，就是不能越雷池一步，否则就应该受到惩罚。而且对其惩处必须到位"①。"不能把一个地方环境搞得一塌糊涂，然后拍拍屁股走人，官还照当，不负任何责任。"②在2017年十八届中央政治局第四十一次集体学习时，习近平总书记进一步指出："生态环境保护能否落到实处，关键在领导干部。要落实领导干部任期生态文明建设责任制，实行自然资源资产离任审计，认真贯彻依法依规、客观公正、科学认定、权责一致、终身追究的原则，明确各级领导干部责任追究情形。对造成生态环境损害负有责任的领导干部，必须严肃追责。"③在2018年全国生态环境保护大会上，习近平总书记再次强调，"地方各级党委和政府主要领导是本行政区域生态保护第一责任人，各相关部门要履行好生态环境保护职责，使各部门守土有责、守土尽责、分工协作、共同发力。对那些损害生态环境的领导干部，要真追责、敢追责、严追责，做到终身追责"④。

生态理性是一种节约式的行为规则。生态理性主张对人、对物质的需求应该是以"够了"为边界的适度追求，而不应该是越多越好，它提出适度的生产和合理的消费。党的第十八届五中全会提出，"坚持绿色富国、绿色惠民，推动形成绿色发展方式和生活方式，协同推进人民富裕、国家富强、中国美丽"⑤。习近平总书记指出："广大市民要珍爱我们生活的环境，节约资源，杜绝浪费，从源头上减少垃圾，使我们的城市更加清洁、更加美丽、更加文明。"⑥"生态文明建设同每个人息息相关，每个人都应该做践行者、推动者。要强化公民环境意识，倡导勤俭节约、绿色低碳消费，推广节能、节水用品和绿色环保家具、建材等，推广绿色低碳出行，鼓励引导消费者购买节能

① 习近平谈治国理政［M］.北京：外文出版社，2014：209.
② 习近平关于全面深化改革论述摘编［M］.北京：中央文献出版社，2014：105.
③ 习近平关于社会主义生态文明建设论述摘编［M］.北京：中央文献出版社，2017：111.
④ 习近平：对损害生态环境的领导干部终身追责［EB/OL］.（2018-05-21）［2018-10-10］.https://news.sina.com.cn/sf/news/fzrd/2018-05-21/doc-ihaturft6370779.shtml.
⑤ 中国中央关于制定国民经济和社会发展第十三个五年规划的建议［M］.北京：人民出版社，2015：23.
⑥ 习近平关于社会主义生态文明建设论述摘编［M］.北京：中央文献出版社，2017：111.

环保再生产品,推动形成节约适度、绿色低碳、文明健康的生活方式和消费模式。"①中共十九大报告进一步指出:"建设生态文明是中华民族永续发展的千年大计。必须树立和践行绿水青山就是金山银山的理念,坚持节约资源和保护环境的基本国策,像对待生命一样对待生态环境,统筹山水林田湖草系统治理,实行最严格的生态环境保护制度,形成绿色发展方式和生活方式,坚定走生产发展、生活富裕、生态良好的文明发展道路,建设美丽中国。"②

总之,从议题塑造的角度看,中共十八大以来,"美丽中国"政治话语不仅在不断强化,而且逐渐从文本性的规范力量变成可评估、可落地的实践机制(见表5-1)。

表5-1　中共十八大以来"美丽中国"政治话语的演进

时间	会 议	口号/目标	认 知	具 体 表 述
2012年	十八大	美丽中国	环境问题对执政能力的挑战	"把生态文明建设放在突出地位,融入经济建设、政治建设、文化建设、社会建设各方面和全过程,努力建设美丽中国,实现中华民族永续发展。"
2013年	十八届三中全会	生态文明制度体系	用制度保护生态环境	"健全自然资源资产产权制度和用途管制制度,划定生态保护红线,实行资源有偿使用制度和生态补偿制度,改革生态环境保护管理体制。"
2014年	十八届四中全会	生态文明制度体系	严格的法律制度保护生态环境	"用严格的法律制度保护生态环境,加快建立有效约束开发行为和促进绿色发展、循环发展、低碳发展的生态文明法律制度,强化生产者环境保护的法律责任。"

① 习近平关于社会主义生态文明建设论述摘编[M].北京:中央文献出版社,2017:122.
② 习近平.决胜全面建成小康社会夺取新时代中国特色社会主义伟大胜利——在中国共产党第十九次全国代表大会上的报告[M].北京:人民出版社,2017:23.

（续表）

时 间	会 议	口号/目标	认 知	具 体 表 述
2015年	十八届五中全会	绿色发展	保护生态环境，促进形成绿色生产方式和消费方式	"构建科学合理的城市化格局、农业发展格局、生态安全格局、自然岸线格局，推动建立绿色低碳循环发展产业体系；加快建设主体功能区；推动低碳循环发展，建设清洁低碳、安全高效的现代能源体系；全面节约和高效利用资源，树立节约集约循环利用的资源观。"
2017年	十九大	人与自然和谐共生	建设生态文明是中华民族永续发展的千年大计	"既要创造更多物质财富和精神财富以满足人民日益增长的美好生活需要，也要提供更多优质生态产品以满足人民日益增长的优美生态环境需要……像对待生命一样对待生态环境。"

三、美丽中国建设的实践进路 ▷▷

中共十八大以来，为不断满足人民日益增长的对优质生态环境的迫切需求，中共中央始终把美丽中国建设放在突出地位，将建设生态文明和环境友好型、资源节约型社会确定为战略要务，实现了生态理性的落地生根。

（一）法律法规不断完善

为健全美丽中国建设制度体系，增强生态文明体制改革的整体性、系统性，中国出台或完善了一批法律法规和意见、方案、规划等纲领性文件。2014年4月，十二届全国人大常委会第八次会议表决通过了环保法修订案，且于2015年1月1日开始施行。新环保法从原来的47条增加到了70条，增加了政府、企业各方面的责任和处罚力度。与1989年颁布的原环保法相比，新修订的《中华人民共和国环境保护法》新增了"划定生态保护红线""生态保护补偿制度""法律职责和法律责任""信息公开和公众参与"等方面的内容，其内容更具体、更全面、更具有操作性。2015年5月，国家出台了《关于加快推进生态文明建设的意见》；同年9月，印发了《生态文明体制改革总体方案》，明确了到2020年，构建起八项制度构成的生态文明制度体系。与此同时，大气污染、水污染、土壤污染等具体领域的制度法规也相继出台。

2013年，国务院印发《大气污染防治行动计划》，简称"气十条"。2015年8月，《中华人民共和国大气污染防治法》修订通过，于2016年1月1日起施行，这是一部史上最严格的大气污染防治法令，要求从源头提高市场准入门槛，强调污染排放物与总量控制相互配合，加大排污许可证的管理，细化各级政府在监管中的职责和地位，等等。

2015年4月，《水污染防治计划》发布实施，简称"水十条"。2017年6月，《中华人民共和国水污染防治法》修订通过，于2018年1月开始实施。新修订的《中华人民共和国水污染防治法》增加了"河长制"的相关内容，"河长制"正式入法。河长制是水环境治理体系的一项重要制度创新，在一定程度上为解决水环境"公地悲剧"问题提供了可能。此外，新修订的《中华人民共和国水污染防治法》还包括总量控制制度和排污许可制度、流域水环境保护联合协调机制、公众健康和生态环境影响、城镇污水处理厂的运营、畜禽养殖污染防治、饮用水水源地保护和管理等内容。

2016年5月，《土壤污染防治行动计划》印发实施，简称"土十条"。2017年7月，《中华人民共和国土壤污染防治法（草案）》公开向社会公众征求意见。2018年8月，十三届全国人大常委会第五次会议审议通过了《中华人民共和国土壤污染防治法》（以下简称《土壤法》）。这是中国首次制定专门的法律来防治土壤污染，《土壤法》将于2019年1月1日起施行。根据《土壤法》，石油加工、化工、焦化等行业中纳入排污许可重点管理的企业将被重点监管；同时，农药、肥料等农资产品的生产者、销售者和使用者应当及时回收农资废弃物。

湿地有"地球之肾"的美誉，与森林、海洋一起并称为全球三大生态系统，具有保护生物多样性、调蓄洪水、净化水质、调节气候、维持生态平衡等多种生态功能。2014年1月，湿地保护工作成为各级党委、政府政绩考核的内容之一。2016年11月，国务院办公厅印发《湿地保护修复制度方案》。该方案明确了分级管理、目标责任、保障机制、资金投入以及科技支撑等内容，是对中国生态文明建设的积极响应，更是适应城市发展需要以及应对生态环境恶化现状的主动作为。

中共中央、国务院于2015年8月印发了《党政领导干部生态环境损害责任追究办法（试行）》。2015年12月，中共中央、国务院印发《生态环境损害赔偿制度改革试点方案》，从目标要求、原则及内容等方面对2015年至2020年的生态赔偿试点工作做了部署。2016年1月，中央环保督察组组建。目前，中央环保督察组已对31个省（区、市）环保督察实现了全覆盖。2016年5月，国务院办公厅印发《关于健全生态保护补偿机制的意见》。该意见明确了到2020年重点领域、重要区域以及跨地区跨流域生态补偿的目标任务。2016年11月，国务院印发《"十三五"生态环境保护规划》，为打好大气、水、土壤污染防治三大战役，提高生态环境管理系统化、科学化、法治化、精细化和信息化水平提供了有力支撑。2016年12月，中共中央、国务院发布《生态文明建设目标评价考核办法》，这是中国首次建立生态文明建设目标评价考核制度。根据该办法，国家又印发《绿色发展指标体系》和《生态文明建设考核目标体系》。一个办法、两个体系是开展生态文明建设评估考核的基本依据。2017年11月，国家印发《领导干部自然资源资产离任审计规定（试行）》，对领导干部自然资源资产离任审计工作提出具体要求，这是对领导干部在任期内履行自然资源资产管理和生态环境保护职责情况的考核，是对领导干部离任前上交"生态建设答卷"的客观评判。

总之，中共十八大以来，美丽中国建设制度法规体系从夯基筑台到支柱架梁，日益完善，如此紧锣密鼓地出台相应的法律法规，充分体现了党和国家搞好环境治理的决心和信心。

（二）环保体制不断革新

在环境保护体制中，作为国务院组成机构的生态环境部是国家环境治理最高机构。表5-2反映了国家环境治理最高机构的历史变迁。

表5-2　国家环境治理最高机构的历史变迁

单 位 名 称	单 位 性 质	责 任 隶 属 关 系
国务院环境保护领导小组办公室（1973—1982年）	国务院临时机构	国家计划委员会和城乡建设环境保护部
环境保护局（1982—1984年）	部属专业局	城乡建设环境保护部
国家环境保护局（1984—1988年）	国务院单列局	城乡建设环境保护部
国家环境保护局（1988—1998年）	国务院直属局	国务院
国家环境保护总局（1998—2008年）	国务院直属局	国务院
国家环境保护部（2008—2018年）	国务院组成部门	国务院
生态环境部（2018年至今）	国务院组成部门	国务院

　　中共十九大报告对生态文明体制改革的诸多方面做出了重要部署，提出"设立国有自然资源资产管理和自然生态监管机构，完善生态环境管理制度，统一行使全民所有自然资源资产所有者职责，统一行使所有国土空间用途管制和生态保护修复职责，统一行使监管城乡各类污染排放和行政执法职责"①。

　　这三个"统一"将把相关部门分散的职责集中起来，明确权责，进而更好地管理生态环境和自然资源。2018年3月，根据国务院机构改革方案，组建自然资源部，不再保留国土资源部、国家海洋局、国家测绘地理信息局；不再保留环境保护部，组建生态环境部。生态环境部将原环保部的职责，国家发改委的应对气候变化和减排职责，国土资源部的监督防止地下水污染职责，水利部的编制水功能区划、排污口设置管理、流域水环境保护职责，农业部的监督指导农业面源污染治理职责，国家海洋局的海洋环境保护职责，国务院南水北调工程建设委员会办公室的南水北调工程项目区环境保护职责都进行了整合，统一组建成生态环境部。这两个重新组建的部门肩负着超大规模的职责。尽管在名称上不再突出"保护"二字，但机构改革方案的初衷显然是通过大部制改革使相关部门更好地行使"保护"之责。多年

① 习近平.决胜全面建成小康社会夺取新时代中国特色社会主义伟大胜利——在中国共产党第十九次全国代表大会上的报告[M].北京：人民出版社，2017：52.

来,生态环境方面的管理机构存在多头管理、职责交叉、权责不清晰、部分领域权责缺失等问题,由此带来了内耗较多、效率较低、监管不到位、"公地悲剧"等后果。

从国务院临时机构到国务院组成部门的名称变化来看,生态环境部在中央政府层面的地位日益突出,其协调环境保护事务的能力和话语权均大幅提升。从总体上说,组建生态环境部,能够整合分散的生态环境保护职责,统一行使各项生态保护职责。这样,不仅有利于改善过去部门职能重叠造成的资源浪费、监管盲区等问题,而且有利于提高生态治理体系和治理能力的现代化水平,为美丽中国建设提供制度支撑和体制保障。

此外,新组建的生态环境部按环境要素新设置水环境管理、大气环境管理、土壤环境管理三个司,体现了典型的环境问题导向。这是环境治理从过去的总量减排转变为环境质量改善在组织机构上的体现。其主要目的是围绕环境质量改善的总目标,以水、大气、土壤三个有明确质量要求的环境介质管理为核心业务,理顺内部职责和业务关系,提高工作效率,更好地履行环境保护的各项管理职能(见表5-3)。

表5-3　国家环境保护部与生态环境部的机构设置比较

单 位 名 称	内 设 机 构
国家环境保护部	办公厅、规划财务司、政策法规司、行政体制与人事司、科技标准司、污染物排放总量控制司、环境影响评价司、环境监测司、污染防治司、自然生态保护司、核安全管理司、环境监察局、国际合作司、宣传教育司、直属机关党委、驻部纪检组监察局
生态环境部	办公厅、规划财务司、政策法规司、行政体制与人事司、科技标准司、环境影响评价司、环境监测司、水环境管理司、大气环境管理司、土壤环境管理司、自然生态保护司、核设施安全监管司、核电安全监管司、辐射源安全监管司、环境监察局、国际合作司、宣传教育司、直属机关党委、环境保护部党校

除了提升生态环境部协调环境保护事务的能力和话语权外,中共中央、国务院还研究出台了一系列深化生态文明体制改革、加强生态文明制度建设的具体举措。在完善机制方面,制定了自然资源统一确权登记办法,推进

"多规合一"、耕地轮作休耕制度、国家公园体制改革等试点,健全生态保护补偿机制,全面启动"河长制",推进环境污染第三方治理;出台了培育环境治理和生态保护市场主体的意见,用能权、用水权、排污权、碳排放权交易稳步推进;提出了绿色金融制度安排,引导和激励更多社会资本投入绿色产业。在落实责任方面,出台了生态文明建设目标评价考核办法、党政领导干部生态环境损害责任追究办法,开展自然资源资产负债表编制、领导干部自然资源资产离任审计等改革试点,落实环保"党政同责""一岗双责",形成职责明确、追责严格的责任制度链条。在环保督察方面,出台生态环境监测网络建设方案,有序推进省以下环保机构监测监察执法垂直管理制度改革,开展按流域设置环境监管和行政执法机构、设置跨地区环保机构、生态环境损害赔偿制度改革试点,实施污染物排放许可制,推行环境信息公开。建立环保督察工作机制,中央环保督察实现31个省、自治区、直辖市全覆盖。

（三）环境利益与环境保护优先

在改革开放后的相当长一段时间内,为了尽快改变贫穷落后的面貌和满足人民群众日益增长的物质财富的需求,中央政府将自己的部分权力适度地下沉到省、市、县政府。地方政府拥有转移的中央权力后,它就不再只是中央政府的代理者,也转变为地方利益的倡导者。各级地方政府积极抓住中央赋予地方政府更多自主权力的机遇后,积极发挥政府的经济职能,大力招商引资来发展地方经济。在一味追求经济发展的思想的指引下,跨越式、赶超式发展成为地方各级政府的共识,偏执的经济增长主义驱使个别的地方政府成为经济增长导向型的公司化政府。导致这种现象的原因,并非地方政府官员不懂得"经济发展"和"环境保护"之间存在长远的一致性,而是在并不完善的管理制度的引导下,一系列的硬性约束使地方政府重经济增长、轻生态保护。

由于环境质量的改善往往不是一朝一夕就能完成,其效果通常需要一个较长时期才能显现出来。在地方党政领导频繁调动、任期普遍较短的情况下,虽然地方环境质量好坏也是考核地方政府官员政绩的一个方面,但实际上经济增长所带来的利益比环境质量改善所带来的利益更为直接和明显，由此，追求短期的经济利益而忽视长期的环境利益便成为不少地方政府官员的一种理性选择。学者周黎安指出，地方官员具有"经济参与人"（关注经济利益）和"政治参与人"（关注政治晋升和政治受益）的双重特征①。出于经济和政治自利性的考虑，官员在决策中更多关注能否带来可观的经济收益和政治绩效，而不是生态效应。2006年，山西省环保局的一项问卷调查显示，在接受调查的人群中，93.31%的群众主张"环境保护应该与经济建设同步"，然而却有高达91.95%的市长（厅局长）认为"加大环保力度会影响经济发展"②。干部选拔任用年轻化标准的僵硬化以及干部职务变动过于频繁的现象，加剧了地方官员短期化、功利化的行为取向，诱发了地方官员最大限度地扩张自主性，以各种非常规的手段，甚至以超越法律法规或违反既定环境政策规定的方式，最大限度地汲取、整合资源，以实现短期政绩的最大化，而极为重要的人居环境改善、生态平衡则成为软条款被"灵活地"忽略了。

中共十八大报告首次专章论述生态文明，首次提出"推进绿色发展、循环发展、低碳发展"和"建设美丽中国"。2014年修订通过的《中华人民共和国环境保护法》就是对这种环境政治话语的立法回应。《中华人民共和国环境保护法》在第五条的条文表述为"环境保护坚持保护优先……的原则"。

2016年1月，习近平总书记在推动长江经济带发展座谈会上提出，长江经济带要"共抓大保护，不搞大开发"，"走生态优先、绿色发展之路"。这一战略打破了保护和发展相对立的思维禁锢，强调当经济利益与环境利益发生冲突时，经济利益的价值位阶次于环境利益，既为长江经济带的发展提供了重要指导，也为其他区域的转型发展指明了方向。各地积极响应，如青海将生态保护作为改革和发展的首要任务，坚持生态移民、生态惠民，进一步推动重点生态功能区工作重心的转移，加快构建走向生态文明新时代的空间格局、产业结构、生产方式和生活方式，壮大绿色循环经济，建设生态环境

① 周黎安.晋升博弈中政府官员的激励与合作——兼论我国地方保护主义和重复建设问题长期存在的原因［J］.经济研究，2004（6）：33-40.
② 张晓清.市长的觉悟为啥不如群众?![N].都市快报，2006-11-14.

监测网络，打造国家生态文明先行示范区①；贵州以"生态优先、绿色发展"理念统领全局，加快建设生态文明试验区，促进大生态与大扶贫、大数据、大旅游、大健康等融合发展②；湖北提出以生态优先引领长江经济带绿色发展，将保护长江水资源、防治水污染、流域综合治理、生态保护和修复、岸线资源利益、发展绿色低碳生态环保产业作为主要任务③；重庆提出要在构筑绿色屏障上下功夫，坚持开发与保护并重，抓好生态建设和修复。要在发展绿色产业上下功夫，推进生态产业化、产业生态化，因地制宜地发展技术含量高、就业容量大、环境质量高的绿色产业。要在打造绿色家园上下功夫，坚持以人为本、道法自然，多给自然"种绿"、多给生态"留白"。要在促进绿色惠民上下功夫，做好普惠性、基础性、兜底性民生建设，提供更多绿色公共产品和服务④。江西赣州坚持以生态保护优先的理念协调推进经济社会发展，探索"生态+"发展模式，促进绿色崛起⑤。

（四）生态文化渐入人心

生态文化是生态文明的"根"和"魂"。解决生态问题不仅要靠刚性的制度手段，还要靠柔性的文化手段。文化是在一定自然环境和社会环境中积累而成的思想观念和风俗习惯。"文化规范在政治生活中的作用，是对那些试图转换为要求的愿望在数量和种类上构成某种外在的限制。"⑥钱穆先生曾说："一切问题，由文化问题产生，由文化问题解决。"⑦环境问题的

---

① 在生态保护优先中走出绿色发展之路［EB/OL］.（2016-06-20）［2018-08-16］.http://www.qh.xinhuanet.com/20160620/3216826_c.html.
② 国家生态文明试验区的"贵州实践"：生态优先绿色发展［EB/OL］.（2017-01-17）［2018-09-16］.http://www.chinanews.com/sh/2017/01-17/8126198.shtml.
③ 湖北：以生态优先引领长江经济带绿色发展［EB/OL］.（2018-09-16）［2018-10-02］.http://www.xinhuanet.com/local/2017/01/22/c_1120364299.html.
④ 陈敏尔.坚持生态优先绿色发展　做到既要绿水青山也要金山银山［N］.重庆日报，2017-08-09.
⑤ 彭梦琴.绿水青山就是金山银山——赣州积极探索"生态+"发展模式纪实［N］.赣南日报，2016-05-17.
⑥ 伊斯顿.政治生活的系统分析［M］.王浦劬，译.北京：华夏出版社，1999：120.
⑦ 钱穆.文化学大义［M］.台北：中正书局，1981：3.

实质是文化问题。生态危机实质是人类文化危机。长期以来，在现代文化的"人类中心主义"思想的影响和支配下，人类把自然界既当水龙头又当污水池。人类认为自然只是人类利用的对象，是人类发展的工具，自然界是为人类服务的，珍爱自然、勤俭节约的精神追求被湮没在永无止境的物质欲望中。人的主体性极度张扬，占有欲极度膨胀，时常以征服者的姿态贪婪地向自然索取，进而引发了诸多人与自然对立的生态危机。可以说，生态环境恶化的根本原因在于"生态文化缺失"下的价值取向出现了严重偏差。因此，解决生态危机，实现美丽中国建设的目标，必须对原来的传统文化进行反思，重构文化价值体系和支撑体系，体认自然规律的客观性与人类自身的有限性，批判一切失去理性的享乐主义行为，从价值取向到生产生活习惯自觉地进行重大的调整和变革，提倡人与自然和谐相处的新型生态文化。

习近平总书记在主持十八届中央政治局第六次集体学习时指出，要加强生态文明宣传教育，增强全民节约意识、环保意识、生态意识，营造爱护生态环境的良好风气①。2016 年，国家林业局印发《中国生态文化发展纲要（2016—2020 年）》（以下简称《纲要》）。《纲要》将培育生态文化作为现代公共文化服务体系建设的重要内容，因地制宜地构建山水林田湖有机结合、空间均衡、城乡一体、生态文化底蕴深厚、特色鲜明的绿色城市、智慧城市、森林城市和美丽乡村，为城乡居民提供生态福利和普惠空间；着力推广和打造统一规范的国家生态文明示范区，创建一批生态文化教育基地，发挥良好的示范和辐射带动作用；挖掘优秀的传统生态文化思想和资源，创作一批好的文化作品，做好村镇生态文化遗产资源的保护和发掘，拓展"丝绸之路生态文化万里行"活动，助推国际和区域间生态文化务实合作，全面提升生态文化的引导融合能力和公共服务功能，提升生态文明制度体系和治理能力的现代化水平。2018 年，生态环境部、中央文明办、教育部、共青团中央、全国妇联五部门在 2018 年"6·5 环境日"联合发布《公民生态环境行为规范（试行）》，倡导简约适度、绿色低碳的生活方式，引导公民践行生态环境责任。

---

① 习近平关于社会主义生态文明建设论述摘编［M］.北京：中央文献出版社,2017：116.

　　随着环境问题日益受到重视,中国大多数公民已经基本确立了环境保护意识,树立了资源节约型的消费观念,并开始培育绿色的生产方式和消费方式,生态文化理念渐入人心。这主要表现在:生态文化的内涵不断地得到扩展,生态文化、生态理念融入地方的特色文化中,融入地方的传统节日和文化节日之中,生态文化高峰论坛、生态文明论坛及林博会、绿化博览会、花博会、森林旅游节和竹文化节等活动深入开展;全社会基本形成和树立了以尊重自然、节约资源和善待生命为主的道德新风尚;全社会深入开展绿色系列活动,不断地营造环境友好型的文化氛围,绿色消费、节约消费和文明消费的理念已经渐入人心。

　　以江苏启东反对污水排海工程为例。抗议事件的直接起因是部分群众担心在启东修建王子制纸公司制浆废水排海管道会影响生态环境和吕四近海渔业养殖。这一抗议很快获得了更多的民众支持,他们中的绝大多数是生活在吕四以外的城市中产阶层消费者。他们参与这次抗议是出于对吕四"海鲜文化"的热爱。他们在微博、人人网、本地论坛上发起了"抵制日本王子制纸公司污染"的活动,最终发生了大规模的游行抗议,迫使政府宣布王子制纸公司污水排海工程永久取消。

　　2013年,环境保护部宣传教育司开展了关于生态文明意识的调查工作,目的之一就是了解公众对生态文明的认知度。其中一项调查的是关于建设"美丽中国"战略,结果显示,99.5%的受访者选择了积极参与并高度关注生态文明建设,78%的受访者认为建设"美丽中国"是每个人的事,93%的受访者了解生态文明,而其余的受访者均表示会继续关注和学习相关知识。2017年,该调查对上海、南京、杭州、苏州、宁波、无锡六个长三角城市的一般城市居民进行随机调查,发放调查问卷820份,实际回收有效问卷794份,有效回收率为96.8%。调查显示,99.6%的城市居民选择积极参与并高度关注生态文明建设,99.5%的城市居民知晓热点环境问题,80%的城市居民知晓一些生态环境知识,85%的城市居民对政府、社区、媒体的生态科普教育感到满意。

　　然而,随着环境治理力度的加大,中国环境问题有所改善,但整体仍不乐观,环境治理任重道远。党和政府的一些政策文件也开始正视当前环境治理的这种现状。例如，《"十三五"生态环境保护规划》开篇就指出，"十三五"期间，中国经济社会发展不平衡、不协调、不可持续的问题仍然突出，多阶段、多领域、多类型生态环境问题交织，生态环境与人民群众的需求和期待的差距较大，提高环境质量，加强生态环境综合治理，加快补齐生态环境短板，是当前的核心任务[①]。

第二节 "美丽中国"话语导引下城市环境治理的能动机制

改革开放40年来，中国人口日益向城市集中。城市已经成为"美丽中国"建设的主要载体。城市作为复杂的"社会—经济—自然"系统，其中所包含的社会、经济、文化、政治和环境各个子系统之间高度融合，传统政府主导的城市"管理—控制"模式或仅依靠行政命令对城市环境治理短板进行突击整治的方式已无法适应城市社会发展形势。2015年底召开的中央城市工作会议提出"尊重市民对城市发展决策的知情权、参与权、监督权，鼓励企业和市民通过各种方式参与城市建设、管理，真正实现城市共治共管、共建共享"[②]。市民参与城市环境治理是由城市"单一控制式"管理向城市"共治共管式"治理转型的创新方式。市民的参与有助于政府在城市环境政策议程中更好地感知城市生态环境细节，也有助于城市环境议题在政府的选择性回应策略中获得更多回应。实际上，在高度复杂化的城市环境治理中，法律的稳定性与多样化社会冲突之间的矛盾一定会产生"法律真空"。而且，"法律的约束并非刚性，只能起相对的约束作用。这是因为法律的原则性规定实际上仍然授予了行政权力较大的自由裁量权，特别是制定相关政

---

① 中华人民共和国环境保护部."十三五"生态环境保护规划[EB/OL].（2016-11-24）[2018-10-11].http://www.moe.gov.cn/jyb_sy/sy_gwywj/201612/t20161206_290964.html.
② 中央城市工作会议在北京举行[N].人民日报，2015-12-23.

策、规章执行法律的权力"①。在这一前提下,地方政府主动寻求与社会组织建立合作治理,社会组织也积极地探寻与地方政府协作的途径,无疑是填充"法律真空",弥补"法律刚性"的有效途径。能动性治理正是立足于此。相比反应性治理,能动性治理具有更强的灵活性和适应性,它在改革和变迁中不断修正预想路径,从而摒弃不合时宜的能量,与时俱进地吸纳并整合体制外的资源,强调环境治理的多维合力。

在"美丽中国"话语的导引下,在中央城市工作会议精神的指引下,很多城市进行了卓有成效的环境能动式治理,即地方政府积极主动去查找民众的环境利益诉求,有效吸纳和整合体制外的政治资源,通过地方政府和体制外力量在城市环境治理过程中的"深度合作""多元共治",灵活应对生态破坏、环境污染,建设天蓝、地绿、水清的生态城市。尤其在城市环境问题中最为突出的雾霾治理、黑臭水体专项治理、"垃圾革命"专项行动中,地方政府通过能动式治理,撬动"动员—压力式治理"体制,激活其运行机制和功能,从而提升了城市环境治理绩效。

一、以共管共治打赢蓝天保卫战 ▶▷

粗放式的经济发展方式给中国城市带来了严重的空气污染。《中国国家环境分析(2012)》指出,2012年全球十大环境污染最严重的城市,中国占3个,而每年由于空气污染所造成的经济损失占国民生产总值的1.2%～3.8%。2013年,中国北京及广大中东部地区更是遭遇持续的雾霾天气,以直径大于或等于2.5微米的可吸入颗粒物(PM2.5)为主的空气污染呈现区域性成片式污染。严峻的空气污染导致城市居民日常生活和社会经济发展遭受影响。大量的研究表明,雾霾污染对公众身体健康产生较大的负面影响。世界卫生组织(WHO)的研究表明,2008年全球有134万人死于室外空气污染,2012年有700万人死于空气污染。这意味着2012年全

---

① 金太军,袁建军.政府与企业的交换模式及其演变规律——观察腐败深层机制的微观视角[J].中国社会科学,2011(1):102-118,222.

球每八位过世的人中就有一人的死亡与空气污染相关①。"雾霾锁城"引发城市居民的集体焦虑，日益成为关系市民健康的民生之患、民心之痛，也成为考验地方党委政府治理能力的"试金石"。2013 年 3 月，习近平总书记在与第十二届全国人大江苏代表团代表交谈时指出，"深呼吸这个最基本的需求，倒成了现在老百姓最幸福的追求，很值得我们深思"②。2013 年 9 月，国务院发布《大气污染防治行动计划》（简称"气十条"），蓝天保卫战开始打响。"气十条"颁布实施以来，从产业结构调整到清洁能源替代，从淘汰老旧车辆围剿"散乱污"，大气污染治理不断提速，治理成效逐步显现，但改善空气质量的任务依然艰巨。2017 年 3 月，李克强总理在第十二届全国人民代表大会第五次会议上所做的政府工作报告中提出要"坚决打好蓝天保卫战，2017 年二氧化硫、氮氧化物排放量要分别下降 3%，重点地区细颗粒物（PM2.5）浓度明显下降"。中共十九大报告进一步要求"坚持全民共治、源头防治，持续实施大气污染防治行动，打赢蓝天保卫战"。从"打好蓝天保卫战"到"打赢蓝天保卫战"，表述仅一字之差，却反映了中共中央对治理大气污染的坚定决心。

打赢蓝天保卫战，不能靠相关企业停产限产、工地停工、锅炉罚款，更不能靠"等风来"，而是要靠政府积极作为，精准施策，坚持全民共治、源头防治，才能推进空气质量的持续改善。北京市政府重视空气污染治理体系建设，在《北京市 2013—2017 年清洁空气行动计划》中提出重点实施"八大污染减排工程""六大实施保障措施""三大全民参与行动"。"八大污染减排工程"分别是：① 源头控制减排工程。优化城市功能和空间布局，合理控制人口规模，控制机动车保有量，强化资源环保准入约束，严格执行建设项目环境保护管理条例等。② 能源结构调整减排工程。大幅压缩燃煤总量，城区逐步推进无煤化，城乡接合部和农村地区"减煤换煤"，远郊区县燃煤减量化，同时加强清洁能源供应保障，提高能源利用效率等。③ 机动车结构调整减排工程。坚持"先公交、严标

---

① 世卫组织：2012 年空气污染导致 700 万人死亡[EB/OL].（2014-03-28）[2018-10-11]. http://env.people.com.cn/n/2014/0328/c1010-24766927.html.

② 顾雷鸣，王晓映.习近平总书记参加江苏代表团审议侧记[N].扬子晚报，2013-03-09.

准、促淘汰",积极推广新能源和清洁能源汽车,同时制定和完善小客车分区域、分时段限行政策和外埠车辆管理政策等。④ 产业结构优化减排工程。加快淘汰落后产能,有序发展高新技术产业和战略性新兴产业,推行清洁生产,建设生态工业园区。⑤ 末端污染治理减排工程。加快修订低硫煤及制品、建材、石化和汽车制造等行业大气污染物排放标准,深化燃煤燃气锅炉脱硝治理。⑥ 城市精细化管理减排工程。集中整治点多、量大、面广的施工扬尘、道路遗撒、露天烧烤、经营性燃煤、机动车排放等污染,督促排污单位完善污染防治设施,切实发挥管理减排效益。⑦ 生态环境建设减排工程。完成平原地区百万亩造林工程,继续推进京津风沙源治理、太行山绿化、森林健康经营等工程建设。⑧ 空气重污染应急减排工程。将空气重污染应急纳入全市应急管理体系,修订《北京市空气重污染日应急方案(暂行)》。在国家有关部门的协调支持下,会同周边省市建立空气重污染应急响应联动机制,实施区域联防联控等。"六大实施保障措施"分别是:完善法规体系,创新经济政策,强化科技支撑,加强组织领导,分解落实责任,严格考核问责。"三大全民参与行动"分别是:企业自律的治污行动,公众自觉的减污行动,社会监督的防污行动。

为进一步统一思想,协同行动,乘势而上,北京市在梳理总结多年来工作进展情况的基础上,制定实施《北京市蓝天保卫战2018年行动计划》,研究制定《北京市蓝天保卫战2018—2020年攻坚计划》。《北京市蓝天保卫战2018年行动计划》要求,各区、各部门要更加注重科技创新、改革创新,以新一轮PM2.5来源解析为依据,溯源治污、精准治污,打造现代化的精细化管理体系,构建"管发展、管生产、管行业必管环保"的"大环保"工作格局,并依法加大对环境违法行为的查处和曝光力度,积极引导社会公众广泛参与,营造"同呼吸、共责任、齐努力"的良好氛围。

上海则会同江苏、浙江及有关部委积极建设"长三角"大气污染防治协作机制。长三角地区围绕一个总纲,即《长三角区域落实大气污染防治行动计划实施细则》,聚焦三项重点,即重点污染物治理、污染源头治理、共性问题,以共识、共治、共赢为基础,不断完善落实"协商统筹、责任共担、信息共享、联防联控"的区域协作机制。同时,上海市人民政府印发《上海市清洁空气行动计划（2013—2017）》。该计划以加快改善环境空气质量为目标、大幅削减污染物排放为核心,全面推进二氧化硫、氮氧化物、挥发性有机物（VOCs）、颗粒物等的协同控制和污染减排,在能源、产业、交通等六大领域提出了综合治理的具体措施：① 能源。严控煤炭消费总量；推进能源结构优化调整,严格控制煤炭消费总量,禁止新建燃煤、重油、渣油或者直接燃用各种可燃废物、生物质的锅炉和窑炉。② 产业。禁建高污染项目；优化空间布局,推进工业项目向规划工业区块集聚。③ 交通。优化结构,进一步提升全市公共交通出行比重；继续实施机动车额度拍卖,研究征收拥堵费；严格控制机动车保有量和使用强度,鼓励个人购买、使用新能源车,新增或更新公交车新能源和清洁燃料车；提前实施新车排放标准。④ 建设。新增绿地4 600公顷；推广绿色建筑,创建绿色工地；强化城镇污水处理厂废气治理。⑤ 农业。秸秆利用率九成以上；适度扩大绿肥种植,深化完善使用长效缓释氮肥。⑥ 生活。推广餐饮油气治理,深化油气回收治理,完成原油成品油码头开展油气回收,建立长效机制完善油气回收系统的管理和维护。

除了健全法规标准、严格考核和问责、强化政策引领和科技支撑外,上海市推出一系列能动性举措：① 加强政府信息公开。拓展环境空气质量发布渠道,强化发布时效,分步实施预警预报,开展环境空气质量状况分区发布。在主要媒体上发布大气污染治理年度目标任务和进展,在政府网站发布建设项目环评、大气污染物排放状况、排污收费和违法企业名录等政府信息,进一步规范和拓展发布渠道,主动接受社会的监督和约束。② 完善环境信用体系。落实并完善重污染行业企业环境信息强制公开制度,相关企业要严格按规定公布污染物排放和治理设施运行信息,支持和鼓励其他企业主动发布环境保护报告,强化企业自律和社会监督。分步实现企业环境行为与政府部门、金融系统和社会征信体系的对接。持续推进区域联防联控。③ 开展多种形式的节能减排和大气环境保护宣传教育,普及大气污染防治的科学知识,大力倡导以节约、绿色和低碳为主题的生产方式、消费模式和生活习惯。培育壮大环保志愿者队伍,支持和帮助公众和其他社会组织参与有利于节能减排和改善空气质量的相关活动。

2018年，上海市政府印发《上海市清洁空气行动计划（2018—2022年）》，新一轮清洁空气行动计划共梳理主要措施131项，其中，六大领域治理措施88项，保障措施43项。新一轮清洁空气行动计划更加突出PM2.5和臭氧污染的协同控制，更加突出源头防治，强化产业结构、交通结构和能源结构的调整，更加突出精细化管理。

二、多维瞄准城市黑臭水体及其专项治理 ▶▶

水是城市发展的重要资源。水在城市中穿梭和流动，对于维持城市生态功能和安全稳定具有重要作用。在快速城镇化和工业化的进程中，由于城镇基础建设滞后，部分城市河道沦为工业废水、生活污水集中排污的主要通道，污染物排放量大且空间分布集中，河流污净比高，水体自净能力弱，容易造成缺氧和富营养化，再加上垃圾入河，河里底泥污染严重，水体黑臭现象频出。作为七大污染防治攻坚战之一，黑臭水体治理是公众对水环境质量改善最迫切的愿望之一，也是《水污染防治行动计划》（以下简称"水十条"）中难度较大的工作之一。

2015年，国务院发布的《水污染防治行动计划》明确要求：2017年底前实现河面无大面积漂浮物，河岸无垃圾，无违法排污口；2020年前完成黑臭水体治理目标。随着各种问题的曝光，城市黑臭水体治理再提速。2018年5月7日，生态环境部联合住房和城乡建设部启动"2018年城市黑臭水体整治环境保护"行动。

黑臭水体治理是一项长期的系统性工程。城市黑臭水体治理涉及多个行政管理部门，污染物排放监督管理涉及环境保护部门，排污口设置以及河道管理涉及水利（水务）部门，污水管网等基础设施建设涉及住建部门。此外，还涉及景观、规划、土地等主管部门，管理协调难度大。要打破"九龙治水水不治"的困局，需要建立多维瞄准机制。而且，在治理黑臭水体过程中，如果污染源治理不彻底、治理后管理不到位，很容易出现黑臭水体反弹的现象。黑臭水体治理必须坚持工程项目和管理制度并重，共同促进黑臭水体的消除以及良好水体的恢复。显然，解决这些问题不可能一蹴而就，多维瞄准机制是黑臭水体治理有效运行的根本。

黑臭水体瞄准机制是指在环境治理中形成的黑臭水体动态识别机制，可分为单维瞄准和多维瞄准。单维瞄准是指在黑臭水体治理过程中，政府单中心、单向度编制黑臭水体清单。多维瞄准不但包含瞄准主体，而且包括了瞄准对象、内容、依据、表现形式等。它不但强调全部要素之间的横向瞄准，而且强调全部环节之间的纵向瞄准。第一，多维瞄准包括多元主体。公众是消除黑臭水体的最大受益者，对黑臭水体现象具有知情权、表达权和监督权。借助移动互联平台的便捷性，搭建黑臭水体信息平台，有利于公众举报和参与黑臭水体治理。市场主体也是黑臭水体治理的利益相关者，将黑臭水体周边的土地开发、生态旅游等收益创造能力较强的配套项目资源，实施行业"打包"，实现组合开发，达到加快黑臭水体治理的目的。第二，多维瞄准并不是一个静态的过程，而是一个包括对黑臭水体进行动态跟踪，对黑臭水体治理主体进行实时激励，对黑臭水体治理方式进行动态调整，对黑臭水体治理资金进行实时监测的动态过程。

2013 年，广东省印发了《南粤水更清行动计划》。据此，各市结合当地实际大力推进城市内河涌整治。2013 年 7 月，广州市环保局开始定期公布 50 条河涌水质信息，让公众知悉治理成效。广州市通过城市规划完成黑臭水体治理的顶层设计，多手段综合运用，达到系统治理河涌的目标，并实行信息公开，接受社会监督。2015 年 6 月，深圳正式启动了黑臭水体排查工作。针对深圳河流域、深圳湾流域、茅洲河流域、观澜河流域、龙岗河流域等 9 大流域水系开展排查，最终排查出黑臭水体 36 条，并提出对黑臭水体实施"一河一策"，根据河流的不同情况，分别制定治理方案。为了加快进度，深圳实行黑臭水体社会公示，定期邀请人大代表、政协委员参与检查指导，并推动建立责任单位"一把手"约谈机制，落实基层责任。同时，全面推行"河长制＋保证金"的管理模式，通过河长制落实责任，倒逼地方政府加大黑臭水体的治理力度；通过保证金奖优罚劣，形成制度的激励和约束，调动地方政府加快黑臭水体的治理进度。

再以甘肃张掖市为例。张掖市对黑臭水体的治理更多的是强调全部环节之间的纵向瞄准。2016 年，张掖市成立了市委、市政府分管领导任组长，相关部门、单位和甘州区政府负责人为成员的整治领导小组,具体负责黑臭水体整治工作的安排部署、协调沟通、督查落实以及考核问责。整治领导小组在《城市黑臭水体整治工作指南》的指导下,首先进行了认真排查与识别,通过多维瞄准,明确并公布了4条黑臭水体名单,据此制定了全面细致的《张掖市城市黑臭水体治理工作实施方案》,将工程措施转化为具体工程项目,严格按基本建设程序进行管理和落实,确保了治理工程的科学性、合法性。

在治理工程推进中,还同步开展了城区建筑工程施工降水排水和地下水源热泵运行排水专项整治行动,确保了整个治理工程的系统性和科学性。由于城市黑臭水体治理涉及专业多、部门多,张掖市纵向上采取了市、区两级党委、政府联合共治的措施,横向上市、区两级政府相关部门按职责分工同步开展治理工作。建设部门负黑臭水体治理主体责任,负责截污纳管、清污分流、施工降水排水管理、污水处理厂运行等工作;环保部门负责入河排污口监管和水体水质跟踪监测工作;水务部门负责河道治理、引水入城、地下水源热泵运行排水整治等工作;湿地部门负责湿地管理工作;财政部门负责治理资金筹措、拨付、使用监管和绩效评价工作;相关乡镇、街道社区分辖区落实河长制,负责渠道环卫和管护工作。除此之外,张掖市明确了市、区两级党委、政府及其相关部门的责任,建立并落实了河长制、排污许可证制度、市政设施网格化管理措施等长效机制,配合治理工作开展了污水处理厂提标技改及达标运行专项行动、城市排水问题专项整治等活动按治理工程验收销号要求,委托环保中介机构开展了黑臭水体治理工作公众满意度测评和水体水质持续监测工作,初步建立了实现长治久清所需的较为完善的长效机制[1]。

三、从源头破解城市垃圾围城与污染 ▶▶

随着经济的快速发展和城市化进程的加快,城市垃圾的产量也急剧增

---

[1]　杨学文.张掖市黑臭水体治理路径[J].城乡建设,2018(11):53-55.

加。城市垃圾在产量迅速增加的同时，垃圾的构成也相应地发生了变化。传统的城市垃圾以有机垃圾为主。近年来，随着高分子合成材料、塑料、干电池及各种包装材料的大量使用，城市垃圾的组成日益复杂。城市垃圾成为除大气污染、水体污染之外的又一个难题。城市"垃圾围城与污染"问题也成为社会关注的焦点。

从20世纪90年代开始，中国对于垃圾问题的治理日益重视。虽然"减量化、无害化、资源化"是城市生活垃圾处理的目标，但地方政府的治理应对主要聚焦于无害化处理。早在2000年，原国家建设部就确定北京、上海、广州等城市为全国首批"生活垃圾分类收集试点城市"。但是，试点工作大多局限于环保宣传、垃圾费收取和分类标准设计等内容，政策重心主要放在后端无害化处理设施（垃圾填埋场、焚烧发电厂）建设上。据《中国环境统计年鉴》的统计数据显示，2003年全国城市生活垃圾无害化处理率（即通过卫生填埋、焚烧及其他技术处理的生活垃圾量在当年生活垃圾清运总量中的占比）为58.2%，2012年则增至84.8%。垃圾无害化处理设施的兴建，间接削弱了垃圾分类的推行力度。实际上，对垃圾进行分类处理，是一种"治本"的"减量化"和"资源化"措施，既能够减少垃圾填埋的占地面积，减少垃圾的处理设备，大大降低垃圾处理成本，又有利于减少对水源和土壤的污染，同时回收能够循环使用的垃圾。因此，垃圾分类处理对环境、社会、经济都具有重要作用。

中共十八大以来，城市垃圾管理的体制和思路，经历了自上而下的新变革。垃圾分类实践经历了"照葫芦画瓢"到"收效甚微"，再到如今结合实际情况"重整旗鼓"的阶段。2015年4月，住建部等将国内垃圾处理经验丰富、技术良好的城市（区），重新确立为新一轮的分类示范区域，要求各城市（区）积极发挥相关参与者的作用，开展垃圾分类新尝试。2015年9月，中共中央、国务院印发《生态文明体制改革总体方案》，更加具体地对生态环境保护工作做出指导，其中有多处内容与垃圾管理有关，包括加快建立垃圾强制分类制度；制定再生资源回收目录，对复合包装物、电池、农膜等低值废弃物实行强制回收；加快制定资源分类回收利用标准，建立资源再生产品和原料推广使用制度；落实并完善资源综合利用和循环经济发展的政策。

2016年6月,国家发改委和住建部发布《垃圾强制分类制度方案(征求意见稿)》,开始从政策层面落实中央提出的要求。2016年12月,在中央财经领导小组第十四次会议上,习近平总书记指出,"普遍推行垃圾分类制度,关系13亿多人生活环境改善,关系垃圾能不能减量化、资源化、无害化处理。要加快建立分类投放、分类收集、分类运输、分类处理的垃圾处理系统,形成以法治为基础,政府推动、全民参与、城乡统筹、因地制宜的垃圾分类制度,努力提高垃圾分类制度覆盖范围"。接着,他又强调,"国家发展改革委制定了生活垃圾强制分类制度的方案,发布后各地方要认真贯彻落实。要加快研究制定生活垃圾强制分类制度的法律,鼓励有条件的地区先行制定地方性法规,像生态文明试验区、北京上海这类国际性大都市、各地新城新区等就应该向国际先进水平看齐,率先建立生活垃圾强制分类制度,为全国做出表率。要加强考核评价,建立健全激励机制,对做得好的地区要表扬,做得差的要批评。党政军机关以及学校、医院等公共机构要率先实施垃圾分类制度。要增强文明素质教育,把垃圾分类知识纳入国民教育体系,要从幼儿园抓起,培养全社会良好习惯。要加强生活垃圾'四分类'处理的系统性设施建设。各地要在编制市县空间规划中,要对垃圾焚烧厂提早布局、明确厂址,破解'邻避'困局"①。这段讲话几乎将垃圾管理的社会期待、根本原则、基本方法、关键环节等重要内容都讲清楚了,也已经成为指导我国垃圾管理模式改革的"顶层设计"的一部分。2017年3月两会期间,政府工作报告提出,要建立普遍推行的垃圾分类制度来推进城乡环境的综合治理。2017年3月18日,新修订的《生活垃圾分类制度实施方案》正式施行,给出了推进中国垃圾分类的总体路线图,各地生活垃圾分类规制迎来了新的制度设计窗口,已经有一些具备环境共治雏形的治理模式在生活垃圾分类治理实践探索中取得了较好效果②。

至此,一场自上而下的垃圾管理体制的新变革开始启动。这场变革的核心是"分类收集"。对垃圾进行分类,一方面可以对部分垃圾进行回收利

---

① 习近平关于社会主义生态文明建设论述摘编[M].北京:中央文献出版社,2017:93-94.
② 欧阳近人.垃圾分类,需要多元共治[N].中国环境报,2017-05-03.

用，从源头上减少垃圾数量；另一方面可以对各种垃圾分别进行有针对性的处理，有效减少环境污染和土地占用，使垃圾得到无害化、减量化、资源化处置。在"垃圾分类"成为生态文明建设和生态文明体制改革成功与否的重要指标的新形势下，中国垃圾管理长期存在的"重末端、轻前端"的局面将得到真正扭转。

以广州为例。广州市作为全国首批生活垃圾分类示范城市，经过多年的探索，已经初步形成了"广州经验"。① 教育领先。2012年开始，广州市开展了垃圾分类进学校、进社区、进家庭、进单位等一系列活动，让市民树立保护环境的理念，养成垃圾分类习惯。② 源头控制。要求净菜上市，执行限塑令。③ 推进垃圾"定时定点"分类投放。④ 完善生活垃圾分类收运体系，多渠道补贴参与分类的企业和环卫工人。⑤ 在部分城区开展垃圾分类与资源回收工作对接，由供销合作社企业进行市场化收购，利用城市管理收运系统运输低值可回收物，费用由回收企业与政府共担。⑥ 利用互联网打通最后一公里，通过手机应用调动全民参与的积极性，互联网平台精准监控垃圾分类全过程。⑦ 集中上马终端处理设施，建设资源热力电厂、生活垃圾综合处理厂、餐厨垃圾处理厂，以及循环经济产业园区。

再以上海为例。为从源头上破解垃圾围城与污染，上海提出垃圾分类的"C-GSSC"循环模式。"C-GSSC"是一种基于上海市绿色账户（试点）的激励机制，它不仅有普通银行卡的所有功能，还可以通过设立在分类垃圾桶边的打卡记录器记录所有者参与垃圾分类的次数，甚至日后可发展成反映居民社会生活参与度的工具（如参与环保志愿者、社会服务等），同时为居民信用度打分提供佐证。居民可以登录相应网站，输入银行卡号进行查询，兑换相应的奖励。此机制不仅可以利用积分奖励的模式来提高垃圾分类的参与度，普及垃圾分类的知识，使参与的居民直接受益，还可以将政府的垃圾分类推进资金用在刀刃上，使超市、银行等企业单位间接受益，丰富银行卡的使用形式。

南昌则探索"互联网＋垃圾分类"智能垃圾回收系统。智能垃圾回收系统主要由垃圾分类智能投放点、社区绿岛、大数据监管平台构成。天沐君湖小区属于第一代智能垃圾分类，采取的是四分法即可回收垃圾、不可回收垃圾、有害垃圾和餐厨垃圾四类;而城南教师公寓采取的干、湿垃圾两分法,采用的是第二代垃圾分类智能机,居民可以关注"亲分类"公众号,每次扫一扫,按下投放垃圾分类健,对正确分类、正确投放生活垃圾的居民给予积分奖励,并可用积分兑换生活日用品。由于对垃圾采取源头干预,进行系统化、智能化管理,最终在很大程度上实现了垃圾的减量化、资源化、无害化处理。

第三节 "美丽中国"话语导引下城市环境治理的能动探索

2012年以来,随着"美丽中国"话语的日益强化,大多数城市经历了从"盼温饱"到"盼环保",从"求生存"到"求生态"的理念变迁。建设生态文明已经是地方政府和城市居民的共识。城市环境治理的空间越来越大,很多城市根据当地实际能动地去探索,在低碳城市、海绵城市、生态智慧城市建设方面走出了一条具有中国特色的发展道路。

一、低碳城市建设的实践与探索 ▷▷

全球变暖是21世纪人类面临的最复杂的挑战之一。城市是生产力最为活跃、经济社会活动最为密集的地区,消耗大量的碳基能源,成为温室气体排放的主要源头,对气候的影响也与日俱增。"低碳城市"的理念既是应对全球气候变化的需要,也是满足人民日益增长的对优美生态环境的需要。尤其是中共十八大以来,随着中国经济进入新常态,高质量建设低碳城市已得到普遍认同。从利用更少的环境资源,产生更少的环境污染,获得更多的经济产出的"低碳经济",到提倡减少碳排放的新的生活方式和治理模式的"低碳社会"概念,再到碳金融、碳排放交易,低碳的理念在生产发展和社会发展的各个层面迅速地推广。中国很多地方政府都认识到不进行低碳发展是没有前途的，最终是要受到限制和惩罚的。正是基于这样的理念，国内诸多城市探索性地开展了低碳城市的有益实践，低碳城市的实践探索和理论研讨带来的是城市发展观上的变革，是城市治理和管理制度上的变革。

中国是第一个提出节能减排目标的发展中国家。中国政府承诺，2020年碳排放强度将会降至2005年的55%～60%[①]。2014年11月，中国政府在《中美气候变化联合声明》提出，到2030年左右碳排放将达到峰值且争取尽快实现[②]。随后很多地方政府也陆续颁布了各自的低碳行动计划，彰显了它们想要"低碳"发展的决心。地方政府特别是城市一级政府，在建设低碳城市方面进行了多方面积极有益的实践：发展可再生能源产业、创立环保产业、构建生态城市规划、发展可持续交通、建设绿色建筑、推动节能高效的低碳生活方式等。低碳城市既不同于自由市场经济模式，也不同于政府高度掌控的环境治理模式，而是一种政府与市场、公众三方共同参与、相互作用、相互影响的发展模式。首先，政府在低碳城市的建设中起到领导、指导、引导的作用。在考虑城市现状的基础上，政府需要制定低碳发展的目标，从而展开相应的城市规划，并同本地的企业和公众合作，同上级政府和其他城市合作，甚至同国外相关机构和政府部门建立多方合作关系，顺利执行并监管低碳城市的建设。其次，低碳城市的发展离不开市场的形成和良好运行。低碳产业和与其相关的环保产业形成了低碳城市新的经济增长点。如何将现有的市场体系引导到低碳方向，完成产业节能技术的升级、减排能力的提升，形成低碳技术开发的大环境，并积极开发低碳产品，积极引导低碳消费，在市场的运作机制中嵌入低碳因素，是建立低碳城市不可或缺的方面。最后，低碳城市的核心和可持续的动力是拥有低碳理念的城市居民。进行低碳消费引导、低碳理念教育和低碳生活宣传是提升公民低碳意识的基本手段，也是未来建立低碳决策全民参与以及设立低碳全民监测体系的基础。

[①] DABO GUAN, STEPHAN KLASEN, KLAUS HUBACEK, et al. Determinants of stagnating carbon intensity in China[J]. Nature Climate Change, 2014(4): 1017−1023.

[②] LIU Z, FENG K S, DAVIS S J, et al. Understanding the energy consumption and greenhouse gas emissions and the implication for achieving climate change mitigation targets[J]. Applied Energy, 2016(184): 737−741.

由于不同的城市在低碳发展定位、理念和路径的选择上存在差异,所形成的发展模式也有所不同。较为典型的城市低碳发展模式可以归纳为六种,如表5-4所示。

表5-4   典型城市低碳发展模式

序号	典型地区	模式特点	规 划 与 行 动
1	上海崇明岛	以节能零排放为方向	发展生态型现代农业、清洁型先进工业、绿色食品加工业、劳动密集而少污染的都市型工业和零排放的循环工业
2	天津中新生态城	以低碳社区建设为中心	建立以总量控制为导向、以运营监测评估为重点的低碳环境管理机制,建设以自然湿地为特色的城市碳汇,构建以水资源和生活垃圾为代表的低碳的资源利用体系
3	苏州	以产业低碳转型为支撑	利用高新技术改造传统产业,发展现代服务业,通过从"劳动密集型产业"到"技术密集型产业"再到"知识密集型产业"的产业转型,带动整个城市经济和社会的低碳转型
4	秦皇岛	以全面建设低碳社会为主体	在低碳经济、低碳基础设施、低碳交通、低碳生活、低碳能源和碳排放交易六大领域建设"六位一体"的低碳发展模式
5	贵阳	以生态城市战略规划为依托	发展循环经济,发展大数据产业和互联网金融,打造金融生态城市
6	广州	以碳金融、碳排放权交易为手段	开展排污、林业碳汇、海洋碳汇交易试点,打造碳交易平台,发展碳金融产业,打造国家碳金融中心城市

以苏州市为例。苏州市充分认识到在加快推进工业化和城市化的过程中,既不能为了发展而牺牲环境,也不能为了保护环境而放弃发展的机会,而是要探索一条以低碳产业为主导,转变能源发展方式、优化低碳发展空间布局、引导绿色低碳消费,符合自身特色的新型工业化和城市化道路。2012年,苏州市出台了《苏州市低碳发展规划》,提出了自己的减排计划:力争2020年二氧化碳排放总量达到峰值,峰值约为1.72亿吨,并经过较短时期(2020—2025)的波动后稳步下降。2015年,二氧化碳排放强度比2005年下

降约37%，2015年温室气体排放强度比2010年下降约27%，2020年温室气体排放强度比2005年下降54%。到2017年，苏州市人均二氧化碳排放量达到峰值，并控制在15吨/人以下。

再以秦皇岛市为例。自2012年创建低碳城市试点以来，秦皇岛市大力发展新兴低碳工业产业、低碳旅游业、低碳农业，加快发展低碳能源体系，加快推进碳排放交易体制机制创新，通过低碳商业/生活区域、低碳基础设施的设置以及低碳消费方式的推广，在低碳城市建设方面走出了一条有特色的发展道路。2015年，秦皇岛市单位GDP能耗为0.762 6吨标准煤/万元，"十二五"万元GDP能耗累计下降20.93%，万元生产总值碳排放强度由2011年的3.33吨下降至2015年的2.4吨，累计下降27.93%①。

二、 智慧城市框架下的智慧生态建设 ▷▷

2008年11月，在纽约召开的外国关系理事会上，IBM提出了"智慧地球"理念，进而引发了智慧城市建设的热潮。IBM经过研究认为，城市由六个核心系统组成：组织（人）、业务、政务、交通、通信、水和能源。2009年，中国多个城市开始自发进行智慧城市发展规划（如上海、深圳、南京、武汉、成都、宁波、杭州）②。工信部、住建部、科技部等部委陆续出台政策开展大规模试点工作。尤其是住建部，自2013年起每年公布100个左右的试点智慧城市，并为入选的试点城市提供资金和技术支持③。截至2016年6月，95%的副省级城市、76%的地级城市，总数超过500个，均在其政府工作报告或"十三五"规划中明确提出要建设智慧城市。

随着中国经济进入新常态，地方政府传统的以GDP增长为主的竞争模

---

① 安涛.秦皇岛市低碳城市试点建设经验谈［J］.节能，2018，37（1）：80-85.

② 益明，许春雯，黄容.中国智慧城市建设的现状与发展趋势——第七届中国电子政务高峰论坛综述［J］.电子政务，2013（8）：86-90.

③ JOHNSON D. Smart city development in China. China business review［EB/OL］.（2014-06-17）［2018-10-12］.http://www.chinabusinessreview.com/smart city development in china/.

式难以维系的情况下,智慧城市成为新的城市增长点。智慧城市建设不仅可以解决城市发展面临的一系列问题,地方政府也可以借此获得上级的专项经费支持或实现与私营企业的合作,增加政府财政收入、扩大政府支出、促进产业结构升级、提振地方经济发展。

"智慧"不仅仅是对城市信息基础设施的完善,更是从人类与自然根本关系的角度出发的一种深刻思考。与"生态城市"相比,"智慧生态城市"是在"生态城市"建设模式的基础上,把信息化元素和人文关怀融进城市建设的理念中,使城市建设在更高的视野中被统摄、整合起来。因此,智慧生态城市建设的出发点、宗旨和使命是落实到人以及人所生活的周围世界。马克思、恩格斯明确宣称:"我们的出发点是从事实际活动的人。"①智慧生态城市是以人和人的活动为中心,为人而存在。智慧生态城市就是在生态性、智慧性思想的指引下,按照低碳环保、绿色宜居、生态和谐、智能高效的原则,对城市进行合理的规划设计,并充分运用物联网、云计算、大数据、人工智能等新一代信息技术,实现城市智慧治理,从而达到生态效益与经济效益相统一,实现人与自然和谐发展。

以深圳坪山新区为例。坪山新区打造多种开放、共享的信息服务支撑平台,包括城市规划和开发管理信息化平台、电子政务阳光政府综合应用平台等,实现精细、高效的城市管理和服务模式,发挥智慧型城市公共基础设施及网络系统的功能。建设覆盖新区的身份识别感知网络,扩大位置感知网络应用范围,建立覆盖全区的视频监控网络和环境监控网络,根据行业应用需求建设专业感知网络,形成坪山新区整体感知环境,实现动态实时监控。在此基础上,建设新区地下管线智能管理系统,进行区域"智能交通"试点;建立坪山河流域水环境智能监控系统,建设多种可再生能源应用平台,推广应用智能电表、智能电器、电动汽车、储能电站等,初步建设"智能电网";选择部分公共建筑试点"智能建筑"工程,提供智慧化管理和服务,实现优质、便捷的工作体验;探索能源有效供给和使用。对电网标准化接入实行改造升级,建设电网信息集成系统、电网运营管理平台、电力需求管

---

① 中央编译局.马克思恩格斯选集:第1卷[M].北京:人民出版社,1995.

理系统、电网设施监控系统、电网日常管理系统、电网用户管理系统、电网分析和规划系统等；实现水务全面有效管理；收集水资源信息作为制定城市发展战略规划的参考，在水务日常运营管理中贯彻开源、节流和循环再生的思路，通过整合后的水资源信息系统对水务进行监管和治理，系统包括水务整体监控网络、水务综合业务管理系统、城市水务三维仿真分析系统等；倡导绿色可持续发展环境，通过城市环境管理对影响城市环境的各种因素进行监控，通过对资源消耗、节约减排和环境污染的治理，降低这些因素对环境的影响，建设环境污染监测和治理系统、整体环境监控网络、绿色环境监测和绿色环保分析规划系统等①。

三、 中国特色海绵城市的政策沿革与实践 ▷▷

当今中国正面临着城市雨洪、城市内涝、雾霾污染、水系污染、水资源短缺、地下水位下降、地下水枯竭、水生物栖息地丧失等一系列严重的生态问题。由于屋面、道路、地面等设施建设导致的下垫面硬化，70%～80%的降雨形成径流，仅有20%～30%的雨水能够渗入地下，破坏了自然生态本底，破坏了自然"海绵体"，导致逢雨必涝、遇涝则瘫、城里看海和雨后即旱、旱涝急转、逢旱则干、热岛效应。北方城市几乎"有河皆枯"，南方城市几乎"有水皆污"②。习近平总书记在2013年12月12日中央城镇化工作会议的讲话中强调："城市规划建设的每一个细节都要考虑对自然的影响，更不要打破自然系统。为什么这么多城市缺水？一个重要原因是水泥地太多，把能够涵养水源的林地、草地、湖泊、湿地给占用了，切断了自然的水循环，雨水来了，只能当作污水排走，地下水越抽越少。解决城市缺水问题，必须顺应自然。比如，在提升城市排水系统时要优先考虑把有限的雨水留下来，优先考虑更多利用自然力量排水，建设自然积存、自然渗透、自然净化的'海绵城市'。许多城市提出生态城市口号，但思路却是大树进城、开山造地、

---

① 寇有观.智慧生态城市是创新的城市发展模式[J].办公自动化,2018,23(5):8-27.
② 章林伟.海绵城市建设概论[J].给水排水,2015(6):1-5.

人造景观、填湖填海等。这不是建设生态文明，而是破坏自然生态。"①2014年3月，习近平总书记在中央财经领导小组第五次会议上提出"城市规划和建设要坚决纠正'重地上、轻绿色'，'重高楼、轻绿色'的做法，既要注重地下管网建设，也要自觉降低开发强度，保留和恢复恰当比例的生态空间，建设'海绵家园、海绵城市'"②。为了贯彻落实习近平总书记的讲话及中央城镇化工作会议精神，2014年10月，住建部正式发布《海绵城市建设指南——低影响开发雨水系统构建》(建城函〔2014〕275号，以下简称《指南》)，提出了海绵城市的概念。2014年12月，财政部、住房和城乡建设部、水利部联合印发了《关于开展中央财政支持海绵城市建设试点工作的通知》(财建〔2014〕838号)，组织开展海绵城市建设试点示范工作，受到全国各省市政府的重视，得到相关领域人员的广泛关注和深入研究③。2014年底至2015年初，全国推选产生第一批16个海绵试点城市，至此，我国的海绵城市建设试点工作全面铺开。2016年12月，住房城乡建设部、环境保护部出台的《全国城市生态保护与建设规划(2015—2020年)》提出，全面推动海绵城市建设，提高城市应对环境变化和自然灾害的能力，在确保城市排水防涝安全的前提下，最大限度地实现雨水在城市区域的积存、渗透和净化，促进雨水资源化利用。以海绵城市建设引领低影响开发模式，统筹协调城市开发建设的各个环节，充分发挥城市建筑、道路、绿地、水系等对雨水的吸纳、渗蓄和缓释作用，逐步建立从源头到末端的全过程雨水径流控制体系，全面推行节水集雨型绿地、植草沟、雨水湿地、透水铺装等城市绿色基础设施建设，实现"保障水安全、修复水生态、涵养水资源、改善水环境"的多重目标。"海绵城市"概念，成了中国继低碳城市、智慧城市等城市理念后出现的城市建设新概念。

　　海绵城市是指城市能够像海绵一样，在适应环境变化和应对自然灾害等方面具有良好的"弹性"，下雨时吸水、蓄水、渗水、净水，使雨水就地蓄

---

① 习近平关于社会主义生态文明建设论述摘编[M].北京：中央文献出版社,2017：49.
② 习近平关于社会主义生态文明建设论述摘编[M].北京：中央文献出版社,2017：57.
③ 徐振强.我国海绵城市试点示范申报策略研究与能力建设建议[J].建设科技,2015(3)：58-63.

留、就地资源化，使它与城市中的公园系统、湿地系统，形成统一的水生态基础设施自然保护系统，从而达到内涝防治、水污染防治、水资源可持续利用、良性水循环和生态友好的目标。显然，海绵城市建设是城市生态文明不可或缺的组成部分。

以厦门为例。厦门是一座"一岛一带双核多中心"的组团式海湾城市。在早期城市建设过程中，厦门主要流域人为干扰严重，填塘平沟、截弯取直、天然水道屡遭破坏，河道硬质化，渠道暗涵化，明沟"三面光"，造成渗、蓄、净能力降低，造成水生动植物生存条件差，环境容量有限，环境承载力不足，生态系统脆弱。改革开放以来都是以湾区为重点发展区域。而湾区水体是潮水的末端，污染物质不易扩散，水体自净能力弱；城市初雨和部分河流污水沿地面径流或由排水系统进入湾区，常常造成近岸水体污染。因此，厦门的湾区既是城市景观的亮点，也是城市水问题集中凸显的地方，这严重制约了湾区城市品质的进一步提升。按海绵城市建设的要求，建设低影响开发雨水系统是解决厦门水资源、水安全、水环境、水生态面临的问题的必由之路。根据《美丽厦门·共同缔造——厦门市海绵城市建设试点城市实施方案》，厦门将马銮湾片区选作"海绵城市"建设试点区域。马銮湾试点区包含了建成区、建设区、水域整治区和溪流治理区。该方案中规划项目总数达到 59 个，2015 年至 2017 年的专项总投资为 55.7 亿元，包括以下项目：新建、改造小区绿色屋顶、可渗透路面及自然地面，建设下凹式绿地和植草沟，保护、恢复和改造城市建成区内河湖水域、湿地，来增强城市蓄水能力，以及建设沿岸生态护坡等，涵盖"渗、滞、蓄、净、用、排"六大方面的工程。"渗"工程共有 37 个项目，主要包括建设或改造建筑小区绿色屋顶、可渗透路面及自然地面等，主要目的是从源头减少径流，净化初雨污染。"滞"工程共 3 个项目，主要包括建设下凹式绿地、植草沟等，主要目的是延缓径流峰值出现时间。"蓄"工程共 5 个项目，主要包括保护、恢复和改造城市建成区内河湖水域、湿地并加以利用，因地制宜地建设雨水收集调蓄设施等，主要目的是降低径流峰值流量，为雨水利用创造条件。"净"工程主要包括建设污水处理设施及管网、综合整治河道、建设沿岸生态缓坡及开展海湾清淤，主要目的是减少面源污染，改善城市水环。"用"工程为建设污水再生利用设施及部分片区调蓄水池雨水利用,主要目的是缓解水资源短缺、节水减排。试点区域污水再生利用工程为马銮湾再生水厂。"排"工程主要包括村庄雨污分流管网改造、低洼积水点的排水设施提标改造等,主要目的是使城市竖向与人工机械设施相结合、排水防涝设施与天然水系河道相结合以及地面排水与地下雨水管渠相结合。通过高标准、高起点建设马銮湾,不仅可以为厦门已建湾区的改造提升提供经验,为厦门新建湾区的开发建设提供示范,还可以为全国滨海城市建设提供全新的样板①。

① 王宁,吴连丰.厦门海绵城市建设方案编制实践与思考[J].给水排水,2015(6):28-32.

第六章

中国特色城市环境治理的道路特质

中国城市环境治理是在一个特殊的背景下进行的。一方面，中国正经历着西方近代以来的工业化进程，致力于实现中国社会的城市化和工业化；另一方面，世界已经进入后工业化进程，中国无法游离于这一进程之外，因此，中国需要提前研判和逐步解决后工业化的问题。在这样一个极其复杂的现实进程中，中国城市环境治理必须立足于这个不可回避的现实情境观照，进行独立的探索和发展。在工业化与后工业化的双重使命驱动下，在经济快速增长与环境资源巨大压力并存、多种城市环境治理问题叠加出现的复杂背景下，中国城市环境治理呈现出与别国不同的道路特质。

第一节　城市环境治理结构：中国共产党领导下的多元主体

从主体结构来看，城市环境治理主体的定位、功能、角色与职责具有明显的层次性与差异性。其中，中国共产党是城市环境治理的领导者、协调者、保障者、激励者，地方政府是城市环境的"元治理者"，企业和社会组织是城市环境治理的重要主体。也就是说，中国城市环境治理结构实际上是党领导下的有限多元主体结构，各治理主体相互联系、相互依存，共同作用于美丽城市建设这个宏伟目标。

一、中国共产党：城市环境治理的领导者 ▶▷

中国政治与社会的发展逻辑，使中国共产党不仅具有领导功能，而且具有协调、保障和激励功能，并通过协调、保障和激励功能的有效实现，为党的领导奠定基础。城市环境治理是社会治理的主要组成部分，上述逻辑也同样体现于中国城市环境治理实践。这就意味着党组织在城市环境治理中发挥了十分重要的作用,党组织实际上是城市环境政策制定的核心。

具体而言,在中央层面,环保政策的决策主体包括党中央、全国人大及其常委会、国务院及其部委。按照功能划分,党中央负责制定环境政策话语,包括各类环境战略方针、指导思想、治理理念及目标等;全国人大及其常委会、国务院及其部委将党中央的宏观战略按照一定的程序转化为具体政策,国务院及其部委的工作受到全国人大及其常委会的监督。同时,中国各城市实行政治协商制度,人民政协是国家机构的有机组成部分,在公共决策活动中具有较强的影响力。党委、政府、人大和政协共同组成环境政策制定的权力中心,在政策过程中始终起主导作用。

就中国的政治生态而言,中国共产党是总揽全局的,是领导一切的。十七大修改和通过的党章中,出现了"中国共产党领导人民建设资源节约型和环境友好型社会"的说法。十八大修改和通过的党章中,使用了"中国共产党领导人民建设社会主义生态文明"的说法[①]。十九大修改和通过的党章,除了继续沿用"中国共产党领导人民建设社会主义生态文明"这一说法之外,还增加了中国共产党要"增强绿水青山就是金山银山的意识""实行最严格的生态环境保护制度"等内容[②]。党的领导在国家公共权力方面是通过制度性的安排,科学执掌国家的立法权、司法权和行政权加以体现的。许多公共政策最初是在党的报告或文件中提出的,反映了党在政治建设、经济建设、社会建设、文化建设和生态文明建设上的顶层设计。从"可持续发展战略""科学发展观""生态文明建设"到"美丽中国",中国共产党始终保持着对环境政治话语的制定权,它既是环境政策的设计者和导引者,也是环境政策制定和执行的动力源。这些战略思想在价值、目标和内涵上都具有继承性,其价值导向均集中于协调经济发展与环境保护的关系。"可持续发展战略"提出要正确处理经济发展与人口、资源、环境之间的关系,是中国共产党首次针对环保提出的政策话语。"科学发展观"虽不是专门针对环境保护提出的指导理念,但反映了最高领导层"对以环境

①　冉冉.中国地方环境政治:政策与执行之间的距离[M].北京:中央编译出版社,2015:46.

②　中国共产党章程[M].北京:人民出版社,2017:14-15.

和资源为代价的粗放型工业发展模式的一种全面反思和校正"①。生态文明建设的战略理念是"可持续发展战略"和"科学发展观"在环境保护领域的细化和深化。"美丽中国"是生态文明建设的具象化表达,是一场涉及价值思维方式、社会生产方式和具体生活方式的全方位变革。改革开放以来,党的执政理念特别是在环保方面的政策理念,总体上保持着循序渐进的连贯式发展。

　　具体到城市层面,20世纪70年代,西方发达国家开始步入"后现代社会",城市发展重心也由促进经济增长逐渐转向提高人民生活水平。联合国的人类发展指数(HDI)、千年发展目标(MDGs)和最新颁布的《改变我们的世界:2030年可持续发展议程》(SDG),均将实现人的发展列为首要目标。中国的城市发展兼具后发现代化和后现代化的双重使命。这决定了中国城市面临的历史任务以及经济、社会、生态建设的复杂性远远比发达国家的城市在同阶段的发展形态要艰巨、复杂得多。这就决定了中国城市在发展形态上不能按照西方发达国家的科层式逻辑进行。唯有组建一支强大的组织性权威力量并赋予它领导者、组织者的地位,才能承担工业化与后工业化的双重使命。基于对政党在城市建设中重要地位的认知以及"政党—国家"体制优越性的体现,地方党委作为城市环境治理中的核心行动者,是辖区内政策议程的启动者,他们不仅决定辖区内的政策走向和效果,而且能够整合城市范围内的各种资源为城市环境治理现代化服务。

　　党作为领导核心,它在城市环境治理方面的角色主要定位在以下四个方面。

　　一是城市环境治理的领导者。从主体间的关系看,在中国政治逻辑的作用下,中国共产党处于领导地位,因而在城市环境治理主体中,党组织在组织网络与权力关系中发挥着支配性作用,是城市环境治理活动的领导核心。地方党委根据党中央和上级党委的环境政治话语的导引,制定宏观而具有城市特色的理念、目标、战略和方针,不同类型和层次的城市环境治理

---

① 冉冉.环境议题的政治建构与中国环境政治中的集权——分权悖论[J].马克思主义与现实,2014(4):161-167.

主体在党的领导下成为一个有机整体。

二是城市环境治理的协调者。城市环境问题背后的利益关系十分复杂。在城市环境治理中,党组织不仅可以通过意识形态控制和政治动员大力宣传、普及环保知识,还可以拓宽政府与城市居民之间沟通的渠道,平衡不同主体之间的利益。

三是城市环境治理的保障者。一方面党针对城市环境治理存在的"多头治理""无主管部门治理""无具体制度治理""有制度而无办法治理"等现象,发挥"查漏补缺"的作用;另一方面从整体上化解、应对环境群体性事件,确保社会稳定。

四是城市环境治理中的激励者。通过发挥党员先锋模范作用、基层党组织战斗堡垒作用、干部骨干带头作用、党员志愿者"微"服务作用,进一步发挥各级党组织的凝聚力和强大的组织动员能力,激发社会活力,推动城市环境治理创新。

二、地方政府: 城市环境的"元治理者" ▶▶

市场治理、科层制治理、自组织治理(网络治理)三种治理模式均存在失败的可能。市场机制的失败在于经营活动单纯追逐私利,未能真正实现资源的有效分配;科层制治理的失败在于政府未能实现重大政治目标——保护公众的利益,防止公众遭受特定利益集团的侵害①;自组织治理"因为不能完全控制治理对象,结果也必然只能失败"②。在杰索普等人看来,自组织治理既面临着市场与政府的双重制约:市场的制约体现在资本主义的自组织动力和系统间的统治地位;而政府的制约在于政府掌握的资源与权力。同时,自组织治理又面临着自身的制约:自组织治理得以有效实施需要对治理对象有着明确的界定与了解,在实践上也需要进行多层次的

---

① BOB JESSOP. The rise of governance and the risks of failure: the case of economic development[J]. International Social Science Journal, 1998, 155(50).

② JEFF MALPAS, GARY WICKHAM. Governance and failure: on the limits of sociology[J]. Journal of Sociology, 1995, 31(3).

协调,另外也取决于对象是否接受,同时政府权力的下放也会导致诸多的问题。除此之外,自组织治理还面临着诸如合作与对抗、开放与封闭、可治理性与灵活性、责任与效率的两难困境,这些都导致治理面临着失败的风险①。

针对治理的失败,杰索普提出"元治理"这一应对策略。"元治理"是"治理的治理"。"元治理"具有两个维度的内涵:一是制度上的设计,通过提供各种机制,促进各方的相互依存;二是战略上的规划,建立共同的目标,推动治理模式的更新与进化。"元治理"的目标是在维护民族国家一致性与完整性的同时,构建一种语境(谈判决策),使不同的治理安排(市场机制、科层制、自组织治理)得以实现②。在杰索普的"元治理"中,政府扮演着重要的角色。政府"作为政策主张不同的人士进行对话的主要组织者,作为有责任保证各个子系统实现某种程度的团结的总体机构,作为规章制度的制定者,使有关各方遵循和运用规章制度,实现各自的目的,以及在其他子系统失败的情况下作为最高权力机关采取补救措施"③。

"元治理"意味着政府不能是治理中的"长辈",而是治理中"同辈中的长者"。地方政府承担"元治理"的角色和功能,不仅意味着地方政府针对具体环境问题选择合适的治理模式,并提供规则保障,而且意味着地方政府要在一定范围内更好地履行政府职能,明确何种领域、何种环节政府应当"出手",何种领域、何种环节政府应当"收手",并减少市场、社会自利性对城市环境治理公正性的干扰。作为城市环境的"元治理者",从宏观层面看,地方政府的职责在于:一是制定切实可行的环保法律、法规和可持续发展的环境政策,并通过这些法律法规和政策对生态环境的破坏者和拒绝承担相应责任的主体给予相应的行政惩罚;二是政府向环保非政府组织和市

---

① BOB JESSOP. The rise of governance and the risks of failure: the case of economic development[J]. International Social Science Journal, 1998, 155(50).

② BOB JESSOP. The rise of governance and the risks of failure: the case of economic development[J]. International Social Science Journal, 1998, 155(50).

③ 鲍勃·杰索普,漆燕.治理的兴起及其失败的风险:以经济发展为例的论述[J].国际社会科学杂志(中文版),1999(1):31-48.

场购买环保服务①；三是促进各个职能部门"绿色化"政策的协调。从微观层面看，地方政府主要发挥着引导者、扶持者和监督者的功能。作为引导者，地方政府引导其他治理主体制度化地表达利益诉求和政策建议，形成共同的价值观和目标；作为扶持者，地方政府发起自愿性协议，包括政府与企业签订的节能减排自愿协议、与商户签订的"门前三包"协议、政府主导的环境认证方面的自愿性协议，允许社会力量在契约条件下参与城市环境治理；作为监督者，由于市场逐利的本性使得部分环境敏感性企业在生产过程中不顾对环境的破坏，或因供求信息不畅导致生产过剩，资源浪费，这些都需要地方政府发挥好市场监管作用。

三、企业与社会组织：城市环境治理的重要主体 ▷▷

　　新古典经济学研究证明，在市场经济条件发展过程中，市场机制在资源配置、效率调节进而实现帕累托最优状态中的地位和作用是不容置疑的。作为一种经济激励手段，市场手段的优势主要是成本较低、高刺激性、灵活性和增加政府财政收入。市场自决模式是基于庇古税的思想而实施的，即利用市场和价格信号，包括补贴和补贴消减、绿色信贷、环境保险、对排污进行收费、排污权交易、环境服务购买、城市生态环境建设项目承包等途径，以较低的管理成本来解决城市资源和生态环境问题。从理论上说，通过优胜劣汰的市场竞争，市场主体能够不断改革生产技术或引进绿色技术，降低原材料消耗，推动清洁能源的开发，选择更有利于生态环境保护的生产方式和

---

① 2013年12月，中国首份政府购买第三方监督协议签订，清镇市政府与贵阳公众环境教育中心签订"公众参与环保第三方监督委托协议"，对政府及相关职能部门的环境执法和辖区的第一、第二、第三产业的污染治理行为进行第三方监督。参见贵阳网.清镇市政府购买社会服务　公众参与环境监督［EB/OL］.（2015-06-26）［2018-10-26］.http：//www.gywb.cn/content/2014-01/15/content_394937.htm.再比如，2014年10月，湘潭市农村工作部、城管局为治理秸秆焚烧和露天垃圾焚烧所造成的污染，与湘潭环保协会合作开展"抗击雾霾·清洁家园·创建文明城市"工作。参见湘潭新闻网.湘潭环保协会晒账单　收入主要来自政府购买服务［EB/OL］.（2015-10-31）［2018-10-26］.http：//news.xtol.cn/2015/1031/5013141.shtml.

经营模式。有一部分有责任感的企业自动发起自愿性承诺或协议,主动通过单边承诺、私下协议、谈判性协议与开放性协议自觉治理污染。也有一部分追求绿色竞争力的企业,在绿色利润的驱动下,主动参与到城市环境保护中,成为充满活力的"清洁科技"市场上的重要成员。而且,企业参与城市环境保护行动还通过环境标志产品认证、ISO14000环境管理体系认证以及企业对环境保护事业的捐助中表现出来。20世纪90年代以来,中国企业对环境保护事业的捐赠数额逐渐增多,参与捐赠的企业范围不断扩大。其中,大多数企业大多是以自己捐赠为主,捐赠模式趋向于"利他型",表现出了"无私""不求利益回报"的高尚精神。

　　社会自治模式是指由各类组织自愿发起的高于环境政策法规要求的各种制度和安排,以达到保护环境和节约资源的目的。尽管种类繁多,但所有自愿性环境治理制度的共同之处是:它们不是法定的承诺,而是企业以额外的努力来削减污染。在本质上,法律没有要求污染企业发起或遵守自愿性协议。主张社会自治模式的理由是,社会主体包括公民和公民团队,更关注自己生活于其中的社会环境,更有动力去建设好、维护好自己所在的生态环境。在社会自治模式的倡导者丹尼尔·A.科尔曼看来,现代社会正面临着一场巨大的生态危机,传统的关于生态危机产生原因的人口爆炸说、技术失控说和消费异化说都没有抓住问题的本质,"往往被强调过头或者错误理解,其实,它们本身根植于一个危害环境之社会的基本特点当中"①,而真正的原因在于国家的政治经济权力集中于少数人、资本主义价值观的狭隘化和社群的丧失。为此,他提出通过基层民主的方式来化解生态危机,"要把公共政策领域通常自上而下的方法颠倒过来,让民众和社群有权决定自己的生态命运和社会命运,也让民众有权探寻一种对环境和社会负责任的生活方式"②。Luke也认为,将领导权力和资源权限由政府移交给非政府组织,不是削弱而是解放了政府部门,使政府部门可以更好地提

---

① 丹尼尔·A.科尔曼.生态政治:建设一个绿色社会[M].梅俊杰,译.上海:上海译文出版社,2006:45.

② 丹尼尔·A.科尔曼.生态政治:建设一个绿色社会[M].梅俊杰,译.上海:上海译文出版社,2006:133.

供公共服务①。

从中国社会组织发展的经验事实来看，十七大以来中央政府就开始不断释放积极发展社会组织的政策信号；十八大报告提出加快形成"社会组织体制"，并将发展社会组织纳入社会治理创新的重要范畴；十八届三中全会将"激发社会组织活力"纳入"创新社会治理体制"的重要范畴②。地方政府的制度创新步伐更快，北京、上海、广州、深圳等城市的政府自2005年以来就尝试使用宽松的"备案"制度帮助一些活跃于基层社区的社会组织获得合法性，并探索"公益招投标"等政府购买社会组织服务的新型制度。这些改革暗含着不同的制度创新思路，要求地方政府在改进社会治理方式的同时，兼顾好社会组织发展的活力、政府治理和社会自我调节的良性互动，以及社会组织融入既有社会治理体系等多个目标。

从环保组织的公益行动看，随着污染形势的加剧，各类环保组织主动发起的募捐筹资、技术推广、法律帮助、防霾知识宣传等活动，自发地进行大气污染防治，提高了公众的大气环境保护意识，并在一定程度上推进了相关政策的制定与调整。20世纪90年代以来，中国涌现了一批自下而上的环保非政府组织，包括"自然之友""北京地球村""绿家园志愿者""重庆市绿色志愿者联合会"等，它们一直通过开展环保行动、参与环保行动、批评破坏环境的行为、提出种种环保建议等方式主动与政府取得合作，成为城市环境治理的重要力量。例如，1996年，"北京地球村"帮助北京西城区大乘巷家委会建立了垃圾分类试点，并向各级政府送交垃圾分类提案。1999年初，"北

---

① LUKE J S. Catalytic leadership: strategies for an interconnected world[M]. San Francisco: Jossey-Bass Inc. Pub., 1998: 37-148.

② 十七大报告指出："要健全党委领导、政府负责、社会协同、公众参与的社会管理格局。"详见胡锦涛.高举中国特色社会主义伟大旗帜，为夺取全面建设小康社会新胜利而奋斗——在中国共产党第十七次全国代表大会上的报告[M].北京：人民出版社，2007：40-41.十八大报告进一步提出要"加快形成政社分开、权责明确、依法自治的现代社会组织体制"。详见胡锦涛.坚定不移沿着中国特色社会主义道路前进，为全面建成小康社会而奋斗——在中国共产党第十八次全国代表大会上的报告[M].北京：人民出版社，2012：34.十八届三中全会提出"激发社会组织活力。正确处理政府和社会关系，加快实施政社分开，推进社会组织明确权责、依法自治、发挥作用"。详见中共中央关于全面深化改革若干重大问题的决定[M].北京：人民出版社，2013：50.

京地球村"与北京宣武区政府、物业公司合作,在建功南里建立了绿色社区模式,即社区层面的环保设施和公民参与机制。再如,由于对政府空气质量监测数据的不信任,中国多地环保组织和公众,走上街头自测PM2.5,发起"我为祖国测空气"行动,推动政府在空气环境质量监测技术、指标和设备上的改进。2013年,中国清洁空气联盟与阿拉善SEE基金会、能源基金合作,共同发起"卫蓝基金",通过小额资助的方式支持民间机构或志愿者团体实行空气污染防治行动。公众环境研究中心也制作了全国城市空气污染地图,号召公众对空气质量问题给予更多的关注。

在大气污染防治进程中,越来越多的公众人物运用自身的职业技能、公众影响力和号召力,发起大气污染防治相关议题,引起了政府的重视和社会的广泛关注。例如,2015年全国两会召开前夕,著名媒体人柴静公开发布了公益调查纪录片——《穹顶之下》,公布了她针对中国雾霾成因、现状、治理措施等问题的实地调查结果,剖析了给中国带来严重大气污染的燃煤和燃油等问题。该纪录片发布之后,短短几天时间内在网络视频平台的总播放量迅速突破1.17亿①。雾霾瞬间成为全国热点话题,并对即将修订的《中华人民共和国大气污染防治法》这一政策议程造成了舆论压力。公众人物充当了一种政策企业家的角色,利用其自身拥有的社会资本推动公共议题最终落实为公共政策,其自身的特殊影响力就是一种社会资本。这些社会资本由公众人物自身特殊的职业身份、人际关系及教育背景而结成的关系网络构成,这些关系网络在公共事件推动以至引发政策变迁的过程中提供了一种社会资源的动员。当地方政府与企业共同成为破坏环境的主体时,只有与政府和企业相对分离的第三方——民众才是推动环保的中坚力量,而民众的代表或代言人便是以谋求和维护公民的环境权为己任的环保非政府组织。环保非政府组织自愿采取行动参与美丽城市建设,是实现公民环境权利最可靠的保障,也是美丽城市建设有效推进的最优路径。环保非政府组织可以凭借其在生态环境保护领域的优势,为地方党委政府决策做前期调研或出谋划策,与地

---

① 柴静环保纪录片掀关注热潮环保部长致谢[EB/OL].(2018-03-01)[2018-10-12].http://enl.qq.com/a/20150301/022149.html.

方党委政府共同履行绿色行政的职责,与企业友好协商推动企业进行低碳生产、绿色生产、清洁生产,也可以凭借自己在社会中较强的公信力在城市社区中进行绿色理念的宣传与教育、草根动员、公益诉讼,还可独立自主地进行环境调查、评价,发挥环境治理监督等作用。而且,由于环保非政府组织在经费、组织隶属关系上不依靠政府,因此,它们敢于针对与地方政府利益相关且敏感的环境问题,发布环保信息,反对和制止那些严重破坏环境的工程。

第二节　城市环境治理行动:党政共同负责与"治理联盟"

2005年,国务院下发的《关于落实科学发展观加强环境保护的决定》做出了"地方人民政府主要领导和有关部门主要负责人是本行政区域和本系统环境保护的第一责任人"的规定①。2006年,原国家环保总局制定的《"十一五"城市环境综合整治定量考核指标实施细则》更加明确了行政首长应该是辖区内环境保护的第一责任人②。2015年出台的修订后《中华人民共和国环境保护法》再一次确认了政府的环境保护职责,其中第四条规定"保护环境是国家的基本国策",第六条第二款规定"地方各级人民政府应当对本行政区域的环境质量负责"。《中华人民共和国大气污染防治法》《中华人民共和国水污染防治法》等环境保护单行法中也规定了政府的相应职责③。

---

① 国务院关于落实科学发展观加强环境保护的决定[EB/OL].(2018-07-31)[2018-09-10].http://www.gov.cn/zwgk/2005-12/13/content_125736.html.
② 关于印发《"十一五"城市环境综合整治定量考核指标实施细则》的通知[EB/OL].(2018-07-31)[2018-09-10].http://www.zhb.gov.cn/gkml/zj/bgt/200910/t20091022_173950.html.
③ 《大气污染防治法》第三条第二款规定"地方各级人民政府应当对本行政区域的大气环境质量负责,制定规划,采取措施,控制或者逐步削减大气污染物的排放量,使大气环境质量达到规定标准并逐步改善"。《水污染防治法》第四条第二款规定"县级以上地方人民政府应当采取防治水污染的对策和措施,对本行政区域的水环境质量负责"。

尽管党内法规和国家法规强调了地方政府在辖区内环境保护的主体责任地位，然而却没有规定党委在环境保护方面的具体职责，因此党委的环保责任被虚化了，严重情况下也只承担领导责任。随着国家对环境保护的日益重视，党中央加大了城市治污攻坚、解决突出城市环境问题的力度，明确提出地方各级党委和政府主要领导是抓好生态环境保护工作的"关键少数"，提出了环境保护党政同责的措施。

在2015年1月的全国环境保护工作会议上，时任环境保护部部长的周生贤强调要着力推动"党政同责""一岗双责"，把生态文明建设作为地方党政领导班子和领导干部政绩考核评价的重要内容①。2015年3月，时任环境保护部部长的陈吉宁在河北省唐山市现场调研大气污染防治工作时指出，要切实推动"党政同责、一岗双责"，进一步明确各级各部门的责任，各负其责、通力协作，共同推动环境保护工作的发展。有关环境保护"党政同责、一岗双责"思想的提出，是针对现实环境问题的严峻局面而提出的重要政策，属于顶层设计。

2015年7月，中央全面深化改革领导小组第十四次会议审议通过了《党政领导干部生态环境损害责任追究办法（试行）》。2015年8月，中共中央办公厅、国务院办公厅印发的《党政领导干部生态环境损害责任追究办法（试行）》规定，地方各级党委和政府对本地区生态环境和资源保护负总责，党委和政府主要领导成员承担主要责任，其他有关领导成员在职责范围内承担相应责任②。习近平总书记在2018年5月18—19日召开的全国生态环境保护大会上强调，地方各级党委和政府主要领导是本行政区域生态环境保护的第一责任人，各相关部门要履行好生态环境保护职责。《中共中央国务院关于全面加强生态环境保护坚决打好污染防治攻坚战的意见》则明确指出，落实领导干部生态文明建设责任制，严格实行党政同责、一岗

---

① 推动党政同责是国家治理体系的创新和发展［EB/OL］.（2018-07-31）［2018-09-10］. http://www.qstheory.cn/zoology/2015-01/22/c_1114096464.html.
② 中共中央办公厅、国务院办公厅印发《党政领导干部生态环境损害责任追究办法（试行）》［EB/OL］.（2018-07-31）［2018-09-10］.http://www.gov.cn/zhengce/2015-08/17/content_2914585.html.

双责①。地方各级党委和政府必须坚决扛起生态文明建设和生态环境保护的政治责任,对本行政区域的生态环境保护工作及生态环境质量负总责,主要负责人是本行政区域生态环境保护第一责任人,至少每季度研究一次生态环境保护工作②。

这样一来,实际上形成了中国特色的党主导下的城市环境政策执行机制,呈现出"高位推动"的特点。地方党委和政府在城市环境治理行动中共同负责具体体现在"环保军令状""任务型组织""运动式治理"三个方面。

一、"环保军令状" ▷▷

"环保军令状"是中国城市环境保护和治理中的一项重要政策制度,是实现地方党委和政府主要领导作为本行政区域生态环境保护第一责任人的制度化方式。"环保军令状"通常是上一级党委政府对下一级党委政府下发的目标责任书,规定在一定时间段内下级党委政府应该完成的环境保护目标和责任及相应的奖励和惩罚措施。目标和任务自上而下的层次分解和上级对下级的定量化考核是其主要特点,如果下属不能全力以赴地完成目标,除了会受到经济上的处罚之外,其政治晋升也会受到较大影响。

2016年初,福建省九市一区党政主要领导向福建省委、省政府立下"环保军令状",在全国率先扛起环保党政同责大旗。随后,福建省生态文明建设领导小组办公室以1号文件形式下发《2016年度党政领导生态环境保护目标责任书考核指标》(以下简称《考核指标》),明确了党政环保"大考"的各项指标和评分标准。《考核指标》包含绿色发展、污染防治、环境监管、建立健全工作机制、区域突出环境问题整治等六大项,和往年的市长环保目标责任书相比,新的考核指标把地方资源消耗、环境损害、生态效益等绿色

---

① 邢龙飞."我是生态环境保护第一责任人"[EB/OL].(2018-07-09)[2018-10-29].
http://www.eedu.org.cn/news/envir/homenews/201807/106814.html.
② 中共中央国务院关于全面加强生态环境保护坚决打好污染防治攻坚战的意见[EB/OL].
(2018-07-31)[2018-10-29].http://www.xinhuanet.com/2018-06/24/c_1123028598.
html.

发展纳入考核范围，分值超过整个考核总分一半的分值。《考核指标》责任单位涉及环保、发改委、经信、林业等十几个部门。《考核指标》明确，今后"水、大气、土壤"等专项考核将与《党政领导生态环境保护目标责任书》考核一并进行，并与环境保护督察相衔接，原则上不再单独进行其他环保专项考核，并对各地落实情况进行考评，列入党政绩效考核，成为领导干部选拔任用的重要依据。2017年2月9日，广东省佛山市环境保护工作会议在市机关大礼堂召开。会上，佛山市长代表市委、市政府与五区签订环境保护"党政同责、一岗双责"责任书。2017年2月15日，杭州出台《杭州市人民政府办公厅关于印发杭州市环境保护"十三五"规划的通知》，为空气环境、水环境、土壤环境等方面立下环保军令状，明确提出全市不见臭水沟，出租车排放更清洁等要求。2018年3月13日，上海市人民政府办公厅印发《关于建立完善本市生活垃圾全程分类体系的实施方案》，为垃圾分类下达"军令状"，明确要建立生活垃圾分类投放、分类收集、分类运输、分类处理的全程分类体系，逐步解决"混装混运"等问题。

"环保军令状"对推动城市生态保护和环境污染治理起了重要作用。一方面，明确了相应的责任，基本摆脱了以前环境污染治理推诿扯皮等现象，提高了环境保护相关职能部门的工作积极性；另一方面，"环保军令状"对内容和目标进行层层分解、落实，有利于环境保护工作的顺利开展，变过去环保部门一家管，逐步发展为地方党委和政府牵头负总责，各相关部门根据职责分工，齐抓共管，开创了"党政同责、一岗双责"的环境保护工作新局面。

二、"任务型组织" ▶▶

城市环境政策往往具有多属性目标，执行过程中需要跨部门的合作而不是某个部门的单一行动。以城市雾霾治理为例。雾霾治理涉及发展和改革委员会的项目规划、经济信息化委员会的清洁生产和节能减排、公安部门的汽车尾气排放、建设部门的建筑扬尘污染等，不同部门的分工较为模糊，且缺乏程序化、制度化、规范化的协调机制，部门间的合作和多属性治理迫在眉睫。

信任、合作构成了多属性治理的基本策略。紧密的交往纽带和积极的信任互动共同构成了城市环境治理不可或缺的社会基础。如果将城市环境治理视为一种博弈，那么缺少信任支撑的博弈必将是零和博弈，甚至是负和博弈。信任是合作达成的黏合剂，各元执行主体间的信任关系意味着沟通机制的畅通、信息交流的低成本，因而在一定程度上决定了共同体达成一致行动的可能性与效率。在城市环境政策执行中，相关部门需要以基本规则作为支撑，建立一种信任机制，扩大共识，降低合作成本。城市环境政策执行是一项社会系统工程，涉及资源、技术、资金、法律、政策等多个环节，需要科技、环保、财政、国土管理、法律制定、监察等多个部门的联动。一般来说，人大及其常委会负责起草生态保护的相关法律文件，审议、监督环保执法；生态环境局作为省政府下属部门，负责对全市生态保护工作进行规划、管理、协调和监督；水利、林业、土地、交通、公安等政府部门协助参与生态保护等。只有通过多个部门的合作，出台相关的配套政策，才能产生实质性绩效。除了信任和合作以外，通过整合机制可以有效降低部门狭隘利益倾向的消极影响，防止政策内容陷入"碎片化"。在城市环境政策执行中，生态环境、财政、工商、金融、司法、信访等多部门可通过一定的整合机制，克服单一部门执行的限度。

在中国的政治制度框架下，如何将这三种策略整合在一起？仅仅依靠官僚制来推动，其力量和灵活性明显不足。因为"官僚制组织变成一个巨大的机器，缓慢且笨重地在最初确定的方向上蹒跚前行。它仍然提供服务，或许数量与质量都不错，但其运作的速度与灵活性却在逐步下降"①。所以，必须根据中国现有的政治体制框架特征，运用"任务型组织"的逻辑来推动。任务型组织是"为应对非常规任务而设立的具有临时性特征的组织，它所承担的任务往往是非常规性的，是重大的、紧迫的或复杂的任务，是常规组织无法应对的任务"②。城市环境治理需要任务型组织来实现。因为"许多

① 安东尼·唐斯.官僚制内幕[M].郭小聪，等译.北京：中国人民大学出版社，2006：171.
② 张康之，李圣鑫.拉开任务型组织研究的帷幕[J].南京工业大学学报(社会科学版)，2006(4)：5-16.

任务不是高度专业分工和业务分散的政府体系所能胜任的"①。根据这一逻辑,很多城市成立了"生态环境保护工作领导小组""治理扬尘污染专项行动领导小组""黑臭水体整治工作领导小组"等任务型组织,较好地贯彻落实了"各司其职,密切配合,通力协作,积极参与"的精神。

例如,2013年11月28日,福建晋江成立了以时任晋江市委书记陈荣法为组长、晋江市市长刘文儒为第一副组长的"晋江市生态环境保护工作领导小组"。领导小组下设综合协调办公室、六个专项整治组及考核督查组。其中,综合协调办公室负责组织制定全市生态环境保护和提升工作三年行动方案,提出年度工作任务、目标和措施;组织指导全市开展生态环境保护和提升工作;定时召开联席会议,及时调度、督导检查、通报各专项整治组工作进展情况,研究解决生态环境保护和提升工作中遇到的困难和问题,总结推广先进治理经验。六个专项整治组包括工业污染整治组、农业污染整治组、拦污截污组、河道整治组、流域绿化组和环卫保洁组。六个专项整治组分别由各分管副市长牵头,各职能部门负责。考核督查组以晋江市委副书记、纪委书记曾清金为组长,由晋江市纪委牵头,晋江市委组织部、监察局、效能办、市委督查室、市政府督查室等相关部门组成,主要负责监督考察。

例如,2017年12月29日,河北唐山市生态环境保护工作领导小组成立。时任河北省委常委、唐山市委书记王浩和市委副书记、市政府市长丁绣峰任双组长,全面强化环境保护工作的组织领导和工作落实。生态环境保护工作领导小组下设六个专项领导小组,分别是建筑工地及道路扬尘治理、矿山违法开采治理、全域治水清水润城、"散乱污"企业出清、环保驻企督导、车辆污染整治。再如,2014年,柳州市为了应对雾霾天气治理扬尘污染,成立了"市治理扬尘污染专项行动领导小组"。专项行动领导小组下设办公室,办公室设在市密闭办,负责专项整治活动中的协调、指导和督查工作,及时收集整理各单位、各部门管理工作信息,定期向专项行动领导小组报送整治情况。

---

① 韩志明,胡灿美.重大活动的治理叙事及其运作机制[J].江苏师范大学学报(哲学社会科学版),2018(4):137-148.

三、"运动式治理" ▶▶

"运动式治理"广泛存在于环境政策制定和执行过程。作为一种与中国政治运行特点和政府治理本土化相融合的产物，"运动式治理"根植于地方党委政府应对城市环境问题、主动推进环境治理方式变革的历史进程之中。作为"运动式治理"的典型，环保专项行动成为保护环境、带动地方党委政府开展环境保护工作的手段。

所谓环境"运动式治理"是占有一定政治权力的政治主体，为一定政治客体的环境利益奋斗所采取的一种自上而下式的政治行动。这种政治行动以党政机构的职能发挥为抓手，期望在短时间内通过不同部门力量的横向联合和纵向推动，对城市某些重大突发性事件或一些久拖不决的环境问题采取专项行动的迅疾治理过程。它带有明显的权力先导、体制发动取向及法制化人治的间歇反复特点。这种治理模式往往能得到城市居民的呼应和支持，并迅速、全面地推行，政策执行成效显著。

中国城市环境治理即符合这个特点，在突发性、危害性、影响力较大的环境危害事件发生后，政府会采取突击性的严厉管控措施，在事发区域或领域进行集中治理。这种政策制定工具，通常要借助社会动员机制，寻求上级的政治支持得以推行。这种模式易操作，能够通过动员机制缓解来自城市居民的各种压力，并通过寻求上级的政治支持塑造自身的合法性，很大程度上规避了长期性政策带来的政策压力和风险，使涉及城市环境问题的事项更容易进入政府议程。运动式的环境政策执行表现为以下四个方面的特征：① 环境治理在特定时期内成为一项政治任务。"在中国的政治体制中，一旦事件上升到'政治任务'的高度就变成了一个不计成本、不讲代价、必须完成的工作，没有任何讨价还价的余地。"① ② 环境政策执行在短期内优先于其他任何指标。经济发展、财政等因素都让位于环境保护，环境治理成为地方党委政府的中心工作。③ 环境治理以地方党委政府资源动员为特

---

① 狄金华.通过运动进行治理：乡镇基层政权的治理策略——对中国中部地区麦乡"植树造林"中心工作的个案研究［J］.社会，2010（3）：83-106.

征,由地方党委政府对政治话语权、行政权力、财政资源、人力资源等进行统一组织和分配。④ "任务制"打破常规政策执行模式。环境政策执行围绕其赖以设立的任务而展开,完成任务也就是它的总目标。因此,运动式的环境政策执行通常持续时间较短,具有短期性和间断性特点;执行范围有限,具有特定性、专项性特点;执行过程具有很强的针对性,具有应对式和就事论事的特点。

　　"运动式治理"的本质是行政力量的主导,执政党是有效治理的保证,也是运动式治污的支撑力量。从行政生态视阈分析,任何一种政府治理模式都是一定社会历史条件和行政环境的产物①。从社会历史条件来看,改革开放以来,中央政府对于经济增长的政治需求超过其他各类需求,因而形成了以经济增长为中心的政治激励机制,具有明确可衡量、可比较特征的GDP增长、招商引资、财政税收等成为地方党委政府主要的考核指标,并以晋升、追责、奖惩等制度加以控制。而城市环境治理属于更多样化的政治偏好,缺乏强有力的支持和约束,与干部评价考核和晋升关联较弱,因而隶属于部门一般性任务,缺乏具体和统一的量化指标,无法得到足够和有效的回应,行政监督也比较匮乏,地方官员甚至将操纵统计数据作为地方环境治理的一个捷径②。对单一公共价值和政治需求的关注,造成政治激励模式的扭曲,经济发展之外的诸多公共领域治理不足,日益严重的城市环境污染就是最为突出的表现之一。随着城市环境污染程度的加深,社会舆论关注上升,城市居民对改善环境质量的公共服务需求的增长,污染治理所代表的强大社会改造能力和公共服务精神成为执政合法性的基础,在某种特殊情景下,这种执政合法性会受到国际舆论关注,影响到中国的国际形象。如2014年亚太经合组织(APEC)峰会期间,北京市采取了部分公务员放假、机动车严格限行、周边工厂停工等严格措施。在会议期间,所有环保人员24小时轮流值班,重点检查工厂排污、餐馆油烟以及工地扬尘。这种内在或外在压力倒逼政治需求的变化,唤起中央治理污染的政治决心,

---

① 里格斯.行政生态学[M].金耀基,译.台北:台湾商务印书馆,1978:35.
② 冉冉."压力型体制"下的政治激励与地方环境治理[J].经济社会体制比较,2013(3):111-118.

权力控制和资源供给结构随之改变,环境质量被纳入政治激励和考核的核心指标,由政府部门的"软任务"转型为"硬任务",甚至成为具有最高优先级的"政治任务",从一个"一般任务"变为"中心任务","运动式"治污就得以持续推进①。

从行政环境来看,中国理性官僚和政治官僚之间缺乏明确的边界,政治压力可以比较容易地借助运动方式延伸到科层体制内部。而城市环境治理的科层运行机制面临着官僚惰性、合作动力不足、激励不相容等运行困境,需要一种强有力的刺激来突破科层困境,重塑运作形态。为了让政府行动符合政治需求的转变,中国的威权型治理结构能够通过考核机制的压力传导,调整政府的行为方向及强度。"运动式治理"的发生实际上是政治需求转变导致的一系列高强度的政府权力和资源使用方向的转移。值得注意的是,这种政治需求的转变有可能是基于城市内部战略的需要,如植树造林运动,也有可能是来自外部的压力,如国际社会对中国温室气体减排的要求。因此,当面临环境治理的紧急需求时,为了克服科层体制运行的内在弊端,威权政府都倾向于发动一场"运动",通过压力型体制的激励和约束,动员更多的力量参与,完成对威权的自我强化,这就是"运动式治理"得以形成的两大结构性背景。

城市环境治理很可能面临跨越行政区的治理困境,保护收益和破坏成本很可能都蔓延到邻近地区,这种外部性决定了城市环境"治理联盟"的必要性。从理论上说,要缩小中国政策设计和具体实施之间的差距,需要政府部门之间的密切合作。这一点恰恰是很难做到的,不同的政府部门通常不是持合作的态度,而是相互竞争有限的资源和影响力②。然而,中国通过规则嵌入、机构嵌入和行政嵌入等多种政策工具,组建强大的"治理联盟",探索出一条独特的将中央政府纵向嵌入与地方政府横向协作有机结合的跨区域治理之路。一般说来,地方政府的治理行为更容易受周围群体的影响,

---

① 冯仕政.中国国家运动的形成与变异:基于政体的整体性解释[J].开放时代,2011(1):73-97.

② 易明.一江黑水:中国未来的环境挑战[M].姜智芹,译.南京:江苏人民出版,2012:104-185.

也因此容易结成利益同盟。"一个机构的相关群体是动态的而不是静止的。其中某些组织只是在特定的问题提出或解决时与机构相关,另一些则或多或少不断地与机构发生联系,并将构成该机构稳定的核心群体。……在其他条件相同的情况下,那些经常与某一机构接触的相关群体可能更能够成功地影响这一机构的行为。"①

规则嵌入主要是通过制定相应的规则以提供平台与激励,其主要方式包括建立区域补偿制度、产权交易平台以及进行相应的制度激励等,解决地方政府合作中存在成本分担和利益分配的问题。以京津冀地区城市群的大气污染治理为例。近年来,由原环保部牵头,制定了《京津冀大气污染防治强化措施(2016—2017年)》《京津冀及周边地区2017年大气污染防治工作方案》《京津冀及周边地区2017—2018年秋冬季大气污染综合治理攻坚行动方案》(以下简称《攻坚行动方案》) 及6个配套文件,于2017年8月开展大气污染综合治理攻坚行动计划(以下简称"攻坚行动计划")。《攻坚行动方案》指出,中央财政通过加大污染防治的专项资金补偿支持力度,并重点向"2+26"城市予以倾斜。除此之外,还制定了清洁取暖试点城市奖励资金制度,中央财政对大气污染防治的专项资金和清洁取暖试点城市奖励资金要体现"奖优罚劣"原则,按照相关资金管理办法,对未完成空气质量改善目标或未完成以电代煤、以气代煤任务或重点任务进展缓慢的城市,扣减相关资金,对完成本方案确定目标的地区,按规定增加相关资金安排予以奖励。

机构嵌入是指中央政府根据区域合作治理的需要,牵头区域合作涉及的地方政府或政府部门组成议事协调机构,通过建立沟通、交流和协商平台嵌入区域合作过程,以解决城市间环境治理合作问题的政策工具。以京津冀地区城市群的大气污染治理为例。为推动京津冀协同发展,国务院已成立京津冀协同发展领导小组及相应办公室,由国务院常务副总理担任组长。而且,京津冀三地还由中央政府牵头成立了京津冀及周边地区大气污

---

① 詹姆斯·E.安德森.公共政策制定［M］.谢明,等译.北京:中国人民大学出版社,2009:249.

染防治协作小组，负责相关工作的协调推进。《攻坚行动方案》中明确提出"以北京、天津、河北、山西、山东、河南省（市）人民政府为责任主体，京津冀及周边地区大气污染防治协作小组协调推进，分解任务，落实责任，各有关部门严格按照职责分工落实任务要求"。更为重要的是，《攻坚行动方案》中还提出要"设立京津冀及周边地区大气环境管理相关机构"，这种跨地区环境机构的设立有助于提高跨地区环保统筹协调和监督管理能力，推进跨地区污染联防联控，实现统一规划、统一标准、统一环评、统一监测、统一执法。

行政嵌入是指中央政府通过规定行政措施、制定行政法规、发布决定和命令等方式介入区域合作的政策工具。行政嵌入主要表现为三种具体方式：一是强化任务分工和责任落实；二是加强监测网络体系建设；三是加强监督检查。

2008年绿色奥运的庄严承诺给中国政府提出了严峻考验，为保障北京奥运会期间的空气质量，华北六省（市）签署环境保护合作协议，实施省级联动、部门联动，全面开展二氧化硫、氮氧化物、颗粒物和挥发性有机物的综合控制。之后，2010年上海世博会、2010年广州亚运会、2014年APEC北京峰会、2016年G20杭州峰会分别打破长三角、珠三角、京津冀地区行政界线，实施大气污染省级联动。《攻坚行动方案》对京津冀及周边地区的秋冬季大气污染治理提出了11项主要任务、32项具体任务，每项任务详细阐述了各地需要完成的指标，且部分指标细化到个数，旨在通过可量化的指标保证任务的完成效率。同时，《攻坚行动方案》还提出要实施严格的考核问责制度，对各地空气质量改善和重点任务进展情况进行月调度、月排名、季考核，其方式包括：对每月空气质量改善幅度达不到时序进度或重点任务进展缓慢的地区下发预警通知函；对每季度空气质量改善幅度达不到目标任务，或重点任务进展缓慢，或空气质量指数（Air Quality Index，AQI）持续"爆表"的地区，公开约谈当地政府主要负责人；对未能完成终期空气质量改善目标任务或重点任务进展缓慢的地区，严肃问责相关责任人，实行区域环评限批。

在监测网络体系方面，2002年4月，粤港双方政府签署和发布了《改善珠江三角洲空气质量的联合声明》。随后，两地政府建设了"粤港珠江三角洲空气监控系统""粤港间网络连接通道和平台"，实现监控网络各部分之间的实时通信和数据传输,以该监控网络为基础,粤港政府制定了有针对性的区域污染联防联控的政策。京津冀地区大多数城市已根据实际情况建立了在线监测类、监测管理类、综合性监测管理平台类3类共7种监测机制。在线监测类仅发挥在线动态监测及上传的功能,不涉及数据分析,决策支持等管理功能,一般用于移动源监测、市级以下行政区监测等。监测管理类在发挥动态监测功能的同时,也具有相应的分析数据、在线管理功能,可为政府决策提供技术支撑,目前已应用于京津冀及周边地区部分城市。综合性监测管理平台类不仅拥有动态监测、数据分析、在线管理等功能,还将移动源监管、环境移动执法、建筑施工远程监管、重点大气污染源监控等功能整合,使监测、预警、指挥、执法融为一体,做到智慧治理、综合治理。

在强化督查方面,在2017年11月10日前,原环保部将重点对28个城市所有县(区)在《攻坚行动方案》中的大气污染综合治理任务进行督查,在进入采暖季后,将重点通过热点网格、高架源排放情况、"12369"环境举报热线等线索,调度督查组和各地环保部门对存在问题的区域和行业进行"双向反馈式"督查,并对督查组发现的问题通过发文的方式正式移交地方政府处理。强化督查的方式通过行政手段增加了地方企业和个人不作为、乱作为的成本,从微观角度增强了协同治理的有效性。在考核指标挂钩方面,方案中指出,在完成"以电代煤、以气代煤"等环保要求后,所减少的大气污染排放量纳入相关考核指标核算体系。这种常规性的激励方式可以减少由于中央政府正向强化不足而导致的地方政府怠政、懒政行为,保证区域合作治理的效果。

第三节 城市环境治理激励机制:
政治、财政与道德激励

地方党委政府的政治意愿与能力是环境政策执行及其效果的关键影响因素。环保意愿取决于官员的个人倾向、政治体系的结构以及地方经济

条件等①,但更依赖于"把激励搞对"。"在社会历史领域进行活动的,全是
具有意识的、经过思虑或凭激情行动的、追求某种目的的人"②,这样的人总
是在追求完满,而要退去平庸、实现自我,就需要激励。激励的形式可以是
内在的理想、信念与价值观,也可以是外在的利益、地位与权力。为了把城
市环境政策落细落实落地,只设置专门的机构负责政策实施是远远不够的。
因为这些专门机构不是一个中立和万能的代理人,它们也是过程内生的参
与人,需要给予足够的激励以保证忠诚执行与执行者的利益诉求更吻合。
改革开放以来,中央政府对地方党委政府的激励主要通过政治激励、财政激
励和道德激励三个维度来实现。政治激励主要是通过干部绩效考核这种较
为制度化的考核体系来促使地方党委政府执行环境政策;财政激励表现为
财政转移支付与项目支持对地方党委政府环境行为的影响;道德激励则是
通过一定的形式和手段引发、激活城市核心行为者的道德需要和动机,激发
地方党委政府环境治理行为的发生。

一、政治激励：干部绩效考核 ▷▷

　　城市环境治理的自主性在不同的政策类型中表现出风格迥异的执行行
为:既可能"十分卖力"地执行环境政策,又可能"十分巧妙"地逃避环境
政策。造成基层官员选择性执行环境政策的原因在于上级是否以及在多大
程度上进行政治激励。政治激励是指政策执行者通过忠实地执行上级的政
策所得到的政治层面的奖励。作为政府官员,政治权力的最大化是其追求
的核心目标。在中国的政治体系中,上级党委的竞争性选拔和任命是产生
地方官员的主要方式,因此提拔/升迁是对地方干部而言最重要的政治激励
方式。由组织部门主导的自上而下的干部指标考核体系定期对各级党政官
员进行政绩考核,是体现党管干部、监督地方官员落实中央政策的一种制度

---

① LI WANXIN, HIGGINS P. Controlling local environmental performance: an analysis of three
national environmental management programs in the context of regional disparities in China
[J]. Journal of Contemporary China, 2013, 22 (81): 409-427.
② 中央编译局.马克思恩格斯选集:第4卷[M].北京:人民出版社,1995:149.

性安排。

在改革开放40年的经济发展过程中，中国采取了非常独特的激励方式来调动地方官员推动地方经济发展的积极性，这种激励方式就是将地方官员的政治升迁与当地经济增长挂钩。GDP增长率、财政收入增长率是具备严格约束力的"硬指标"，带有"一票否决"的性质。"一票否决"的设立旨在向下级政府阐明绝对要避免的情况或必须满足的标准。

2006年7月，中央组织部印发实施了《体现科学发展观要求的地方党政领导班子和领导干部综合考核评价试行办法》，加大了环境保护的指标和分量。2007年，辽宁省C市的干部考核指标主要包括以下六个方面的内容：① 经济发展，主要分解为GDP增长率和财政收入增长率两项数字指标；② 维护社会稳定，主要分解为群体性事件和越级上访两项数字指标；③ 教育、科技、文化、医疗和体育事业发展；④ 环境保护和人口与计划生育；⑤ 社会治安；⑥ 坚持党的各项方针政策[①]。在当时的考核体系中，环境保护只是一项志愿性指标，其约束力较弱。

2009年6月，中共中央办公厅印发《关于建立促进科学发展的党政领导班子和领导干部考核评价机制的意见》。2009年7月，中组部印发《地方党政领导班子和领导干部综合考核评价办法》《党政工作部门领导班子和领导干部综合考核评价办法》等文件。根据文件规定，对党政领导干部的实绩考核除了经济指标外，还需考查节能减排与环境保护、生态建设与耕地、资源保护等和生态文明相关的指标。党的十七大报告明确提出，建设生态文明，要求"完善体现科学发展观和正确政绩观要求的干部考核评价体系，形成干部选拔任用科学机制"，使关于改进干部绩效考核的探索更加深入。

党的十八大以来，建立体现生态文明要求的干部绩效考核制度成为改进干部绩效考核的新思路。党的十八大报告提出，"要把资源消耗、环境损害、生态效益纳入经济社会发展评价体系，建立体现生态文明要求的目标体系、考核办法、奖惩机制"。党的十八届三中全会提出，要"完善发展成果考核评价体系，纠正单纯以经济增长速度评定政绩的偏向，加大资源消耗、

---

① 资料来源于田野调查中收集到的政府公文。

环境损害、生态效益、产能过剩、科技创新、安全生产、新增债务等指标的权重"。习近平总书记多次强调"建立体现生态文明要求的目标体系、考核办法、奖惩机制"和"领导干部的责任追究制度",将生态建设指标"纳入经济社会发展评价体系",并且"要占很大的权重"。

上述思路形成了改进干部绩效考核制度的保障。2013年12月,中组部出台《关于改进地方党政领导班子和领导干部政绩考核工作的通知》,要求各地区各部门"抓紧清理和调整考核评价指标,废止不符合中央要求的制度规定,树立正确的考核导向";2014年1月,中央修订《党政领导干部选拔任用工作条例》,提出在考察党政领导职务拟任人选的环节,要注重考察工作实绩,"加大资源消耗、环境保护、消化产能过剩、安全生产、债务状况等指标的权重,防止单纯以经济增长速度评定工作实绩"。上述文件标志着改进干部绩效考核已经从中央的宏观战略思路正式进入组织部门的操作层面,为生态文明建设成为党政领导干部选拔任用考核指标建立了制度规范。

通过将生态环保考核纳入领导干部综合考核评价并与晋升等激励密切联系起来,意味着生态环保成为考核评价的一个"硬指标"。环保绩效考核确实在逐步发挥作用。有实证研究表明,城市环境质量和能源利用率的改善对市长的晋升概率具有积极影响[1]。环保绩效考核有利于激励地方干部严格执行环保政策。生态环境指标的"硬化"大多是从两个途径来进行:一是增加了生态环境指标占全部绩效考核的比重;二是将生态环境考核作为"一票否决"内容。例如,2012年,北京市政府率先提出"环境优先"的发展战略,提出"牢固树立科学发展理念,正确处理环境保护与经济社会发展的关系,坚持环境优先,自觉服从保护环境的要求",并且将污染物总量控制、环境质量等指标纳入政府绩效考核,并实行环保问责制和"一票否决"[2]。2017年,上海正式发布《关于本市全面推行河长制的实施方案》,将河长制实施情况纳入上海市政府目标管理,并将其作为地方党政领导干部综合考核评价的重要依据。

---

[1] 孙伟增,罗党论,郑思齐,等.环保考核、地方官员晋升与环境治理——基于2004—2009年中国86个重点城市的经验证据[J].清华大学学报(哲学社会科学版),2014,29(4):49-62,171.

[2] 关于贯彻落实国务院加强环境保护重点工作文件的意见[R].北京市人民政府,2012.

二、财政激励：纵向和横向财政转移支付 ▶▶

从内在动机来看，对于城市官员而言，政治人是其最核心的特质，所以，以政治晋升为代表的政治利益是其利益追求中最主要的部分。同时，与市场主体相同的是，城市官员还是经济人，但由于他们不拥有生产资料，所以，城市官员在经济利益上的追求便演化为财政收入最大化。与政治激励论的逻辑不同，财政激励论认为，预期经济收益对地方政府执行中央政策的影响更具根本性。如果执行一项政策能够增加财政收益或获取附加性优惠政策，地方政府就会真正行动起来，将政策目标转化为实际结果。按照可持续发展、精明增长等概念的含义，可持续发展政策既可以增加经济效益，也可以增加环境福利。国外学者奥茨、施瓦布等人认为，基层政府具有一定的财政自主权后，能够根据当地居民偏好制定优于中央政府的环境政策，从而有利于当地环境改善①②。国内学者谭志雄、张阳阳应用环境投入产出模型研究表明，财政分权度越高的地方政府，越有充足的资金治理环境，从而得出财政分权与环境污染负相关的结论③。薛钢、潘孝珍指出地方政府为获得中央政府的财政转移支付，会选择与中央政府目标一致，在治理环境方面会更为理性，故他们认为财政支出分权有利于减少环境污染④。

政府的公共财政投入在环境保护上能够起到特殊的作用。"一是强制作用，通过足够的政府投入，建立环境监管能力，保证各类主体履行环保投入的职责；二是引导作用，通过政府的环保投入，创造有利条件，引导社会资金进入环保领域；三是平衡作用，平衡区域间的差异，特别是中央政府的

---

① OATES W E. Environmental policy in the European community: harmonization or national standard? [J]. Empirica, 1998(1): 1–13.

② OATES W E, SCHWAB R M. The impact of urban land taxation: the Pittsburgh experience [J]. National Tax Journal, 1997(1): 1–21.

③ 谭志雄，张阳阳.财政分权与环境污染关系实证研究[J].中国人口·资源与环境，2015（4）：110–117.

④ 薛刚，潘孝珍.财政分权对中国环境污染影响程度的实证分析[J].中国人口·资源与环境，2015（4）：77–83.

环保投资,重点在于平衡区域差异。"①毋庸置疑,公共财政投入相当于传统的环保政策,地方党委政府将其视为再分配性政策,为了"综合效益最大化"而采取环境治理行动。

2006年以前,环境保护财政支出在政府收支科目分类中并没有独立的账户,相关的财政支出列入"城市维护建设支出"中。2007年之后,环境保护财政支出首次拥有了独立的账户——"211环境保护"支出,包括10大项、50小项,不再依附于其他政府职能的支出款项。财政环境保护支出账户的独立化,意味着环境保护工作日益得到政府的关注和支持。根据2016年中国统计年鉴的数据,从2007年到2015年,中国政府用于环境保护的财政支出从995.82亿元增加到4 802.89亿元,年均增长22.31%,超过了同期财政总支出17.22%和GDP 8.64%的增长速度。近年来,各地方政府不断加大财政投入环保的力度。例如,2016年上海市的政府工作报告显示,环保投入占GDP的3%左右。2017年,重庆市"211节能环保"支出154.5亿元,同比增长13.5%,其中市本级支出34.8亿元,同比增长35.7%。《2017年苏州市环境状况公报》显示,2017年苏州环保投入资金约661.07亿元,比上年增长3.1%,占地区生产总值(GDP)的比重达3.82%。

在城市环境治理过程中,地方官员不仅面临财政纵向转移支付的强激励,同时也面临着财政横向转移支付的软激励。由于生态环境具有较强的外溢性,导致了经济发达城市免费享受欠发达城市提供的生态服务。因此,建立基于生态补偿的横向转移支付制度能有效激励各城市保护生态环境的积极性。生态补偿是为改善、维护和恢复生态系统服务功能,调整相关利益者因保护或破坏生态环境活动产生的环境利益及其经济利益分配关系,以内化相关活动产生的外部成本为原则的一种具有经济激励特征的制度②。实际上,生态补偿是一种"削峰填谷"式的财政平衡机制。十八大报告指出,"建立反映市场供求和资源稀缺程度、体现生态价值和代际补偿的资金有偿使用制度和生态补偿制度"。十八届三中全会提出,实行资源有偿使用

---

① 苏明,刘军民,张洁.促进环境保护的公共财政政策研究[J].财政研究,2008(7):20-33.
② 任勇,俞海,冯东方,等.建立生态补偿机制的战略与政策框架[J].环境保护,2006(19):18-23,28.

制度和生态补偿制度,完善对重点生态功能区的生态补偿机制,推动地区间建立横向生态补偿制度。2015年9月,中共中央、国务院印发的《生态文明体制改革总体方案》,将完善生态补偿机制作为生态文明制度建设的重要内容,并明确要求要"探索建立多元化补偿机制,逐步增加对重点生态功能区转移支付,完善生态保护成效与资金分配挂钩的激励约束机制"。2016年4月,国务院印发的《关于健全生态保护补偿机制的意见》,将"完善重点生态区域补偿机制"列为我国生态补偿体制机制创新的重要任务之一。十九大报告明确指出,"在生态文明建设中应坚持人与自然和谐共生,加大生态系统保护力度,建立市场化、多元化生态补偿机制"[1]。江苏早在2013年便在全国率先出台《生态补偿转移支付暂行办法》。

以环鄱阳湖城市群流域生态补偿为例。江西省政府出台了《江西省流域生态补偿办法》,对江西省流域生态补偿的实施范围、基本原则、资金筹集和资金分配进行了详细规定。这一补偿办法直接将江西省政府界定为补偿主体,将全省100个县(市、区)界定为补偿客体,运用因素法并结合补偿系数对流域生态补偿资金进行两次分配。其中因素法选取水环境质量、森林生态质量、水资源管理三项指标作为主要因素,补偿系数则根据"五河一湖"及东江源头保护区、主体功能区、贫困地区来分类确定,通过对比国家重点生态功能区转移支付结果,采取"就高不就低,模型统一,两次分配"的方式来最终计算各县(市、区)的生态补偿标准。

再以新安江流域生态补偿为例。新安江发源于安徽省黄山市休宁县六股尖,横跨皖浙两省,是钱塘江正源、浙江千岛湖最大的入境河流。2012年,浙江、安徽两省签署《关于新安江流域上下游横向生态补偿协议》。由中央财政部牵头,拿出3亿元专项拨付给上游省份安徽省用于新安江的水生态环境改善建设。协议中明确指出,若三年后,水质达标,下游省份浙江省将给予上游省份安徽省1亿元的水生态补偿资金;若三年后,水质不达标(变差),上游省份安徽省需划拨给下游省份浙江省1亿元;若水质无变化,则双

---

[1] 习近平.决胜全面建成小康社会夺取新时代中国特色社会主义伟大胜利——在中国共产党第十九次全国代表大会上的报告[M].北京:人民出版社,2017:50-52.

方互不补偿。经过首个为期三年的新安江试点，新安江水质得到极大改善，下游浙江省的水源也有了可靠保障。2016年12月8日，安徽、浙江两省正式签订了新一轮的新安江流域上下游横向生态补偿协议。协议中明确，中央财政还是每年拿出3亿元作为水生态环境治理基金补偿给上游安徽省，而安徽和浙江两省分别拿出2亿元，共同作为生态补偿基金，相较之前，两省各增加了1亿元资金的投入。在此生态补偿框架下，新安江的源头所在地黄山市生态保护和环境治理的积极性大大增强。从2012年签署生态补偿协议以来，黄山市将60.7亿元投入生态保护：在覆盖流域所有68个乡镇建立垃圾处理体系，聘用农村保洁员2 791名；16支打捞队分布新安江600多条干流，定期打捞；养殖网箱拆除了，禁养区畜禽养殖场计划全部搬离，农药、化肥集中配送，入河排放口截污改造，城镇、农村生活垃圾处理率分别达100%和80%。在新安江发源地黄山市休宁县，10个矿泉水瓶兑换一包黄酒，5节旧电池兑换一包盐……"垃圾兑换超市"成了村里最受欢迎的聚集点。如今，休宁"垃圾兑换超市"已发展到14家，并在省内外许多地方推广。在新安江上游涵养地宣城市，政府加大力度建了5个自然保护区、13个森林公园，从横向上保障了新安源的活力。

三、道德激励：党校系统环境教育和党委理论学习中心组专题学习 ▶▷

　　与政治激励、财政激励对城市环境政策执行者的激励不同，道德激励的价值主要体现在心理和认知层面。作为道德教化的一种内在机制和重要手段，道德激励往往是和以教育为基础形成的价值观念、认知方式、态度、信仰等密切相关，是把道德理性转化为道德行为的必不可少的中介和桥梁。具体到环境政策执行中的道德激励，可将其简单定义为：为政策执行者建立政策学习机制，让他们知道某一项政策是合理、合法和正当的，忠诚地执行是应该做的正确事情。

　　由于认识到学习机制在政策过程中的重要性，美国学者萨巴蒂尔、詹金斯-史密斯提出"政策导向的学习"（policy-oriented learning）概念。"以政策为导向的学习是在人们针对价值的权威分配和运用政府政策工具维护自身利益、展开相互竞争这一政治过程的背景下发生的。"①这种政策学习不同于为了寻求"真理"而展开的自由探索,它具有明确的目的性和导向性。正如美国学者彼得·霍尔所说,学习是一种"根据过去政策的结果和新的信息,调整政策的目标和技术的有意尝试,以更好地实现政府的最终目标"②。中国一向重视干部的"思想政治教育工作",认为有效的政策执行依赖于建立完善的学习机制。按照组织部门的规定,领导干部都必须定期到各级相关党校或行政学院进行培训,目的是为了培养一批政治精英,既忠诚又有能力执行中央政府的各项政策。David Shambaugh的研究发现,中共对社会经济发展做出的适应性"收缩与调适"、中央政策的调整和变化透过党校课程设置的变化体现得非常明显③。赵勇认为,党校培训能够起到政策制定与执行之间的衔接作用。"一方面,党的领导人或党的部门负责人定期到党校作报告,介绍当前最新政策和形势,使作为政策执行者的学员了解政策制定背景和意图等,有利于政策执行的推进;另一方面,教师对政策进行分析和解读,有利于加深学员作为执行者对政策的理解。"④

中央党校(2018年与国家行政学院合并)的培训能够加深城市环境政策执行者对中央政策的了解和认知。一是无法在内部获得所需知识的情况下,通过权威官员或学者的解读或信息传递,城市环境政策执行者能够明晰"做正确的事""正确地做事"。二是城市环境政策执行者在遇到棘手问题时,能够根据问题的性质判断解决问题所需要的知识,即对所需知识有判断和自主选择的能力,在此过程中,城市环境政策执行者并非被动学习,而是会根据本地情况采取调适性策略,有学者将这种发展路径称为"边干边学"

① 保罗·A.萨巴蒂尔,汉克·A.詹金斯-史密斯.政策变迁与学习:一种倡议联盟途径[M].邓征,译.北京:北京大学出版社,2011:44.

② HALL P A. Policy paradigms, social learning and the state: the case of economic policy-making in Britain[J]. Comparative politics, 1993, 25(3): 275-296.

③ DAVID SHAMBAUGH. Training China's political elite: The Party School System[J]. China Quarterly, 2008(196): 824-844.

④ 赵勇.政策的"解码"和"编码"——政策过程中的中国共产党党校[J].上海行政学院学报,2013,14(1):60-63.

模式①。三是城市环境政策执行者为了获得知识，需要与他人沟通，并与他人建立伙伴关系，客观上满足了许多人竭力编织的"人脉"需求。对知识型组织的城市环境政策执行者来说，学习培训的内在自我激励效果甚至优于外在激励。因此，在党校或行政学院设置更全面有效的环境教育课程，可以成为中央政府从道德上激励地方官员执行环境政策的主要渠道。党的十八大以后，中央党校进修部举办了多期地厅级"生态文明"专题班，作为加强"五个建设"内容的一部分。比如，2014年11月，中央党校举办了湖州市生态文明建设专题培训班，5天时间、11场讲座，中央党校按照厅局级主体班标准为本次培训安排师资，向湖州市66名县处级和科级干部讲述生态文明建设的宏观理论和微观案例。2015年7月8日，中央党校第64期厅局级干部进修班"生态文明建设"专题班，举行生态建设实践与探索专题研讨。到2016年，中央党校所有的主体班次都已开设了生态文明建设的专题讲座，并做出相关的教学计划和教学安排，引导省部级、市级、县级领导学习生态文明建设的知识②。

在地方层面，一些省级、市级党校也开设了"生态文明"课程。云南省委党校举办"云南跨越式发展生态文明建设专题培训班"。浙江省委党校在中青年干部培训班的教学计划中，把"推进生态文明建设，构建环境友好型社会"作为一门专题辅导课。2016年，无锡市委党校举办了全市生态文明建设专题培训班，参加对象为各市（县）、区涉农镇（街道）（含已编制或计划编制生态文明规划的镇或街道）分管领导及环保部门负责人；各市（县）、区拟争创国家生态文明建设示范村的相关负责人；各市（县）、区环保局分管领导以及职能科室主要负责人；正在编制或拟编制生态文明镇（街道）规划的编制单位。2018年，深圳市委组织部与人居环境委联合举办的2018年生态文明建设第一期专题研讨班顺利结课。本次研讨班是深圳市委党校2018年新增设的专题研讨班，参加对象为市直相关单位及各区从

---

① 正毅.理解中国转型：国家战略目标、制度调整与国际力量［J］.世界经济与政治，2005（6）：7-14，4.

② 光明网.关注生态文明建设热点与难点的党校教授［EB/OL］.（2016-04-22）［2018-10-12］.http://theory.gmw.cn/2016-04/22/content_19818673.htm.

事生态文明建设的局、处级领导干部。

除了党校系统的培训外,党委理论学习中心组学习制度也是对地方政府环境政策执行者开展道德激励的一种自我保障性规定。党委理论学习中心组学习制度在设计中既突出重点,又注重长效学习机制的建设及相互之间的配合,还强调关键制度的纵深发展,因而对提升地方政府环境政策执行者就环境保护在其价值观、心理层面的认同感大有裨益。

中央政治局集体学习制度是党从十六大以来建立的一项重要学习制度。比较分析历次中央政治局集体学习的内容,从2002年1月—2018年7月,中共中央政治局共进行了127次集体学习,其中涉及生态环保相关主题的有5次,分别为:2008年的"全球气候变化和我国加强应对气候变化能力建设",2010年的"关于实现2020年我国控制温室气体排放行动目标问题",2013年的"大力推进生态文明建设",2017年的"推动形成绿色发展方式和生活方式",2018年的"建设现代化经济体系"。其中,2018年的主题学习明确了"建设资源节约、环境友好的绿色发展体系"是现代化经济体系的重要特征之一。

在地方层面,省、市级党委理论学习中心组学习制度也取得了长足进步。不少城市在党委理论学习中心组专题学习中加大了生态保护主题的权重。2017年7月20日至7月21日,西宁市委中心组举行专题学习会,市委中心组成员自学了习近平总书记关于生态文明建设重要论述摘编,党中央国务院关于加快推进生态文明建设的意见、生态文明体制改革总体方案等文件,国务院《大气污染防治行动计划》《水污染防治行动计划》《土壤污染防治行动计划》等文件,中共中央办公厅、国务院办公厅《党政领导干部生态环境损害责任追究办法(试行)》文件,并联系西宁生态环保工作的实际,认真深入思考,撰写读书笔记。2018年6月11日,重庆市委理论学习中心组举行专题学习会,深入学习贯彻习近平生态文明思想和全国生态环境保护大会精神。上海市委中心组于2018年6月12日下午举行学习会,听取生态环境部环境规划院院长王金南院士关于深入学习贯彻习近平生态文明思想,坚决打好污染防治攻坚战的专题辅导报告。2018年7月6日上午,深圳市委理论学习中心组(扩大)学习会邀请生态环境部副部长赵英民以"深入学习贯彻落实习近平生态文明思想坚决打好污染防治攻坚战推动绿色发展和生态文明建设"为主题作专题辅导报告。

第四节　城市环境治理约束机制：地方人大和政协的监督与中央环保督察

对城市环境政策执行的过程和结果进行监督与反馈是一个完整政策过程的重要阶段。为了实现城市环境政策的落实落地落细，不但需要恰当的激励，更需要强有力的监督和反馈。从20世纪70年代开始，中国目前已经形成了同级人大法律监督、政协民主监督、司法机关监督、上级行政机关监督、社会监督、舆论监督的符合中国国情的城市环保监督体制。其中，人大法律监督、政协民主监督和中央环保督察彰显了中国特色，也是本书重点讨论的内容。

一、地方人大和政协的监督 ▷▷

1982年通过、2018年第5次修订的《宪法》，其第104条规定了地方人大常委会享有本行政区域内的重大事项决定权、对政府工作的监督权、撤销本级政府不适当的决定和命令权、对国家机关人员依法任免权等。2006年通过的中国《各级人民代表大会常务委员会监督法》对人大常委会的监督权作出明确而具体的规定。针对政府环保工作，该法规定人大常委会可采取的监督措施有：听取和审议政府有关环保工作的专项报告；对有关环保工作进行视察或者专题调查研究；将专项环保工作报告及审议意见，政府对审议意见研究处理情况或者执行决议情况的报告，向人大代表通报并向社会公布；有计划地对有关环保法律、法规实施情况组织执法检查并及时提出执法检查报告，跟踪检查政府对于执法检查报告的研究处理情况，将相关情况向人大代表通报并向社会公布；对政府制定的有关环保规范性文件进行备案审查；审议环保议案和有关环保工作报告时，要求政府或者有关部门的有关负责人员到会,听取意见,回答询问;县级以上人大常委会可以向政府及其环保部门提出质询案;可以组织关于环保特定问题的调查委员会并向常委会提出调查报告,由其作出相应的决议、决定;审议和决定有关政府环保工作人员的撤职案等。2014年修订的《中华人民共和国环境保护法》第27条规定:县级以上人民政府应当每年向本级人民代表大会或者人民代表大会常务委员会报告环境状况和环境保护目标完成情况,对发生的重大环境事件应当及时向本级人民代表大会常务委员会报告,依法接受监督。与人大监督权力的合法性来源有所不同,政协不是国家权力机关,但被赋予了"民主监督"的职能。政协的监督是一种共产党与民主党派之间的"民主监督",具体监督的内容包括:国家宪法与法律的实施情况,党和国家领导机关制定的重要方针政策的执行情况,国家机关及其工作人员履行职能、遵纪守法、为政清廉情况等。

由此可见,在中国的政治系统中,人大和政协是目前政治系统内部对城市环境政策执行结果进行监督的核心主体之一。从现行法律规定来看,同级人大对地方政府环境治理监督的机制主要有:开展执法检查,听取和审议政府工作报告以及环保专项报告,对政府首长或政府环保部门有关负责人提出询问,对政府或其环保部门提出质询案,撤销同级政府有关环保方面不适当的文件,等等。人大和政协常用的方式是听取审议专项工作报告、调查、视察、执法检查等的监督手段,而真正能够体现民意代表的质询、特定问题调查、撤职、罢免等硬性、力度大、决定性的监督手段用得很少①。

随着环境问题的恶化和城市居民对美好生态环境期望值的不断提高,环境议案成为近几年来地方人大报道的特点。2015年,苏州市十五届人大四次会议提交议案19件。其中,保护苏州水乡生态环境成为代表们关注的焦点,谢怀清等14名代表提出了关于"提升城区水巷环境综合治理工作成效"的议案,冯正功等13名代表提出了关于"加强苏州水乡传统风貌保护"的议案,黄学贤等15名代表提出了关于"加快划定城市边界线,有效保护苏

---

① 冉冉.环境治理的监督机制:以地方人大和政协为观察视角[J].新视野,2015(3):73-77.

州生态空间"的议案。2017年上海市十四届人大五次会议收到议案24件,近四成涉及环保工作。人大及其常委会发挥监督作用的另外一个表现是专题询问。2017年,山东日照市十八届人大常委会第九次会议举行联组会议,审议市政府关于2017年度全市环境质量状况和环境保护目标完成情况的报告,并对全市环境保护工作展开了一场面对面的专题询问。人大常委会委员聚焦生态环境,直指难点、痛点,连连发问,市环保局、住建局、水利局、国土局等部门负责同志直面问题,坦诚作答。

为了加强对人口、资源和环境问题的政治协商和民主监督,各级政协大部分都专门设立了人口资源环境委员会。在政治协商和民主监督的实践中,一些地方政协充分利用政协界别和政协委员的专业优势,积极推进生态环境保护工作。2017年11月,江苏省政协组织政协委员到常州市开展重点提案督办,推进长江生态环境保护。河北省政协近5年来分别把改善大气环境质量、科学治霾、加快城乡绿化步伐、加强水资源保护、推进清洁取暖列为年度1号提案;5年共举办38次调研、视察、座谈活动,200多名委员参与,提出的69条建议全部被采纳;特别是围绕大气污染治理等方面,河北省政协委员积极建言献策,5年来共提出提案424件,推动了全省生态环境保护工作大发展。浙江省杭州市政协设立了市政协派驻市环保局民主监督小组组长,是政协委员积极投身生态环境整治、推进环境建设、督查环境问题、遏制环境污染、建言环境保护的排头兵。

二、中央环保督察 ▶▶

中央环境保护督察是指由中央主导开展的环境保护督察,是中国加强生态建设和环境保护工作、落实环境保护党政同责的一项核心制度安排,有助于解决地方党委和政府在落实城市生态文明和环境保护中"一把手"的主体责任。由于中国实行的是环保部门统一监督管理与相关职能部门分工负责相结合的环境保护行政管理体制,这种模式有利于发挥各主管部门的业务优势,在抓主业的同时抓环保。但在实际工作中,生态环境部与"有关部门"同属政府平行部门,不存在领导与被领导、管理与被管理的关系,因此,统一监督管理职责往往难以有效发挥。在国家层面如此,在城市层面则表现更为明显。长期以来,中国环境治理体制的基本特征之一是国家宏观驱动、地方负责落实,因此督促地方党委政府及有关部门落实环境保护责任是环境保护工作的重中之重。再加上,城市生态环境部门在横向上对于各城市环境治理相关部门缺少必要的监督手段,如海洋、交通、铁道、民航等环境污染防治监督管理部门和土地、矿产、林业、农业、水利等资源保护监督管理部门无法履行监督管理职责,更遑论发改委、工信、财政等综合部门,一定程度上影响了环保合力的发挥。在这样的背景下,高层政治力量介入不仅成为必要也成为必需。

中央环保督察是指生态环境部通过约谈、限期治理、区域限批、挂牌督办等方式,监督地方政府在国家环境政策、法规、标准以及环境执法方面的落实情况,查办重大环境污染与生态破坏案件,协调跨省域环境保护工作,参与突发环境事件应急响应与处理,负责跨域环保案件的投诉受理的行政督查制度体系。2006年4月,为贯彻胡锦涛同志在第六次全国环境保护大会上提出环保工作十二字方针——"国家监察、地方监管、单位负责"的要求,原国家环境保护总局(以下简称"总局",2008年升格为环境保护部,2018年改为生态环境部)参照国土资源部等几个部门比较成功的经验,借鉴美国等国家的大区管理方式,在全国成立六大区域督查中心,按照行政区域划分开展督查。督查中心为参照《中华人民共和国公务员法》管理的事业单位,受总局领导,对总局负责,受总局委托开展工作,但不指导地方环保部门的业务工作。

2006—2013年,督查中心受国家环保部门委托,基本上以一事一委托的形式开展工作,工作内容以现场检查为主,将检查结果上报国家环保部门并提出工作建议。区域环保督察机构行使的主要是对地方执行环境法律、政策等情况进行检查的职能。但是,区域环保督察机构不属于行政管理主体而是事业单位,并且其督查权力仅有《国家环保总局环境保护督查中心组建方案》《环境行政执法后督察办法》等行政机构内部文件和低规格立法作为依据,缺乏高规格的行政法律依据。作为事业单位的督查机构,难以对地方环保部门和企业进行检查,因为没有明确的法律规定,使督查机构的职能在法律依据上有些尴尬:区域环保督察机构缺乏直接的督促职能,主要履行现场检查的职能,相关的督促职能实际上由环保部来执行,导致督察中心没有执法权,只有调查权,无法处置现场发现的问题;其工作职责和城市环保部门有交叉,存在工作效率低、扎堆检查企业的问题;跟踪督办机制不完善,发现的问题常常解决不及时;没有督政的制度安排,监督地方党委政府的职责一直没有落实。

党的十八大以来,中央为落实环境问责和强化环境治理绩效,首先建立和完善了相关法规和制度。2012年,修订后的《中国共产党章程》明确规定:中国共产党领导人民建设社会主义生态文明。2013年5月,习近平总书记指出,"要建立责任追究制度……对那些不顾生态环境盲目决策、造成严重后果的人,必须追究其责任,而且应该终身追究"①。2015年1月实施的新《中华人民共和国环境保护法》规定:地方各级人民政府应当对本行政区域的环境质量负责,对生态责任追究做出了强化。2015年3月,中共中央政治局召开会议,审议通过《关于加快推进生态文明建设的意见》,要求"各级党委和政府对本地区生态文明建设负总责"。2015年8月17日,中国政府网公布中共中央办公厅、国务院办公厅印发的《党政领导干部生态环境损害责任追究办法(试行)》,进一步明确地方各级党委、政府对本地区生态环境和资源保护负总责,中央和国家机关有关工作部门、地方各级党委和政府的有关工作部门及其领导人员按照职责分别承担相应的责任,实行生态环境损害责任终身追究制。与此同时,在中央相关政策的指引下,2015年以来中国地方治理层面的生态问责条例正式公布。如基于《党政领导干部生态环境损害责任追究办法(试行)》,浙江省出台了《浙江省党政领导干部生态环境损害责任追究实施细则》,从地方生态治理的具体实践出发进一步明确了生态治理中责任追究的具体工作机制。湖南省则立足于湘江水环境治理实践下发了《关于在湘江流域推行水环境保护行政执法责任制的通知》,明确提出实行领导班子成员生态文明建设的一岗双责制。此外,天津、江西、湖北、安徽等地均基于自身实践出台了相关的生态责任追究细则,这些条例为我国生态问责制的具体化运作提供了基本框架。

---

① 习近平关于社会主义生态文明建设论述摘编[M].北京:中央文献出版社,2017:100.

中央政府的高位推动，以及在"政策落地"过程中的巡视、监督和检查，是中央环保政策在城市层面得到真正执行的关键。2015年7月，中央深化改革组审议通过《环境保护督察方案（试行）》，明确建立环境保护督察制度。2016年，国家环境保护督察办公室成立。中央环境保护督察是加快生态文明建设、落实环境保护党政同责的规范化、常态化的核心制度之一①。

中央环保督察具有以下特点：第一，"巡视"级别高。从2015年底到2017年10月，中央环保督察分4批，已经完成对31个省（区、市）的督察。从四次督察的督察组成员来看，中央环保督察组的组长主要由全国人大、全国政协各专门委员会主任或副主任担任，他们大多曾在省（自治区、直辖市）、各部委或两院担任过党政主要领导职务，副组长由环境保护部现职副部级领导担任，从而形成了"中央环保督察组—督察办公室"自上而下的督察组织体系，大大提高了组织的权威性。第二，强化"党政同责""一岗双责"。中央环保督察组同时督察党委和政府领导成员，各省的被督察对象包括：各省（自治区、直辖市）党政主要领导成员及班子其他领导成员，省人大和政协主要领导、党委和政府有关部门主要领导以及所在地方党政主要领导成员及班子其他领导成员等。第三，督察自省下沉，压力逐级传导。中央环保督察组从省级层面督察开始，通过与省级主要领导个别"约谈"，调阅党政相关资料，采取走访问询、受理举报、现场抽查等多种方式。根据省级层面梳理出的问题，中央环保督察组将督察进一步下沉至地市，对各类问题梳理归档，开展有针对性的补充督察②。

督察的重点对象是省级党委和政府及有关部门，并延伸至地市级党委和政府及问题突出的县级党委和政府。督察内容是重点了解省级党委和政府贯彻落实国家环境保护决策部署、解决突出环境问题、落实环境保护主体责任，推动被督察地区生态文明建设和环境保护，促进绿色发展。督察方式主要包括召开会议、与省级四套班子领导同志及有关部门主要负责人个

---

① 翁智雄，葛察忠，王金南.环境保护督察：推动建立环保长效机制［J］.环境保护，2016，44（4）：90-93.

② 翁智雄，葛察忠，王金南.环境保护督察：推动建立环保长效机制［J］.环境保护，2016，44（4）：90-93.

别谈话、查阅文件、走访问询有关部门等。为了防止生态环境问题反弹，持续发挥督察震慑效果，中央环保督察还开展了"回头看"工作。在"回头看"期间，督察组深入调查、核实具体的生态环境问题，及时转办、督办公众生态环境举报，进一步传导督察压力。

环保约谈是中央环境保护督查制度的依托载体。环保督政约谈实践始于地方①，但它被当作环保法实施的"利器"进而刮起"约谈风暴"却是在2014年5月《环境保护部约谈暂行办法》实施之后。尽管中央环保督察取代环保约谈成为舆论关注的焦点，但作为其中的一个环节，环保约谈依然在督促党委和政府履行环境职责方面得到了重要作用。环保约谈制最初是针对某一个污染严重企业或事件，由环保部约谈相关负责人或单位督促其积极采取污染治理行动的非强制行政行为。随着环保责任和监督对象的明确，环保约谈制的重点开始从"督企"转向"督企与督政并重"。在原国家环保部2014年底制定发布的《综合督查工作暂行办法》中，将环保督察的对象从"排污单位为主"转为"政府、有关职能部门和排污单位"；在2015年的《全国环境监察工作要点》中明确为"查督并举、以督政府为主"。2015年新修订的环保法明确规定，"地方各级人民政府依法应当作出责令停业、关闭的决定而未作出的，造成严重后果的，其主要负责人应当引咎辞职"，新环保法中有82个"应当"，多数是对政府环保职责的设定；《大气污染防治行动计划》《水污染防治行动计划》等环保专项计划中也对"约谈"做了相关规定，进一步完善了环保约谈制的法律基础。

自2014年5月《环境保护部约谈暂行办法》实施以来，截至2018年5月，已有61个地方政府被生态环境部（原环保部）约谈。

2014年，被约谈的地方政府有6个，分别是湖南省衡阳市、河南省安阳市、贵州省六盘水市、黑龙江省哈尔滨市、辽宁省沈阳市、云南省昆明市。

2015年，是新环保法实施的第一年。除了1月和10月没有约谈外，其余每个月都约谈了地方政府。其中，2月约谈了吉林省长春市、河北省沧州市、

①　早在2009年3月，浙江省环保局为深入推进减排工作，分别约谈了金华、衢州和绍兴三市政府主要负责人。参见赵晓，陈俊.省环保局长分批约谈市长[N].中国环境报，2009-03-30(1).

山东省临沂市、河北省承德市,3月约谈了河南省驻马店市,4月约谈了河北省保定市,5月约谈了山西省吕梁市,6月约谈了四川省资阳市、江苏省无锡市、安徽省马鞍山市,7月约谈了河北省邢台隆尧县、河北省邢台任县、河南省郑州市,8月约谈了河南省南阳市、广西壮族自治区百色市,9月约谈了甘肃省张掖市,11月约谈了青海省海西蒙古族藏族自治州,12月约谈了山东省德州市。

2016年,约谈了山西省长治市、安徽省安庆市、山东省济宁市、河南省商丘市、陕西省咸阳市、山西省阳泉市、陕西省渭南市、山西省吕梁市。从约谈的城市可以看出,山西成为约谈的重点。

2017年,约谈了山西省临汾市、天津市北辰区、河北省石家庄赵县、河北省邯郸永年区、河北省衡水深州县、山西省运城河津县、河北省唐山开平区、吉林省四平市、吉林省公主岭市、江西省景德镇市、河北省衡水市、山东省淄博市、河南省荥阳市、山西省长治国家高新技术产业开发区、天津市东丽区、河北省邯郸市、河北省保定清苑区、河南省新乡牧野区、黑龙江省哈尔滨市、黑龙江省佳木斯市、黑龙江省双鸭山市、黑龙江省鹤岗市等。

2018年5月上旬,已约谈山西省晋城市,河北省邯郸市,山西省阳泉市,广东省广州市、江门市、东莞市,江苏省连云港市、盐城市,内蒙古自治区包头市和浙江省温岭市①。

环保约谈实际上充当了生态环境部执行其环保监督权的一种政策工具,一方面明确了环保监督的对象为企业和政府,而不仅仅为企业;另一方面促使地方政府明确环保为其法定职责,而非仅为环保部门的职责,使地方政府履行地方环境监管的职责。原国家环保部与地方政府间的关系由"权威——服从／对抗"转向共同监管,环境监管体系"由'区域限批、考核追责'的'对抗型'机制向'环保约谈、落实整改'的'合作型'机制转变"。在纵横交织的政府权力结构中,约谈制的实施使各方达成了一种政策执行上的共识,围绕环保监督而形成权力资源的整合②。

---

① 邢颖.地方政府被生态环境部,约谈力度会加大吗?［N］.北京青年报,2018-05-14.

② 葛察忠,王金南,翁智雄,等.环保督政约谈制度探讨［J］.环境保护,2015,43（12）:23-26.

第七章

迈向新时代的城市
环境治理

改革开放 40 年来,中国经济社会发展取得了巨大成就。但在长期粗放发展方式的影响下,人口多、资源少、环境承载力有限这一基本国情的约束性日益显现。据生态环境部发布的《2017 中国生态环境状况公报》显示,全国 338 个地级及以上城市中,239 个城市空气污染超标,占比为70.7%,酸雨区面积约为 62 万平方千米,占国土面积的 6.4%,部分流域水污染仍然较严重,尤其是地下水污染状况堪忧,全国 5 100 个水质监测点位中,地下水较差级和极差级占比近七成。深层次结构性污染问题突出①。在环境与发展的所有社会矛盾中,经济发展对资源环境的压力与城市有限和脆弱的生态环境承载力之间的矛盾已成为中国社会的主要矛盾。"从现在到 2020 年,是全面建成小康社会决胜期","要坚决打好防范化解重大风险、精准脱贫、污染防治的攻坚战,使全面建成小康社会得到人民认可、经得起历史检验"②。在打赢污染防治攻坚战这项庞大的系统工程中,当前最大的短板是环境治理水平不高,城市环境治理能力在许多方面往往滞后于现实需求,且"改良"进程"缓慢",严重影响了城市生态文明建设成效。进入新时代,全面提升城市环境治理能力,需要高度重视城市的复杂适应性,把城市看作是"活的系统"。习近平总书记强调:"城市发展要把握好生产空间、生活空间、生态空间的内在联系,实现生产空间集约高效,生活空间宜居适度,生态空间山清水秀。"③ 因此,迈向新时代的城市环境治理,关键是要通过城市环境治理体系的构建和完善,使生态智慧、环境正义、可持续生计、制度理性等理念渗透到城市环境治理实践中,并引导整个社会思想观念、组织方式、行为方式的深刻变化,促进人与自然和谐共处并实现环境利益最大化。这样的治理变革并非城市环境治理的某

---

① 2017 年中国环境状况公报 [EB/OL].(2018-05-31)[2018-10-12].http://www.mep. gov.cn/gkml/sthjbgw/qt/201805/W020180531606576563901.pdf.

② 习近平.决胜全面建成小康社会,夺取新时代中国特色社会主义伟大胜利——在中国共产党第十九次全国代表大会上的报告 [M].北京:人民出版社,2017:27-28.

③ 习近平关于社会主义生态文明建设论述摘编 [M].北京:中央文献出版社,2017:66.

一个领域、某一个方面的现代化，而是包括治理理念、结构、功能、方式在内的整体性、系统性变革。简而言之，迈向新时代的城市环境治理，关键是通过超前式治理、精细化治理、法治化治理建构起城市环境治理现代化的基本框架和"立体"图景，从根本上推动城市生态文明建设，建设美丽中国。

第一节　迈向新时代的城市环境超前式治理

目前，城市环境治理实践总是落后于环境问题的出现，其直接原因就是缺乏城市环境治理的整体性和系统性的观念，缺乏高度的前瞻性和强烈的预见性。新时代的环境治理必须站在战略性、前瞻性的高度，发现城市生态文明建设中的深层次问题，主动思考对策，进行超前式治理。

一、超前式治理的内涵与特征 ▶▶

超前式治理是环境治理现代化的重要一环。超前式治理是建立在常规性治理基础之上，并将常规性治理引向整体性、系统性的逻辑必然。所谓超前式治理，是指城市环境治理主体针对环境污染具有不可恢复和不可逆转的特点，根据城市环境治理的现实基础，对尚未发生的事情做出前瞻性预测，并根据预测结果来调整当前认识以符合环境公共事务发展的未来趋势的治理方式。超前式治理不同于被动反应式治理，也不同于回应式治理，它强调前瞻性、能动性、创造性地发现和解决问题，甚至在环境问题尚未出现的时候，就已经创造性地解决了。超前式治理具有未来指向性和创造性、客观现实性以及动态发展性的特征。

（1）未来指向性和创造性。古典管理理论的代表人物亨利·法约尔曾说："管理应当预见未来，……如果说预见性不是管理的全部的话，它至少也是其中一个基本的部分。预测，即表示对未来的估计，也表示为未来做准备。"①在城市生态环境领域的治理尤其如此,环境问题一旦发生,往往难以消除和恢复,具有不可逆转性。事后治理环境污染和破坏不仅成本高昂,而且因环境损害的社会效应引起的社会矛盾容易引发社会稳定风险。因此,在城市生态文明建设过程中,就需要对可能出现的环境污染和生态破坏进行提前研判和前瞻性预测,这种预测不是对已经发生的污染事件的回忆,而是面向未来对未知事物的探索,这种探索具有很强的创造性。环境治理的未来走向没有固定的行为模式和现成的结论,一切要随主客观情况的变化而变化。治理者为了认识和掌握城市生态文明建设的未来命运,就必须依靠超前思维来对组织的未来进行观念建模,而这种观念建模的重要形式就是创造性的联想,即在普遍中寻求特殊的思维方式。比如,正在世界范围酝酿的"第三次工业革命",将融合大数据、新能源、生命科学、3D打印等科技革命成果,形成一大批新兴产业,这既使可持续发展成为可能,也为城市生态文明建设提供了难得的机遇。把握好这一机遇,需要有战略的眼光和创造性思维,在工业化、城市化快速发展阶段实施有效的产业结构调整和生态经济优先发展战略。

（2）客观现实性。超前式治理虽然具有未来的指向性和创造性,但它与其他认识形式一样,都是建立在客观现实和理性的基础上。无数的事实表明,如果环境治理方式符合生态环境的客观规律,那么在它支配下的治理主体的认识活动和实践活动就具有积极的作用;反之,则会阻碍生态文明的进步和发展。超前式治理不仅意味着将符合生态环境的科学探索运用到城市环境治理的实践之中,而且意味着将时代发展的各种现代元素理念融入城市环境治理的创新之中。超前式治理原则上并未超出现实、超出实践所许可的范围,是现有知识的延伸,而不是政治家和学者们在官邸、书斋中导演出来的人工气候,更不是治理主体毫无根据地自编内容。

（3）动态发展性。治理者通过超前式治理对未来环境治理实践进行的预测和规划并不是固定不变的,超前思维也随着现实环境治理实践的改变而不断地调整自身,以使其对城市环境治理实践的指导越来越科学、合理。

---

① 法约尔.工业管理与一般管理［M］.周安华,译.北京:中国社会科学出版社,1998:51.

动态发展性的特征是新思想、新观念、持续更新、快速反应、灵活适应和创造性创造。动态发展隐含着持续学习、快速有效地执行和不断变革。治理者不仅要有理想愿景和切实目标，更需要有能够开发组织功能以实现系统地配置知识等资源去解决问题的核心认知能力。这就需要：① 前瞻思考——感知环境变化，即认清未来对生态环境产生影响的潜在威胁与机遇，并进行政策落实；② 反复思考——反思当前的经济行为，对现有环境政策的有效性进行评估，以促使环境政策能够持续服务于城市生态文明的重大目标；③ 换位思考——向别人学习，超越省界甚至国界去发现可借鉴的环境治理新思想、新实践。

二、新时代超前式治理何以必要 ▶▶

城市生态文明建设是一场全方位、系统性的绿色变革，是一场持久战、攻坚战，治理者需要分清当前和长远效益，多做打基础、利长远的工作，将城市环境治理的思路由"被动反应型治理"向"超前式治理"转变，这对加快推进城市生态文明建设具有重要意义。

首先，推行超前式治理是由生态破坏和环境污染不可逆转的特性所决定的。生态环境没有替代品，生态环境的支撑能力有其限度，生态破坏和环境污染一旦超过其环境自身修复的"阈值"，往往造成不可逆转的后果。例如，野生动植物物种一旦灭绝就永远消失了，人力无法使其重新恢复；再如，中国西南地区出现的"石漠化"土地，流失的土壤人力很难使其恢复，这种环境问题也是不可逆转的；又如滇池污染的治理，从1996年到2015年，20年共计投资510亿元左右，即使如此，滇池不少区域的水质仍属劣5类。从当前来看，许多环境问题也都是从小范围、小区域逐渐蔓延成大范围、大区域性的问题。一般来说，如果政府定位在环境污染的末端治理，那么企业也会仿效政府，往往很难制定具有战略性的经营策略，它会更多地倾向于利用现有的资源和生态环境，甚至可能会对现有的资源和生态环境进行掠夺性的开采和滥用。如果政府具有前瞻性的解决问题的能力，那么企业也会在很大程度上受到感染，倾向于确定长期性的战略目标，从这个意义上说,是否推行超前式治理,对于城市生态文明发展具有直接的决定性意义。

其次,推行超前式治理也是有效防范城市生态环境风险的必然选择。尽管中国环保立法早就确立了"预防"观念,各项法律法规也都贯彻"预防为主"的方针。但这一原则的确立,意在强调事先预防胜过事后治理,并不涉及知识不足带来的不确定性问题,因此,这种预防是损害预防并非风险预防。生态环境风险是未来可能发生的环境问题及其后果。习近平总书记在2018年5月18日至19日召开的全国生态环境保护大会上指出,"有效防范生态环境风险,未雨绸缪,系统构建全过程、多层级生态环境风险防范体系"。受特定历史条件的影响,中国长期受到发展就是经济增长、就是GDP增长观念的误导,迫使生态环境常常超负荷运转,且范围在扩大、危害在加重、程度在加深,对经济社会发展的潜在制约已逐步显现。同时,随着城市居民生活水平的提高、生态理性的崛起、公民维权意识的增强,城市居民对生态环境质量的要求不断提高,人们比任何时候都关注生态风险,"衣食足而知生态"逐渐成为人民群众的普遍共识。然而,环境危害并未就此止步,而是波及了更加广泛的方面——严重的事故在媒体的渲染下导致恐慌,"专家"们争论不休使公众更加心神不宁,政府的末端治理则给了满腔愤懑的人们追责的机会……风险在多种因素的作用下被放大了。Kasperson等人的研究表明,灾难事件的后果远远超出了对人类健康或环境的直接伤害,导致更重要的间接影响,如义务、保险成本、对制度丧失信心、脱离共同体事务等①。目前,中国大部分城市对于环境污染的治理还是一种"头痛医头、脚痛医脚"的做法,常常使城市环境治理陷入"碎片化"和"盲目化"的境地。这种被动反应式治理虽对环境有一定积极作用,但会延误治理环境污染的有利时机,而且后续的治理成本将会更高。只有站在战略性、前瞻性的高度,发现城市生态环境建设中的深层次问题,主动思考对策,进行超前式治理,才能有效预防并化解生态环境风险。

---

① KASPERSON R E, RENN O, SLOVIC P, et al. The social amplification of risk: a conceptual framework[J]. Riskanalysis, 1988(2): 177–187.

三、超前式治理何以实现 ▶▷

城市生态文明建设存在复杂的非线性因果联系和反馈流程,识别高层次的环境政治话语就需要高度关注创造性要素的协同性功能释放。只有当城市生态文明建设系统的文化和能力两大要素系统性互动并相互强化,产生持续的制度化学习和变革动态性,具有超前性和可实践性的主动政策创新而非被动政策适应才会出现,并持续地带来有效的政策产品。而尤其值得注意的是,超前式治理能力的开发离不开两个极其重要的杠杆——有能力的人和灵活的过程。只有既考虑到外部环境的不确定性、复杂性和关联性,又要具有切实的识别能力和整合机制,超前式治理才是可能的。

(一)生态优先导向的精英选拔

推进环境治理现代化是一项长期系统工程,需要一张蓝图绘到底、一任接着一任干,这离不开"前人种树,后人乘凉"的历史情怀,更离不开"功成不必在我任"的执政胸襟。正如习近平总书记在2018年5月18日至19日召开的全国生态环境保护大会上所指出的那样,"要建立一支生态环境保护铁军,政治强、本领高、作风硬、敢担当,特别能吃苦、特别能战斗、特别能奉献"。也就是说,生态优先导向的政治精英的选拔是推进环境治理现代化过程中实现超前式治理的首要前提。在干部任用问题上,应让"生态政绩"显性化,不仅让出生产力的地方出干部,而且让出"生态力"的地方也出干部。对那些为群众提供更多更好生态公共产品的官员要给予重用,而对那些忽视环保责任的干部在任用上实行一票否决,还要追究其生态责任。

(二)预见性的环境政策设计与调适

生态环境问题的预见能力是识别外部生态环境的变化,洞察未来的发展趋势与规律的能力。它是超前式治理的首要能力。换言之,超前式治理的一个重要特点就是通过治理者注意力的适时转移,有预见性地发现并把注意力投向那些孕育潜在风险的环境冲突目标与节点问题，以便能及时做出有效回应。预见性既是超前式治理的题中应有之义，也是能动性政治的直接体现。阿尔文·托夫勒在《未来的冲击》中指出，由于不去预先考虑未来的问题和机会，我们正从危机走向危机①。美国学者奥斯本和盖布勒也提出了"有预见的政府——预防而不是治疗"的治理范式②。治理者不应被动地接受生态破坏和环境污染带给社会的巨大损失，而是应该把工作重点转移到预见、预警、预防上。治理者应依据科学规律和生态环境的变化预先对社会公共事务的运行轨迹与发展态势做出合理的评判，并提前采取有效的环境治理对策做好引导和梳理，以防范环境问题的产生。一般而言，预见性治理应该包括：经常对辖区内居民的生活水平、生活环境、生活满意度、公民幸福指数进行调查；对发生生态破坏和环境污染的可能性进行预估；敦促决策者和利益相关者认真考虑面临的新环境问题；对本部门的工作水准做前瞻性预测，搜集政府的环境政策、决策、行动在公众中的反馈；根据获取的调查信息进行分析、评估并以最优的办法解决；等等。预见性治理是治理者及时高效地应对各种环境问题的挑战，平稳有序地实现环境公共利益和公民合法权益的一种技术路径及手段，也是实现"使用少量钱预防，而不是花大量钱治疗"的环境治理目的的现实选择。

（三）转化式学习与制度创新

"所有的组织均须开发的一种能力……学习得较好的组织更能侦测和纠正错误，并能发现它们在何时不能侦测和纠正错误。"③超前式治理实际上是治理者主动基于自己与生态环境相互作用的独特经验和意识，去建构自己认知的过程。治理者的思考与学习成为超前式治理的必要条件。在环境决策制定过程中所涉及的专业问题范围广、涉及面宽、风险大，治理者需要考虑的因素也非常复杂。面对纷繁复杂的环境问题，政府在环境决策

---

① 阿尔文·托夫勒.未来的冲击［M］.蔡伸章，译.北京：中信出版社，2006：58.

② 奥斯本，盖布勒.改革政府：企业精神如何改革着公营部门［M］.上海市政协编译组，东方编译所，译.上海：上海译文出版社，1996：202.

③ ARGYRIS C. On organizational learning. Malden［M］. MA: Blackwell, 1999.

过程中单纯依靠政府官员自身的知识储备难以保证环境决策的合理性与科学性。而环境智库专家以自己的知识和信息优势,为政府的环境决策提出政策建议,为促进企业形成绿色生产理念和可持续发展战略提供咨询服务。而且,作为知识和信息的"权威"拥有者,环境智库专家在教育社会公众进行绿色消费、参与环境治理等方面也有独特优势。因此,在环境决策过程中,政府官员需要向环境智库"借力",以智力合作的方式解决环境问题。

第二节　迈向新时代的城市环境精细化治理

随着环境政治话语的不断强化,地方环境治理意识和意愿也在不断增强。然而,就实践层面而言,环境治理依然遭遇诸多困境,如环境污染数据采集困难、环境治理的粗放化、环境责任的碎片化、环境保护公众参与的边缘化等,环境治理必须实现从粗放到精细的逻辑转换。深入研究环境精细化治理这一在实践中摸索、理论上创新的模式,制定近期和远期目标并予以推进,是学界和政界的一道必答题。

一、环境精细化治理的内涵界定 ▶▷

精细化治理理念发轫于19世纪末,其间大致经历了泰勒的科学管理、戴明的质量管理和丰田精益生产方式三个发展阶段,并被广泛运用到企业的生产管理和质量管理中。如今已被推广运用到政府、医院、银行等部门,并有向环境保护领域深度拓展的趋势。

当前,学界对于"精细化治理"的内涵意见不一。早期学者主要从微观层面阐述"精细化管理",认为精细化管理是以科学管理为基础,以精细操作为特征。精细化管理的操作特征,可以用精、准、细、严4个字来概括。精细化管理主要包括过程细节化、手段专业化、效果精益化、成本精算化等方面①。随着"治理"概念的引入和推广,有学者依然从微观层面对"精细化治理"进行解读,认为精细化治理是按照精益、精确、细致、严格的原则,以标准化、科学化、规范化、人性化的思路,实现社会治理理念、制度、手段和技术的精细化,实现社会治理活动的全方位覆盖、全过程监管、高效能运作②。但也有学者从宏观层面解读,认为微观层面的解读无法回答更深层次的问题:精细化治理需要有适合的主体参与,这样适合的主体在哪里?精细化治理要求有"技术"突破,如何确保"技术"突破不被体制所阻碍?精细化治理要求"最后一公里"的传导,如何确保从"最初一公里"开始的传导就是恰当的?因此,对精细化治理的理解应该从微观视野转向宏观视野,精细化治理包含领导体制精细化、治理机制精细化和多元主体关系的精细化③。

事实上,如果把精细化治理的价值理念和分析框架运用于生态环境领域中,不难发现,环境精细化治理既意味着环境治理资源集成、流程精密、手段专业、成本精算,也意味着它在制度、体制、机制、方法层面的深刻变革。也就是说,环境精细化治理既体现在特定时间、特定领域,使用特定方法对具体环境问题进行精准施策,又突出环境治理体制改革、治理流程再造和治理制度创新,这种在微观层面和宏观层面的双重变革,能够有效解决现有问题,同时预防类似问题重复出现。作为一种新的治理范式,环境精细化治理是对粗放型、经验型、政绩导向式环境治理模式的批判、反思与超越,代表着环境治理现代化的基本方向,是新时代中国环境治理和生态保护的主导性策略。

第一,环境政策的价值偏好须精准中靶。环境政策是指改善和保护生态环境、防治环境污染而实施的行动计划、规则措施和其他各种对策的总称。它包括有关环境与资源保护的法律法规、政策文件以及国家领导人在

---

① 温德诚.政府精细化管理[M].北京:新华出版社,2017:20;麻宝斌,李辉.政府社会管理精细化初探[J].北京行政学院学报,2009(1):27-31.

② 陆志孟,于立平.提升社会治理精细化水平的目标导向与路径分析[J].领导科学,2014(13):14-17.

③ 赵孟营.社会治理精细化:从微观视野转向宏观视野[J].中国特色社会主义研究,2016(1):78-83.

重大会议上的讲话、报告、指示等。环境政策既体现了政策制定者对环境与经济社会发展关系的认知，也体现了发展是以物为本还是以人为本的价值偏好。"物本"取向是一种典型的征服自然和追逐物质利益的生产力政治，其实质是政绩主导和GDP崇拜。"人本"取向则是从根本上将人作为环境政策的价值归宿，从保证环境公益的基本点出发，制定和执行环境政策。《中共中央关于制定国民经济和社会发展第十三个五年规划的建议》明确指出："必须坚持以人民为中心的发展思想，把增进人民福祉、促进人的全面发展作为发展的出发点和落脚点。"① 中共十九大报告进一步指出："我们要建设的现代化是人与自然和谐共生的现代化，既要创造更多物质财富和精神财富以满足人民日益增长的美好生活需要，也要提供更多优质生态产品以满足人民日益增长的优美生态环境需要。"②

环境政策的"人本取向"强调精准识别人的环境需求，精准区分不同群体的环境利益，这就需要政府对偏离价值核心政策的失灵领域进行精准施政，其中的突破口是充分尊重人在环境治理中的主体角色和地位，将人的环境需求具体化，并在增强公众诉求回应性上下功夫，从根本上提升公众参与环境治理的灵敏度和细致化程度。事实上，公众是环境事务的直接利益相关者。只有及时发现并回应公众的真实需求，才能精准地辨识环境治理存在的问题，才能真正关注环境治理流程中的所有细微环节。然而，在现有的环境治理体制下，由于环境信息的不对称以及环境信息在政府层级间传递的不畅，公众不仅在治理过程中参与有限甚至缺席，而且存在着参与异化的可能性，成为环境治理的阻碍。因此，以"职能为导向"的流程再造势在必行。此外，环境问题具有体量庞大、专业性强和不确定性大等特点，需要公众提供生态智慧，凝聚共识。毋庸置疑，环境精细化治理一方面需要政府—社会"双向互动"，从公众那里获得信息和智慧，并基于此提供可持续发展的动力；另一方面可以通过公众参与来丰富环境治理形式，填补政府"职责空白"和

---

① 中共中央关于制定国民经济和社会发展第十三个五年规划的建议［M］.北京：人民出版社，2015：5.

② 习近平.决胜全面建成小康社会夺取新时代中国特色社会主义伟大胜利——在中国共产党第十九次全国代表大会上的报告［M］.北京：人民出版社，2017：50.

"职能盲区",形成信息互补、知识互补、利益共容的环境治理结构。

第二,环境治理的职能整合须精准到位。环境精细化治理是一个系统性工程,强调不同工作人员和运行环节的有效衔接和协同运作,其中的关键是实现功能整合、层级整合和多主体整合。具体来说,环境治理的功能整合要求地方政府根据中央政府简政放权的基本要求,通过制订权力清单,明确部门职责,赋予部门法定职权,着力解决当前环境治理过程中各部门权力交叉、越位和缺位共存等问题。环境治理的层级整合意味着政府组织层级的减少和组织结构的扁平化。扁平化结构强调决策层与执行层之间距离的缩短,强调紧凑、精干的组织结构,强调信息共享,使得组织的横向协调与管控更为有效。目前,我国环境保护共有中央、省、市、县、乡五个层级的机构。五层级的管理体制必然导致治理成本的增加以及治理效率的降低。更为重要的是,在五个层级的政府组织体系中,由于不同层级的环境治理机构相当多,上下级机构间、同一级机构间存在着本位主义倾向,不同的价值取向以及集体行动的困境导致了机构之间的矛盾和冲突,给环境精细化治理带来诸多障碍。环境治理的多主体整合需要清晰地厘定政府、社会组织、企业、智库、媒体、社会公众等多元主体的权责关系,通过建立多主体激励约束、竞争合作、利益分享等机制,使得各主体能够平等、理性地参与环境治理。

第三,环境治理的组织实施须精准高效。环境精细化治理是环境治理制度化、规范化、标准化水平提高的过程,也是制度执行力和成本管控力提升的过程。环境精细化治理不是强调通过行政化、科层化的方式来要求环境治理者精细化地做文字和数字工作,而是强调环境治理核心行动者按照公众的环保诉求,建立精细化的环境政策问题觉察机制以及精细化的社情民意反映和动态跟踪监测体系,改变过去环境治理重结果、轻过程的"末端治理"模式。在此基础上,对粗放式治理流程进行精准再造,将精细化理念贯穿于环境治理全生命周期中,推动相关领域工作业务流程的优化以及治理集成化、智能化、信息化水平的提升。同时,突出绩效评估在环境精细化治理中的促进作用,建立起以量化指标为主的多维指标体系,科学设置各项指标权重,引入第三方专业评估和商业评估方式,开展全方位、立体化的治理评价,坚持边评估、边整改、边反馈,评估结果要体现在环境治理的目标规划、计划安排、机构设置、经费预算、人员配置与考核当中,促进环境治理各要素不断均衡化、各环节不断精细化。

总之,环境精细化治理是改变以往环境粗放式治理方式,通过制度设计的精细化、具体化,通过职能设计和治理流程的优化以及治理技术的专业化,将政府的"精明环境治理"与其他治理主体能动式参与相结合,以"绣花"功夫和"工匠"精神对生态破坏和环境污染进行治理,以实现更优质、更低成本和更加人性化的治理方式。

二、新时代环境精细化治理的可行性 ▷▷

粗放式、运动式环境治理较少考虑投入产出比,更多的是采用加大财政投入的方式,即花重金治理已经发生的生态破坏和环境污染。但历史与现实均证明,仅仅依靠财政支出而不注重改善环境治理体系,只会使城市环境治理陷入"投资无限而效果有限"的泥淖。因此,由粗放式、运动式环境治理向制度化、常态化和责任为本的环境精细化治理的转变势在必行。其中,互联网、大数据为环境治理的精细化提供了技术条件。全面深化改革一揽子方案明确了环境精细化治理的定位,根本性地开启了环境精细化治理的新时代。发达国家的环境精细化治理实践则为中国环境精细化治理提供了经验借鉴。环境精细化治理能真正提高环境治理的质量和效率,降低环境治理成本,促进政府职能转变,由此成为撬动政府改革的新支点。

(一)大数据对环境精细化治理的技术支撑

大数据的核心理念是一切皆可量化,是由数量巨大、结构复杂、类型众多的数据构成的数据集合。它是基于云计算的数据处理与应用模式,通过数据的整合共享、交叉复用,形成智力资源和知识服务能力。大数据中数据的完整性、数据间的内在关联性、数据能更快地满足实时性需求、运用数据分析形成价值等特点,与精细化治理的"精、准、细、严"理念一脉相承,与"治理空间细化、治理对象量化、治理流程优化、治理规则系统化"的原则一致。当前,大数据与环境治理的深度融合正在推进中。随着传感器技术、

RFID技术、人工监测技术、遥感监测技术在环境监测领域的运用,随着云计算、物联网、移动互联网的飞速发展,我国已逐步形成覆盖主要生态要素的资源环境承载能力动态监测网络,为大数据应用于环保领域提供了基础。环境大数据主要包括污染排放数据(污染点、面、源基本信息)、环境质量数据(大气、水、土壤等)和居民活动数据(家庭用电量、用水量、生活垃圾量等)等。

　　大数据有利于制定精细的治理制度和一系列具体而周密的操作规范和流程,使环境治理的制度精细化成为可能。第一,在决策层面,大数据有利于政府增加环保数据解析的维度,透析众多企业的环境治理现状,为各项经济、社会与环境政策的制定提供科学依据;大数据有利于治理主体精准了解和把握民众的需求和情绪变化,精准研判环境治理现有和潜在的风险,增强决策的针对性和实效性;大数据有利于发现环境群体性事件的演化规律,使治理主体找到更多解决复杂问题的最佳方案。第二,在执行层面,大数据为精细化执行提供了强大的动力支持。大数据不仅提供了精细化、可量化的目标管理考核体系,实时的监控和分析可以提升环境监管、预警和应急能力,而且为精细化执行提供了有力的联动支持。数据量的剧增及互联共享,可以加强部门间的协作性,极大地提升了各部门之间的协同执行力。不难看出,大数据是环境精细化治理的催化剂。大数据有助于揭示环境治理的规律,有助于解决以往环境治理的"痛点""盲点""堵点"。空间识别、群体定位、多元节点和环境舆情监测,则使以往无法实现的环境治理环节变得简单、易操作。

(二)全面深化改革对环境精细化治理的撬动

　　2013年11月9日至12日,中共十八届三中全会召开,对全面深化改革进行了系统、全面的部署。全会审议通过了《中共中央关于全面深化改革若干重大问题的决定》(以下简称《决定》),在全面深化改革的总目标中强调,要加快发展社会主义"生态文明",并把生态文明制度建设作为全面深化改革的六条主线之一。随后,中央成立全面深化改革领导小组,并专设"经济体制和生态文明体制改革专项小组",突出了经济体制改革和生态文明改革的衔接性和协同性。也就是说,经济政策的制定和调整,会更多地考虑生态文明建设的需要;生态环境政策的制定和调整,也会更多地考虑在已有经济运行环境下的可操作性以及环境污染的精细化治理。中共十九大则站在更高起点全面深化改革,并指出,"必须坚持和完善中国特色社会主义制度,不断推进国家治理体系和治理能力现代化,坚决破除一切不合时宜的思想观念和体制机制弊端,突破利益固化的藩篱,吸收人类文明有益成果,构建系统完备、科学规范、运行有效的制度体系"。2017年10月25日,习近平总书记在十九届中共中央政治局常委同中外记者见面时强调:"中华民族伟大复兴必将在改革开放的进程中得以实现。"2017年11月10日,习近平总书记在亚太经合组织工商领导人峰会上向世界宣告:"中国改革的领域将更广、举措将更多、力度将更强。"中共十九大后,生态环境建设领域改革多点发力,向纵深推进。其中,深化党和国家机构改革尤其是新组建了自然资源部和生态环境部,全面实施河长制、湖长制等,推进了环境精细化治理。

中共十八届三中全会审议通过的《决定》就蕴含着丰富的环境精细化治理思想,具体表现在以下三个方面:① 清晰产权。《决定》指出,要"对水流、森林、山岭、草原、荒地、滩涂等自然生态空间进行统一确权登记,形成归属清晰、权责明确、监管有效的自然资源资产产权制度。健全国家自然资源资产管理体制,统一行使全民所有自然资源资产所有者职责"。清晰产权是进行环境精细化治理的前提。② 严格用途。拥有所有权并不等于有绝对的支配权,否则更容易导致环境破坏。因此,必须在明晰产权的基础上,进一步强化自然资源的用途管制。《决定》指出,要"建立空间规划体系,划定生产、生活、生态空间开发管制界限,落实用途管制。健全能源、水、土地节约集约使用制度。完善自然资源监管体制,统一行使所有国土空间用途管制职责"。③ 厘清利益。《决定》指出,要"实行资源有偿使用制度和生态补偿制度。加快自然资源及其产品价格改革,全面反映市场供求、资源稀缺程度、生态环境损害成本和修复效益。坚持使用资源付费和谁污染环境、谁破坏生态谁付费原则,逐步将资源税扩展到占用各种自然生态空间"。厘清利益是环境精细化治理的关键。

2015年9月,中共中央、国务院印发《生态文明体制改革总体方案》,全面深化了对环境精细化治理的定位。《生态文明体制改革总体方案》提出生态文明体制改革的目标是：① 构建归属清晰、权责明确、监管有效的自然资源资产产权制度，着力解决自然资源所有者不到位、所有权边界模糊等问题。② 构建以空间规划为基础、以用途管制为主要手段的国土空间开发保护制度，着力解决因无序开发、过度开发、分散开发导致的优质耕地和生态空间占用过多、生态破坏、环境污染等问题。③ 构建以空间治理和空间结构优化为主要内容，全国统一、相互衔接、分级管理的空间规划体系，着力解决空间性规划冲突、部门职责交叉重复、地方规划朝令夕改等问题。④ 构建覆盖全面、科学规范、管理严格的资源总量管理和全面节约制度，着力解决资源使用浪费严重、利用效率不高等问题。⑤ 构建反映市场供求和资源稀缺程度、体现自然价值和代际补偿的资源有偿使用及生态补偿制度，着力解决自然资源及其产品价格偏低、生产开发成本低于社会成本、保护生态得不到合理回报等问题。⑥ 构建以改善环境质量为导向，监管统一、执法严明、多方参与的环境治理体系，着力解决污染防治能力弱、监管职能交叉、权责不一致、违法成本过低等问题。⑦ 构建更多运用经济杠杆进行环境治理和生态保护的市场体系，着力解决市场主体和市场体系发育滞后、社会参与度不高等问题。⑧ 构建充分反映资源消耗、环境损害和生态效益的生态文明绩效评价考核及责任追究制度，着力解决发展绩效评价不全面、责任落实不到位、损害责任追究缺失等问题。

　　总之，全面深化改革中关于生态文明建设的一揽子改革方案，是撬动环境治理体制机制创新的突破口，是促进粗放式环境治理向精细化环境治理转换的有效手段，也是倒逼地方政府核心行动者进行环境精细化治理制度创新的新动力。在这样的宏观背景下，地方政府相继出台了一系列环境精细化治理的政策文件。例如，深圳出台了《关于以精细化管理改善生产生活生态环境的若干意见》，重庆制定出台了《重庆市城市精细化管理标准》，使城市环境精细化治理成为可能。

（三）国外环境精细化治理的成功实践

　　粗放式发展模式和粗放式环境治理模式已经让我们付出了沉重的代

价。实际上，一些发达国家早期工业现代化也同样经历了"先污染、后治理"的道路，它们在环境精细化治理中的成功实践，为我们有序推进环境精细化治理提供了参考和借鉴。

1. 新加坡："伞形"环境精细化治理体系

新加坡是一个典型的人多地少的城市岛国。由于城市规划科学精细、基础设施布局得当，因而在每平方千米有7 600多人的高人口密度下，在淡水、土地及各种自然资源匮乏的情况下，新加坡也没有出现严重的"城市病"。作为后发赶超型国家，新加坡从一个"脏、乱、差"的国家发展为世界上最发达、最清洁的国家和最宜居的城市之一，这在很大程度上归功于它精细、严格、有序的环境治理模式。新加坡在获得"花园城市"美誉的同时，成为全世界环境精细化治理的典范。

新加坡建立了一套完整的城市环境治理方法体系，其中的前提是具备一整套严格周密、符合实际、操作性强的法规体系，对城市当中的园林绿化、环境清洁、汽车尾气排放等都做了具体规定。根据新加坡《环境保护与管理法案》的规定，环境与水资源部负责本国总体的环境保护事务，下设两个法定机构，即国家环境局和公用事业局。国家环境局下设环境公共卫生署、环境保护署、气象服务署、3P（People、Private、Public）伙伴服务署等部门；公用事业局则负责水资源的管理和环境基础设施建设。将环境基础设施建设和环境保护的职能同时置于一个政府部门管理之下，形成伞形的"强治理"框架，便于统一管理和相互协调。

在伞形的"强治理"框架下，新加坡的环境治理变得更加精准高效。一是划定生态"绿线"。新加坡在规划之时就设定了公园绿线和生态保护区，规定每一个新镇应设立一个0.1平方千米的公园，每千人应有0.008平方千米绿地，居住区500 m空间范围内应设立0.015平方千米的公园，新加坡目前已有占地0.2平方千米以上的公园44个，占地0.002平方千米的街心公园240多个①。二是实行绿道串联。要求居民在住宅前插缝绿化，通过绿化屋顶

---

① 汪碧刚.城市的温度与厚度——青岛市市北区城市治理现代化的实践与创新［M］.北京：中国建筑工业出版社,2017：157.

津贴、容积率补偿等奖励措施激励开发商建立屋顶花园、垂直绿墙、天空廊道等。三是利用大数据建立了一套完善的园林绿化电子档案,利用现代监控技术对乱扔垃圾、乱吐痰的行为进行监督,最大限度地维护环境和公共安全。

伞形的"强治理"模式强调政府的"精明行政",但并不意味着政府的一元主导。实际上,国家环境局设立3P伙伴服务署意味着新加坡非常重视公众、私人企业和政府三者的伙伴关系,注重政府主导以及企业和社会的共同参与。自1965年以来,新加坡前后开展了"反吐痰运动""大扫除运动(取缔乱抛垃圾运动)""保持新加坡清洁和防止污化运动"等100多项全国性的社会教育运动。通过开展全国性的宣传教育活动,让全社会都投入到环境保护运动之中,从而大大提升了环境治理效率。

2. 日本:双轨环境精细化治理体系

从发展阶段和宏观经济状况来看,中国目前的经济现状与20世纪70年代的日本较为接近。日本经济从1955年到1973年保持了18年的高速增长,并在20世纪70年代初完成工业化目标,跨入了成熟阶段[①]。然而,日本在这一时期经济高速增长的同时,对环境保护并没有给予相应的重视,一度成为世界上环境污染最严重的国家之一。在20世纪世界八大环境公害事件中,日本占了一半。日本环境恶化累积到20世纪70年代引起了尖锐的社会和政治问题。民众高涨的反公害运动迫使日本政府不得不通过技术改进、法律、政治等途径,寻求解决环境污染问题的办法。然而,1967年颁布的《公害对策基本法》总体上具有"经济优于环保""环境换取增长"的特点,环境治理效果并不明显。直到20世纪90年代,日本通过实施双轨精细化环境治理,环境保护与生态修复才取得突破性进展,并形成了具有自身特点的环境治理。

日本双轨环境精细化治理主要表现在两个方面:一是制定了一套精细、严密的环境法律体系,实现了法律法规的系统化、标准化及追踪优化(见表7-1)。二是形成了精细化的环境治理体系。在治理体制方面:① 中央政府与地方政府相互配合、相互协调。中央(环境省)统筹环境治

---

① 李春雨,刁榴.日本的环境治理及其借鉴及启示[J].学习与实践,2009(8):166.

理大局,通过制定环境法规、标准及环境政策指导地方工作,地方政府全面负责本辖区的环境治理工作,跨区域的环境问题由地方环境事务所来协调。② 监督机制和公众参与相结合。在严格的污染限定标准政策之下,设有公害对策审议会、各级环境审议会、公害健康被害补偿不服审查会、独立行政法人评价委员会等。日本环境审议会制度,由专家学者、退休的各级官员、企业代表、市民和NGO等组成的咨询方为政府提供环保咨询意见。这些监督机制和公众的充分参与(日本的公众参与包括预案参与、过程参与、末端参与和行为参与四种)结合在一起,最大限度地保证了精细化治理的实施。③ 在教育体系中融入环保理念。日本政府在1993年颁布的《环境基本法》中明确提出要提高公民的环境保护意识,采取一系列政策措施,鼓励公民参与到环境治理的过程中①。早在20世纪60年代,日本就出台了推进环保教育的《学习指导要领》,提出在中小学教育中设立环境保护课程,规定中小学环保教育的方法和内容。2003年,日本制定了《有关增进环保意愿以及推进环保教育的法律》,细化了环保教育的内容,推动社会形成环境保护的道德风尚和自觉监督环境问题的浓郁氛围。

借鉴新加坡"伞形"环境精细化治理和日本双轨环境精细化治理的经验,环境精细化治理体系的建构,要进一步理顺环境法律体系内部关系,以精细化的法律法规、标准及环境政策规制和引导地方政府核心行动者的精细化行为,需要合理划分中央与地方的环境责任,以精细化的职能厘定和跨部门协作为基础,有效整合了不同层级的政府及其相关部门的资源;需要引导社会自组织的发展,以"精明行政+公众参与"双元机制建构地方政府环境精细化治理行动。

表7-1　日本环境法律体系

构　成	种　类	具体法律、法规
环境基本法	基本法(确立了对包括环境污染、自然资源、原生环境的整体环境进行保护的法律框架)	

① 吕文林.日本的环境哲学思想研究[J].日本研究,2003(2):93-97.

（续表）

构　成	种　　类	具体法律、法规
部门法	污染（公害）法	《大气污染防治法》《水质污染防治法》《噪声控制法》《恶臭防止法》《海洋污染防治法》《关于农业用地土壤污染防治法》等
	自然环境保全法	《自然环境保全法》《自然公园法》《都市绿地法》《关于鸟兽保护及狩猎的法律》等
	生活环境整治法	《下水道法》《关于废弃物处理及清扫的法律》《都市公园法》等
专门性环境经济法律法规		《废弃物处理法》《资源有效利用促进法》《容器包装再生利用法》《家电再生利用法》《建设再生利用法》《汽车再生利用法》等
行政法规		包括政令、省令、府令以及其他行政机关制定的法律法规

三、 环境精细化治理的推进路径 ▷▷

　　环境精细化治理涉及复杂的理念、制度革新，不是原有政府相关环保部门的局部调整或改变，而是长期的自我改革过程，是环境治理秩序的根本变革，这也是未来相当长一段时间内政府深化改革与加强环境治理的必由之路。因此有必要通过制度创新、体制改革、机制重塑，实现治理过程的无缝化衔接配合、执行力管控的精准化和治理绩效的集约化，循序迈向环境精细化治理的制度化、常态化，以实现环境治理现代化。

（一）加强环境治理制度设计的精细化

　　"制度是一个社会的博弈规则，是人为设计的、形塑人们互动关系的约束。"①制度包括显性制度和隐性制度。显性制度是指成文制度或正式规则，如法律、法规、政策、决定等；而隐性制度是指道德风俗、伦理价值、传统规范和行为准则等。

---

① 诺思.制度、制度变迁与经济绩效［M］.杭行,等译.上海：格致出版社,2008：3-5.

推进环境精细化治理,制度是根本,"只有从制度的层面加以透析,才能透过现象把握事物的本质,通过科学的制度设计和制度创新,走出在生态环境危机问题上出现的边治理边污染,老问题解决了新问题又出现了的恶性循环的怪圈"[①]。当前,中国经济发展面临的资源紧张、生态破坏和环境污染等问题,不仅是由生态资源和生态产品市场化机制不健全造成的,更是由政府粗放式环境治理方式造成的。粗放式环境治理缺少对显性制度和隐性制度的精细化设计,使得环境治理陷入经验式、运动式的困境。其具体表现为以下两方面:一是显性制度设计不合理,即表现为缺乏应有的显性制度,已有的显性制度存在供需不匹配、"硬约束"乏力的困境,呈现出有效供给不足,无效供给过剩的双层次矛盾;二是隐性制度设计不精细,制度制定与执行严重脱节,即制定时精雕细琢,执行时渠道单一、方法机械,致使公众将隐性制度设计与政治控制相混淆,不能有效发挥隐性制度在环境治理中的作用。

第一,有必要加强环境治理显性制度设计的精细化程度。自中共十八大以来,尽管中国制定了一系列新的环保法律、法规、政策和标准,然而现行制度体系依然不适应生态文明建设的基本要求,依然在很大程度上尚未摆脱"资本的逻辑"的束缚。更为重要的是,现有的环境治理和生态保护制度,其内容抽象、笼统,可操作性较差,且缺乏明确的问责机制,导致地方政府的环保责任出现"空心化"趋势,治理速度远远赶不上公众期望,有些地方仍然走不出环境污染和生态破坏继续恶化的怪圈。显然,显性制度的精细化设计是环境精细化治理的关键,具有根本性、全局性作用。显性制度设计的精细化不是对原有制度的全盘否定,而是立足于已有制度框架及现实情况对制度创新的需求,及时新建制度或修订已有制度,重视构成制度的基本要素以及"旧"制度和"新"制度的关联性、协同性,从体系化思维加强环境治理制度重构的顶层设计,避免制度创新产生制度的二次"碎片化""分散化"。

---

① 方世南,张伟平.生态环境问题的制度根源及其出路[J].自然辩证法研究,2004(5):1-4,9.

一项显性制度发挥作用的大小主要取决于这项制度是否具有统揽全局的功效和辐射局部的功能。所谓显性制度设计的细化是指制度的设计必须因地制宜,分类指导,由大及小,由整体到局部。中国环境法律体系拥有"大而全"的特点,涉及环境污染防治、资源循环利用、自然资源保护、节能减排、防灾减灾等多个专门领域,但某些领域依然缺乏"精而细"的量化规定。比如,地方政府具有法律上的污染物排放标准制定权,甚至可以制定严于国家标准的自有标准。但很多地方政府制定的标准并不科学,缺少系统调研和科学评估,设置的标准值要么偏高难以实现,要么偏低没有实效。再比如,虽然《中华人民共和国环境保护法》和《中华人民共和国环境影响评价法》有公众参与环境保护和影响评价的条款,但规定过于原则化,对公众参与的具体范围和参与的阶段、程序、方式,以及效果评估等均未做明确规定。

除了显性制度设计的细化外,显性制度"空隙"的衔接也非常重要。环境精细化治理是一项综合性和系统性工程,需要一整套紧密相连、相互协调的显性制度体系。有关绿色生产、绿色消费、绿色参与、生态文化、生态教育、生态科技等多项制度的衔接和协调是进行环境精细化治理的基本要求,也将避免环境治理过程中"头痛医头,脚痛医脚"的条块化治理格局。

第二,有必要强化环境治理隐性制度设计的精细化。从某种程度来讲,隐性制度设计精细化往往耗费的人力、物力和财力更多,尤其是在多元文化并存的时代。不同于显性制度设计,环境治理的隐性制度设计精细化是基于治理主体(政府、企业、社会、公众)环境精细化治理价值观培育和行为塑造的非正式制度安排。其目标在于构造不同环境治理主体进行精细化治理的"自律体系",实现"他律"制度和"自律"制度的全面结合。唯有如此,才能将环境治理的精细化理念植入治理主体中,并切实转化为各治理主体精细化治理环境污染的自觉行为,从根本上规范个别消耗高、浪费大、效率低的粗放式环境污染行为,维持可持续发展和环境正义。当前,除了在全社会弘扬"工匠精神""像绣花一样精细"等精细化理念外,还需要通过目标设立、先进典型示范、精细化文化实践等举措,来强化环境治理隐性制度的精细化。

（二）推进环境精细化治理的体制机制创新

目前，环境治理中存在许多亟待改进和完善的问题，如发展成果考核评价体系不能反映生态环境建设状况、环境产权制度不明晰、环境治理体制权责不一、令出多门等。"一个健全有力的体制乃是人们所必须追求的第一件事。"[①] 习近平总书记明确指出："我国生态环境保护中存在的一些突出问题，一定程度上与体制不健全有关。"[②] 推进环境精细化治理，必须精细化厘定政府的环境职能，有效整合不同层级的政府及相关部门的资源，推进政府与社会组织的合作共治，建立健全大数据与环境治理的互促机制，以提升环境治理的绩效。

1. 监测管理体制改革是环境精细化治理的前提

环境精细化治理离不开环境监测基础数据的支持，而且，环境精细化治理的成效也要依靠环境监测来验证。中共十八届三中全会提出"建立环境资源承载能力监测预警机制"，明确了环境监测在环境精细化治理中的"哨兵"和"耳目"作用。中共中央、国务院发布的《关于加快推进生态文明建设的意见》提出，"健全覆盖所有资源环境要素的监测网络体系"。"十三五"规划纲要提出，"建立全国统一、全面覆盖的实时在线环境监测监控系统，推进环境保护大数据建设"，凸显了环境监测在环境精细化治理中的基础作用。《生态环境监测网络建设方案》（国办〔2015〕56号印发）提出了"全面设点、全国联网、自动预警、依法追责"的环境监测网络建设方针。新修订的《中华人民共和国环境保护法》对各级政府组织开展环境质量监测、污染源监督性监测、应急监测、监测预报预警、监测信息发布等方面做出了规定。另外，重要规划和污染防治行动计划，如大气、水、土壤污染防治计划也对环境监测提出了新要求。

目前，中国已形成了覆盖水、大气、土壤、森林、草原、海洋、湿地等多种生态环境要素的监测网络体系，也在一些地方开展了一些监测管理体制改

革试点,江苏省就是其中之一。经过几年的尝试,江苏省环境监测能力不断提升,监测体系逐步完善。江苏已全面具备水、气、土壤、生物、噪声等各要素检测能力,其减排监测体系建设、监测预警体系建设、地表水有机污染物深度分析、生态遥感监测、应急监测能力等均达到全国领先水平。江苏省已建成覆盖全省的各要素环境质量监测网;拥有计量认证和实验室认可等多种措施保障监测质量;重大专项研究助推监测技术能力不断提升;环境监测信息公开力度不断加大,逐步满足社会公众对环境质量状况的知情权;开展全方位监测技术培训,引进专业人才,环境监测队伍不断壮大①。

　　然而,与全国其他省份一样,江苏省的环境监测也面临一些困境:① 部门监测网络分割,信息壁垒普遍存在。环境监测职能分布在生态环境、自然资源、水利、林业与草原、海洋、农业农村等诸多部门,而且同一生态环境要素由不同部门交叉监测,如生态环境、气象、交通三个部门分别管理着三个不同而又部分交叉的大气监测网络。这导致了环境监测的数据不统一,不同行业部门的监测数据无法对比。② 尚未形成权威统一的、涉及各行业的、可操作的环境监测技术规范和分析方法标准。在环境监测活动中,有关布点、采样、样品运输与保存、实验室分析、数据处理、分析评价及报告编制等方面的技术规范还没有统一,资源浪费较为严重。③ 环境监测数据不够真实,代表性不足,没有相应的法律法规和制度约束。尽管2007年国家环保总局颁布了《环境监测管理办法》,但是这部管理办法没有具体的实施细则,且已经跟不上环境监测工作发展的需要。这样一来,一些地方的环保部门为了地方的政绩而谎报环境监测数据的现象普遍存在,影响了环境监测数据的真实性和代表性。

　　立足于环境精细化治理,中国亟须建成与环境治理体系和治理能力现代化相适应的、先进的环境监测管理体系与业务模式,实现环境监测的多元化、社会化和智能化,全方位支撑城市生态文明建设。一是健全法律法规。以国家及省有关环境保护和环境监测法律法规、条例为指导,加快环境监测

---

① 张涛,沈红军,董圆媛,等.江苏省环境监测发展战略思考[J].环境监测管理与技术,2013,25(5):4-6,51.

法制化，为环境监测活动提供执行依据和法律保障。以地方立法形式出台一批法律法规，如《环境监测管理条例》和《环境监控设施监督管理办法》等，用具体化的条文规范环境监测行为，形成与社会经济发展、环境保护事业相适应的监测法规体系。二是创新环境监测体制机制。以生态环境部门为主，在统一技术规范与标准、统一规划和布局的前提下，整合各部门的环境监测和信息网络，建立统一服务于各级政府和社会公众的环境监测和信息网络平台，形成监测管理全省一盘棋、监测队伍一条龙和监测网络一体化的环境监测格局。同时，推进环境监测专业市场的形成，增加入库社会检测机构的数量，实现监测主体多元化发展。三是完善环境检测机构的绩效考评、信用评价制度、行政问责、预警与退出机制、黑名单制度等，对包括社会检测机构在内的环境监测机构进行动态监管。四是加快环境监测智能化发展。完善科技创新机制，加大科研投入力度，以监测科研为平台，全面拓展实验室监测、自动监测、移动监测及遥感监测等领域的技术创新。

2. 环境职能的精细化厘定是环境精细化治理的核心

就目前而言，地方政府的政治统治职能呈现隐性化的趋势，而社会职能和生态职能则呈现扩大化的趋势。随着环境危机和风险的加大，地方政府生态职能的发挥就愈显重要。地方政府的生态职能是城市生态文明建设最有影响力的因素，当前尤其要加强政府的环境引导职能、环境调配职能和环境监管职能。

实施环境精细化治理就是要将目标细化、标准细化、任务分解、流程细分，实施精确决策、精确控制、精确考核，使每一项工作内容都能看得见、摸得着、说得准。因此，推进环境精细化治理，除了强化地方政府的环境职能外，还需要按照横向环保资源分工合作、纵向环保资源统一合理配置的要求，对地方政府的环境职能进行专业化、清晰化、细致化的梳理。只有把政府、市场和社会各自的职能划分清楚，并且将不同层级、不同部门以及不同区域的政府的环境职能细化，环境精细化治理才会取得事半功倍的效果。与政府的环境职能精细化厘定相适应，还要科学配置、优化整合政府职权和政府资源，实现政府环境职能与环境治理结构的无缝隙衔接，这是环境精细化治理的核心。当前，应围绕打造城市居民幸福感的工作流程这个目标，对政府职权进行科学配置,对行政资源进行优化整合,既包括政府的流程资源、人员、成本投入等有形资源,也包括制度、权利、公信力等无形资源的配置与整合。通过细化具体的操作环节,优化治理流程,将各类行政资源进行串联,促进各个环节有序衔接。

3. 跨部门协同是环境精细化治理的关键

环境治理的碎片化源自环境治理在制度安排上的特点:部门的条块分割、不同区域之间缺少协调,无法解决跨部门、跨地区和涉及多个利益主体的复杂环境问题及冲突。这一情况导致了环境治理中价值整合的碎片化、资源和权力结构性分布的碎片化以及政策制定与执行的阻隔等问题。显然,环境治理中的跨部门协同问题已成为环境精细化治理理论与实践领域亟待解决的重要问题。

基于此,环境治理体制成为当前生态文明体制改革的重点领域,改革主要从两个方面展开:① 在横向关系上,为克服多头监管、交叉监管和"碎片化"监管问题,以整体性、综合性监管为目标的"环保大部制改革"正逐步加以推行。根据《深化党和国家机构改革方案》,新组建的生态环境部整合了分散于环境保护部、国家发展和改革委员会、水利部、农业部和国家海洋局等部门的环境保护职责,从大环境、大生态、大系统入手,着力解决环境污染和生态破坏问题。② 在纵向关系上,为克服地方保护主义,加强对地方政府履行环保职责的监督,以增强管控能力、强化监督为目标的环保垂直管理制度改革得以实行。根据2016年发布的《关于省以下环保机构监测监察执法垂直管理制度改革试点工作的指导意见》,县级环保局不再作为同级政府的组成部门,调整为上级环保部门的派出分局;市级环保局实行以省环保厅(局)为主的双重管理;环境质量监测和环境监察职能统一上收到省,由省环保部门统一负责和管理;环境执法重心下移,由市级环境部门对所辖区域的环境执法队伍进行集中管理。从实践情况看,环保垂直管理改革首先在河北、上海、江苏、重庆等地进行试点,试点省市制定改革实施方案后报环保部和中央机构编制委员会办公室审批后加以执行。

尽管《深化党和国家机构改革方案》对生态环境部的职能整合更加科学,权责更加明晰,职能交叉重叠现象大为减少。然而,正如前文所述,生态环境部的协调类、参与类职能还存在弱化、虚化的可能。从行政管理层面来看，目前环境管理职能分散在各个政府部门，导致种种体制性内耗，降低了行政管理的效率。因此，条件成熟的省可以率先在这两个方面先行改革：一是将各级环保部门从地方政府剥离出来，实行垂直领导；二是把分散在各部门的环境污染防治的行政监管职能整合到环境保护部门，从而建立起统一保护和修复、独立监管和行政执法的体制机制。同时，构建以提升环保部门统一监管协调为主旨的部际协同机制。以江苏省为例。尽管江苏省建立了环境保护部联席会议制度，但是其部际协调机制缺乏行使职能的法定途径，在促进综合环境决策、加强环保协调方面的作用十分有限。因此，有必要以江苏省政府办公厅的名义在省级层面建立跨部门、跨区域的环境治理协调委员会。考虑到城市生态文明建设的实践困境和当前的政治体制，需要进一步确立环境协调委员会的权威。建议在省一级，由副省长级别的官员兼任环境协调委员会主任，定期开会，协调环保部和其他相关环境职能部门的工作，真正有效地推进部门间的沟通与合作。在垂直管理后，为确保基层政府在环境治理上的权力和能力相匹配，建议设立常规性的"环境协调委员会"，而不是设立临时性的"领导小组"，定期召开委员会会议，部署、落实相关工作。地方生态环境部门应参加同级政府"环境协调委员会"会议，必要时担任该委员会常设办事机构（办公室）主任，并研究、制定本地区的环境保护"权力清单"和"责任清单"，真正强化生态环境部门的统一监管、协调职能与权力。通过环境协调委员会打破部门间的对立，健全相关合作与协调机制，解决环境治理的"碎片化"问题，是环境精细化治理的关键。

（三）加大对环境精细化治理的核心行动者激励

在地方政府日益形成独特利益结构和利益视角的背景下，对地方政府核心行动者的分析显得尤为重要。核心行动者是指在环境精细化治理过程中被正式制度纳入权力体系的核心成员，在制度体系和行为结构中具有主导话语权和根本决定权，是环境精细化治理的支配力量。在中国，地方政府核心行动者当前主要指地方党委"一把手"，随着民主政治的发展，将逐渐被地方领导班子的集体行动团队所取代。核心行动者既可能是"理性经济人""政治交易人",也可能是兼容政府利益(个人利益、部门利益、政府自身利益)和环境公共利益的务实者。

实际上,环境精细化治理不仅是一个技术问题或制度问题,更是一个权力结构和主体结构问题。一般而言,相当数量的权力资源、财税资源、法制资源和文化资源大多掌握在地方政府的核心行动者手里,如果环境精细化治理体系和行为结构中的核心行动者具有明确的环境偏好,则必然能够通过其指令、号召甚至个人魅力,推动地方政治与行政系统共同发挥集体功能,合力进行环境精细化治理。然而,在面临着激烈的地方政府竞争和GDP导向的政绩考核的情况下,地方政府的核心行动者大多会认为可见的经济绩效、可预期的政绩收益、可感知的体制压力等效用目标优于环保目标,因此对环境精细化治理缺乏动力。如何通过目标和战略设定、政策议程设置和监督制度设计,对环境精细化治理的核心行动者的激励机制扭曲、相应的动力衰竭与行为偏差进行有效规引,是环境精心化治理的前提。

1. 以绿色发展战略导引地方政府核心行动者

中共十八届五中全会将绿色发展理念作为"十三五"规划的五大发展理念之一,这意味着中国的经济发展模式将由追求局部、短期、物质利益的自我中心主义向倡导包容、和谐、可持续发展的共生主义价值观念转变。胡鞍钢等人旗帜鲜明地指出,"绿色发展是中国'五大发展'的基础性问题,也是中国经济社会发展最重要的约束条件"①。只有以绿色发展的成就实现人民对美好生活的向往,才能使人民群众在享受绿色福利和生态福祉中促进经济社会持续健康发展和人的自由而全面发展,从而最大限度地体现出发展应有的经济价值与社会价值、自然价值与人文价值、代内价值与代际价值的辩证统一②。

美国学者西蒙·莱文(Simon Levin)曾说:"人们对世界的看法迥然不同,源于人们借以观察世界的窗口的大小不同。"③只有以全新的视角——生命共同体来看待经济、社会与自然的进一步发展,并将绿色、和谐、平等和

---

① 胡鞍钢,鄢一龙,等.中国新理念:五大发展[M].杭州:浙江人民出版社,2016:62.
② 方世南.领悟绿色发展理念亟待拓展五大视野[J].学习论坛,2016,32(4):38-42.
③ 斯奈德.地球:我们输不起的实验室[M].诸大建,周祖翼,译.上海:上海科学技术出版社,2008:4.

可持续发展理念内化于心,地方政府核心行动者才能增强环境理性,提高环境自觉,进而优化其可能采取的环保行动。

将绿色发展理念深深地根植于地方政府核心行动者的内心深处,就必须"把激励搞对"。核心行动者不是一个中立和万能的代理人,它是政策过程内生的参与人,面临着特定的激励约束。有效的激励约束,最重要的是充分发挥环境治理体系中制度存量的作用,并提升引导增量的影响力。从制度存量来看,除了要激活正式制度对于地方政府核心行动者的约束力,将环境政治话语与法律、法规、政策等文本性的规范力量变成可评估、可落细、可落地的实践机制,避免"板子高高举起但轻轻落下"以外,还需要发挥非正式制度对于核心行动者的影响,不断以顶层设计和意识形态教化实现对核心行动者的"内部改造",增强核心行动者对上层建筑的认可。从引导增量上看,一方面要丰富政治升迁考核的内容和形式,将社会公众的环境权益保障、环境舒适度、居民幸福指数等社会绩效指标纳入核心行动者的政治升迁考核指标体系中,将资源消耗、环境损害、生态效益指标标准化和具体化,建立体现城市生态文明建设要求的目标体系、考核办法、奖惩机制,增强核心行动者对上层建筑的认可;另一方面则要采取差异化的绩效考核办法,促使各地区核心行动者因地制宜地制定环境治理的路径和对策,最大限度地减少自身环境治理所产生的正外部收益的"外溢",以及其他行政区环境治理不作为引发的负外部效应的"流入"。差异化的绩效考核,不仅可以提升对核心行动者激励的针对性和有效性,而且还可以规避掠夺式开发、零壁垒引资式污染、污染保护主义等异化的地方政府竞争行为。

2. 通过协商民主优化政策议程来规制地方政府核心行动者

环境精细化治理需要一种既能包容环境利益分歧又能化解环境利益矛盾的制度设计,协商民主就是这样的制度安排。"平等、自由的公民在公共协商过程中,提出各种相关理由,说服他人,或者转换自身的偏好,在广泛考虑公共利益的基础上,利用公开审议过程的理性指导协商,从而赋予立法和决策以政治合法性。协商民主的实质是以理性为基础,以真理为目标。"[1]

---

[1]　陈家刚.协商民主引论[J].马克思主义与现实,2004(3):26-34.

协商民主能够发挥政策议程的设定功能：提出环境议题——大众传媒——公众议程——形成公共能量场——外压——迫使政府正视和重视环境议题——政策议程——环境精细化治理。而且，协商民主能够在完善备选方案、利益平衡方面平等沟通、汇集众智，从而产生协同增效的作用。协商民主的共同产出能实现较之任何一个行动者"单干"所不能具有的"增加的价值"，从而做出比一元化政府更为科学、民主的环境治理决策。正如全钟燮所指出的："以多元主义为基础，通过对话、参与和分享利益等民主进程，可能获得比政府单干多得多的解决问题的途径。"①

随着社会利益逐渐分化，人们对生态环境的诉求也呈现出差异化特征：经济精英大多倾向于从经济利益的角度关注环境价值，政治精英大多倾向于从社会效益的角度关注环境价值，而普通民众则倾向于从健康、生活质量、幸福感的角度关注环境价值。在多元环境利益的协商治理中，多主体具有表达、伸张、维护正当环境利益的权利，同时，各方利益并不可能完全一致甚至相互冲突，这就决定了多元环境利益的协商治理是一个多方利益的博弈过程。虽然经过这样的政策议程所达成的共识并非一定最优，但经过博弈交流达成大体均衡的关于环境公共利益的共识，至少在程序上是正义的，因而具有政治意义上的合法性。从这个意义上说，通过协商民主优化政策议程是促进地方政府核心行动者进行精细化治理的精义之所在。

3. 以制度化、严格化的环境问责机制约束地方政府核心行动者

环境问责是指问责主体以保障环境公益、实现环境正义为施政目标，将各级政府部门和主要官员（即核心行动者）作为问责客体，对他们所承担的环境保护责任的履行情况进行监督考核，并依据特定程序对其环境不作为、乱作为和慢作为行为开展责任追究的制度。"要建立责任追究制度……对那些不顾生态环境盲目决策、造成严重后果的人，必须追究其责任，而且应该终身追究。"②从政治学角度来讲，人民代表大会及其常务委员会是最重

---

① 全钟燮.公共行政的社会构建：解释和批判［M］.孙柏瑛，张钢，黎洁，等译.北京：北京大学出版社，2008：前言10.
② 中共中央文献研究室.习近平关于社会主义生态文明建设论述摘编［M］.北京：中央文献出版社，2017：100.

要的问责主体,来自人民代表大会的问责是环境问责制的核心①。由立法机关作为问责主体,是立法机关所拥有的法定职权,具有法律依据,具有较高的权威性。实施环境问责,目的不仅在于让核心行动者事后为其失职、失责行为承担必要的责任,更重要的是发挥激励约束机制的作用。环境问责制度的本质在于借助事后责任追究的威慑性,强化核心行动者的绿色发展、经济与生态环境协调发展理念。因此,环境问责的运作流程是一种既指向环境责任的末端,又指向责任的起点以及环境保护责任落实全过程的有机循环系统。

《中共中央关于全面深化改革若干重大问题的决定》在加强生态文明制度建设部分,提出了最严格的自然资源资产负债表制度、领导干部任期内自然资源资产损益审计制度和生态环境损害责任终身追究制度。当前的重点是推行权力负面清单制度、重大生态文明行政处罚备案审查制度、环境污染责任保险制度、离任官员环境责任追踪制度等,形成源头严防、过程严管、后果严惩的制度体系。在此基础上,还可探索设置"环境问责追踪卡",即在核心行动者的人事档案中,设置一张环境绩效考核、责任承担追踪卡。利用这张卡片,记录核心行动者批建的所有重大项目及其发生的危害,以及环境污染治理不作为,终身跟踪。

制度化、严格化的环境问责机制,特别是将环境质量列为地方政绩考核指标以及离任审计的制度,对于转变核心行动者的政绩观、发展观,推动核心行动者进行环境精细化治理无疑具有较大的激励作用。

第三节 迈向新时代的城市环境法治化治理

城市生态文明建设必须在法治的指导与保护下进行。这是世界各国长期实践所得出的结论。习近平总书记指出:"只有实现最严格的制度、最严

---

① 张贤明.官员问责的政治逻辑、制度建构与路径选择[J].学习与探索,2005(2):56-61.

密的法治,才能为生态文明建设提供可靠保障。"① "从秉性—行为—问题的逻辑角度看,环境污染是系统相关主体的微观行为涌现出来的宏观表现。"②城市环境污染之所以比较严重,其根本是没有很好地约束人的行为。环境法治化治理能有效地约束人们改造自然的行为,将"人与自然和谐相处","尊重自然、顺应自然、保护自然","绿水青山就是金山银山",转化为人们的自觉行动。

一、环境法治化治理的内涵 ▷▷

　　环境法治化治理是衡量城市生态文明建设水平及规范性、权威性、稳定性的重要标准,是城市生态文明建设的动力和保证。法治化治理与生态环境的融合,是生态文明发展的一个重要标志。所谓环境法治化治理,就是以人与自然和谐共生的理念为价值取向,运用法治思维和法治方式,尊重和保障公民环境权益的环境治理模式。在中共十八大报告提出的"运用法治思维和法治方式"精神的指引下,法治思维将成为未来中国社会的主流意识形态,法治方式将成为国家治理、社会治理与环境治理的主要手段。不同的历史时期,法治建设的重点也不同,因而法律思维和法治方式的内容也会呈现不同的样态。在现阶段,法治思维的核心在于坚持合法性判断优先,坚持规则意识,强调程序正义。"所谓'法治思维',是指公权力执掌者依其法治理念,运用法律规范、法律原则、法律精神和法律逻辑对所遇到和所要处理的问题(包括涉及改革、发展、解决纠纷、维稳等各领域、各方面的相关问题)进行分析、综合、判断、推理和形成结论、决定的思想认识活动与过程。"③法治思维是在法治意识、法治观念基础上的进一步升华,对制度建构和具体实践将起到巨大的推动作用。

　　法治方式则是基于法治思维所衍生的行为方式。法治思维与法治方式是内容与形式的关系。法治思维是实施法治方式的思想基础,决定着法治

---

① 习近平谈治国理政[M].北京:外文出版社,2014:210.
② 刘小峰,杜建国.环境行为与环境管理[M].南京:南京大学出版社,2013:18-19.
③ 姜明安.运用法治思维和法治方式治国理政[J].中国司法,2013(1):14-15.

方式。法治方式是法治思维的表现和具体化,体现了法治思维。在法治政府建设的过程中,法治思维和法治方式特别要求政府部门及其工作人员在处理问题时,摒弃合利性判断代替合法性判断,政策思维替代法律规则思维,将法治的精神、理念、规则等自觉运用于认识、分析、处理问题的过程中。

　　第一,运用法治思维和法治方式要求合法性判断优先。对政绩的评价,归纳起来大致有两种方式,即合利性评价和合法性评价。合利性评价又叫功利性评价,是指政府在大多数公众及利益团体中能实现政府基本功能的程度,即政府执政、政府治理的实际业绩。一般而言,政府须为民众提供最基本的安全、秩序与生活质量保障,须建立一个以民众为中心的社会发展框架,否则就无法得到民众的认同和支持。合法性需要合利性的支持。然而,过分夸大经济绩效或合利性在合法性建设中的作用,则十分危险。亨廷顿对此进行了研究,提出了合法的“政绩困局”这一命题。在他看来,“把合法性建立在政绩基础之上的努力产生了可以被称作政绩困局的东西”,“由于它们的合法性是建立在政绩的标准之上,威权政权如果不能有好的政绩,将失去合法性,如果政绩好了,也将失去合法性”[①]。因为在政绩成为合法性的唯一来源的情况下,如果政府有了好的政绩,如实现了经济增长或社会稳定,那么民众很可能就会关注其他问题,如公平、正义、主观幸福感以及个人本身的发展等。如果说社会生产力是判定一个社会发展水平高低的工具性尺度,那么公平、正义、主观幸福感和人本身的发展则是判定一个社会健康和谐发展的价值尺度。而这些是那种把政绩作为唯一合法性来源的政权难以解决或提供的。实际上,合法性的来源包括绩效、法理、意识形态、个人品质等诸多方面,单靠某一个方面显然是不够的。其中,行为或社会关系合法合规是合法性最重要的来源。法治思维和法治方式的重心在于合法性的分析,即围绕合法和非法来思考和判断一切有争议的行为、主张、利益和关系。从这个意义上说,在法治背景下,运用法治思维和法治方式首先要求坚持合法性判断优先而不是合利性优先。尽管合利性评价标准明确,可操作性强,但它只能触及政府

---

① 亨廷顿.第三波:二十世纪末的民主化浪潮[M].刘军宁,译.上海:三联书店,1998:59-64.

治理的表层。合法性判断虽然难以在短时间内出绩效,却着眼于社会关系与利益的根本协调,能够从根本上解决问题。一言以蔽之,只有坚持合法性判断优先,才能真正使"纸面上"的法转化为"现实中"的法。

第二,运用法治思维和法治方式要求坚持法律规则意识。法治的核心是规则之治,规则是法治的基础。美国学者富勒指出:"法治的精髓在于,在对公民采取行动的时候……政府将忠实地适用规则,这些规则是作为公民应当遵循、并且对他的权利和义务有决定作用的规则而事先公布的。"①就法治思维而言,规则意识是其核心要义。缺乏规则意识,不善于根据规则进行思考,就无所谓法治思维和法治方式。这里所说的规则是一种规范社会生活中的人的行为和人际关系的准则。它包括国家权威部门颁布的宪法、法律、法规和党内文件等正式规则,也包括社会自发形成的习俗、习惯以及行业规则、行业标准等非正式规则。非正式规则与正式规则一样能够逻辑自洽,但其适用主要依靠教化和自律。因此,广义上的规则包括法律规则、政策规则、道德规则、宗教规则、行业规则等各种规则。但是,作为法律思维内涵之一的规则思维,这里的规则指的是法律规则。对于政府而言,法律规则为其提供了权力合法性的依据,划定了权力边界,促使其在行使权力时守规矩,一定程度上排除权力行使的主观性、易变性、部门性。对具体的政府公务员而言,法律规则能够规范其行为。法律规则意识强调政府及其工作人员要以实在法规则为基础,以忠实于法律文本载明的规则来进行市场治理、社会治理和自身的治理,不能动辄以价值判断和利益衡量等方法来替代法律规则,也不能以潜规则来替代显性的法律规则,更不能以特权意识和"找人不找法"的"关系思维"替代规则意识。从根本意义上来看,规则意识不是从外部塞进人的头脑里的,而是内化于心的权力行使的正当性意识和节制意识,具有强制性、确定性和权威性特征。规则意识不仅奠定了法治社会的基础,而且是法治思维得以衍生和外化的前提。

第三,运用法治思维和法治方式要求坚持程序正义。重视程序的价值,维护程序正义是法治进步和社会文明的重要标志。公正的法治秩序是正义

① 富勒.法律的道德性[M].郑戈,译.北京:商务印书馆,2009:242.

的基本要求。法治则取决于一定形式的正当过程，而正当过程又通过程序来实现①。学者季卫东甚至认为，"缺乏程序要件的法制是难以协调运作的，硬要推行之，则极易与古代法家的严刑峻法同构化，其结果往往是'治法'存、法治亡"②。程序正义是指地方政府的任何行政作为，必须严格按照法律规范事先明确规定的正当、公正、公开程序进行。程序对于法治思维和法治方式的意义在于，程序具有权力运行的中立性、政务信息的透明性、治理过程的不可逆性和非人情化的特性。通过促进公众参与、平等协商、减少模糊空间，使地方政府官僚武断、任性和伸手过长的危害减少到最低限度。缺乏程序正义，其结果不但有损形式合理与程序公正，而且也有损于实质合理与实体公正。在行政场景中，首先，地方政府要坚持平等地对待各方当事人，排除各种不平等或不公正的因素，保障程序参与者平等沟通、对话与协商。其次，要保障公众的知情权，地方政府的行为要阳光透明，不仅要告知行政相对人和其他利害关系人，还要满足公众对政府信息公开的要求，接受公众的监督和质询。再次，在地方政府环境治理过程中，充分履行表明身份、通知、告知，说明理由，听证等义务，真正实现程序上公正。最后，建立程序违法和程序滥用责任追究制，从根本上杜绝执法过程中程序法制虚无主义现象，让程序违法就是违法行政的观念深入人心。

二、推进城市生态文明建设需要运用法治思维和法治方式 ▶▷

如果城市生态文明建设是基于执政者的个人意志、偏好、利益，需要上级领导者的指示，而没有形成长效稳定的制度形态，城市生态文明建设就容易失序。只有牢固树立绿色发展观，将城市生态文明建设的内容和形式以及所形成的权利义务关系用具有稳定性、权威性的法律规范予以制度上的确认，才能实现城市生态文明建设的可持续发展。

现代社会的发展表明，城市生态文明建设不可避免地受到外部环境的

---

① 罗尔斯.正义论[M].何怀宏,译.北京:中国社会科学出版社,1998:225.
② 季卫东.法律程序的意义——对中国法制建设的另一种思考[J].中国社会科学,1993（1）:83-103.

影响和制约,离不开经济、行政、法律等多重手段与措施的相互协作和支持。但其中最重要的应是法律手段。美国法学家庞德指出:"从16世纪以来,法律就已成为社会控制的首要工具。"① 如果将"社会控制"这一说法移植到城市生态文明建设的语境下,可以说,法治是城市生态文明建设的首要工具和权威性保障。城市结构性、累积性民生矛盾的解决有赖于法治的实施,而法治固有的程序化规则训诫属性又决定了它能够有效地解决在工业化、城市化进程中出现的环境污染和生态破坏问题。实际上,城市生态文明建设陷入困境的深层根源在于地方保护、部门利益、短视观念、政绩思维、搭便车行为等,这些都与法制不健全或者法治实施不到位有关,造成环境决策呈现出短视化、动态化、随意化等特征。因此,要从根本上推进城市生态文明建设,必须把生态文明纳入法治化的轨道,强化生态文明领域的立法、执法、司法等法治环节,把法治的价值、理念、思维、方法等贯穿到城市生态文明建设的全过程,充分运用法律手段管理各项民生事务,充分发挥法治的"稳定器"和"加速器"功能,为环境污染和生态破坏问题的解决提供预防、监督和制约等法治保障。否则,城市生态文明建设一定是脆弱的、不稳定的。正如莫里森所说,"法律规则和原则表达和保护法律秩序中的权利,因而能使个人能够拥有安全的社会空间,使少数人不至于成为功利主义计算的牺牲品"②。

　　然而,考察现有的关于环境保护的法律法规,会发现许多生态文明领域的法律法规已经较为完备。问题在于这些法律法规是否在实践中发挥作用,能否推进城市生态文明建设的发展? 例如,2015年,中国加大了对环境污染治理的力度,修订并出台了更加严厉的《中华人民共和国环境保护法》。然而,一些地方的环保部门为了解决经费来源问题,以收费和罚款作为主要执法手段,而不以减少和消除污染为目的,致使污染环境的行为屡禁不止,大气污染、水污染、土壤污染、生物污染等问题依然严重。再比如,中国专门制定了《中华人民共和国环境影响评价法》,也出台了《"十三五"环境影响评价改革实施方案》,环境影响评价制度是一项很好的制度,既

① 庞德.通过法律的社会控制[M].沈宗灵,译.北京:商务印书馆,1984:131.
② 莫里森.法理学[M].李桂林,李清伟,侯健,等译.武汉:武汉大学出版社,2003:453.

可以有效预防环境损害的发生,也能够将环境风险控制在可以接受的范围内。但是,一些地方不按照环境评价制度办事,环境评价难以落地。2016年4月,"中国之声"《新闻纵横》披露的天津蓟州区垃圾焚烧发电厂项目环评做假,致使项目投入运行后产生严重的环境污染,就是一个典型例证。很多重大建设项目,边施工、边进行环境评价,环评制度形同虚设。可见,法律制度并非完全是解决城市生态文明建设的灵丹妙药。这是因为城市生态文明建设事关社会各个领域和各个方面,面临各种复杂情况。更为重要的是,城市生态文明建设在一些重点领域和关键环节还存在一系列亟待解决的体制性、机制性问题。法律规范固然重要,然而,部分法条相对笼统和宏观,缺乏具体的操作细则,而且法规之间相对独立,缺少相应的衔接。为补齐短板,在城市生态文明建设过程中,因地制宜的模式设计、灵活的政策调适等也同样重要。"事实上,法律一般都会赋予执政者一定的自由裁量空间,只是这种自由裁量不同于'人治'的任意裁量,而是在坚持普遍性、原则性、稳定性和可预期性的前提下的自由裁量,是在追求实质正义和形式正义统一前提下的自由裁量。"[1] 如何避免"自由裁量"偏离城市生态文明建设的目标,同时又充分发挥"自由裁量"的必要补充作用,使其成为法律制度确定后城市生态文明建设的动力和保障机制。法治思维和法治方式成为这些问题的解决之道。

只有当政府能够自觉地而不是被动地、经常地而不是偶然地按照法治思维来思考环境问题时,才会有与城市生态文明理念相一致的普遍行为方式。因此,推进城市生态文明建设,就要有与之相适应的法治思维及法治方式,并且其他思维方式都要服从法治思维,确立法治思维的主导地位。如果执政者还习惯于以经济思维、政绩思维处理各类问题,还习惯于以言代法、以权压法、徇私枉法,经济思维、政绩思维、领导思维、特权思维的叠加效应,必然导致法律所表达和执行的,并非公众合理诉求的"生态环境民生福祉",而是地方政府赐予公众的"生态环境民生福祉"。

---

[1] 姜明安.法治、法治思维与法律手段——辩证关系及运用规则[J].人民论坛,2012(14):6-9.

　　显然,运用法治思维和法治方式推进城市生态文明建设,不仅能借助于规则的公开透明实现生态环境投入的稳定,从而避免权力运行因个人意志而朝令夕改,能借助于规则的普遍化将特权排出体外,避免环境权利的分配因人而异、依等级而有差别,而且还能促使地方政府核心行动者根据具体情况,根据生态需求科学决策,确保城市生态文明建设中政策设计过程的合理性、科学性,并在法治范围内最大限度地实现灵活性与适应性。更为重要的是,运用法治思维和法治方式引领城市生态文明建设,有利于推动公正、平等等法治理念深入人心,增强公众的环境权利观,从而为城市生态文明建设培育社会自觉,提供内在动力。正是在这个意义上,法治思维和法治方式对城市生态文明建设具有重要的激励和约束作用,是城市生态文明建设的行为准则和运行方式。

三、运用法治思维和法治方式推进城市生态文明建设的路径 ▶▷

　　运用法治思维和法治方式对于推进城市生态文明建设具有决定性作用。然而,作为社会生活中的人,由于自身能力的限制、生活环境的制约、理想信仰的差异等,每个人的生活需求是不同的。这就决定了城市生态文明建设必然不是统一集中的,而是呈多元分散状态:既要坚持运用法治概念原理对生态环境领域中的种种问题进行认识和判断,也要运用法治原则对生态环境领域中的种种问题进行综合推理;既要坚持以政府为主体的公权力主导,也要提高公民及社会组织的民主参与水平;既要坚持在宪法、法律范围内的规范化、制度化要求,也要坚持因地制宜,根据人的生存发展需要灵活调适。这种综合性、全局性的城市生态文明建设路径彰显了法治思维和法治方式的规范作用和理性品质,是解决环境问题、实现可持续发展的重要助推力。

(一)法律认知判断与逻辑推理相统一

　　法治思维就是将法治的诸种要求运用于认识、分析、处理问题的思维方式。法治思维的第一个层次就是法律认知判断层次,即政府根据法律规定对有关民众福利的民生现象、行为或诉求得出是否合法的判断。法律认知不同于经验认知,经验认知非常重要,甚至法律思维正确与否也需要借助经验来检验。然而,经验认知对于民生需求属于何种性质、何种状态的分析是一种不确定、不精准的分析,具有一定的模糊性、不确定性、情感性等特点。相反,法律认知判断从现有的实体法规范出发,强调对于既定实体法的尊重和运用,具有认定事实的证据性、适用法律的专业性、逻辑思维的严密性和评价标准的合法性。政府要坚持法律认知判断,履行法律规定的环境责任和义务,从而推进生态文明建设。

当然,纯粹的法律认知判断不能解决法律执行中的棘手的环境问题,不能保证思维结果的实质有效性。要全面地把握生态环境改善问题,还需要借助逻辑推理从形式与内容上加以补充分析。因此,法治思维的第二个层次就是逻辑推理层次,即运用法治原则对环境领域中的种种问题进行逻辑推理,并得出结论乃至解决的办法。城市生态文明建设不可避免地会面对各种矛盾,尤其是在利益多元化的时代,城市居民的利益诉求在整体上虽然趋向一致,但具体情况千差万别,如邻避冲突现象,既需要地方政府运用法律进行认知判断,同时还需要结合其他因素,进行综合性衡量,并做出符合法治要求的环境决策。因此,城市生态文明建设需要法律认知判断与逻辑推理相统一,法律认知判断可以为城市生态文明建设行为提供合法性判断,逻辑推理则通过理性思维为自由裁量赋予法律正当性。

(二)政府科学决策与守法自律相结合

法治思维是法治发展的一种高级形式,是一种以法律规范为基准的理性思考方式。从某种意义上说,法治思维已经超越单纯的法律信仰,成为法的实现的精细化过程。决策的科学与否在一定程度上决定了城市生态文明建设能否健康、可持续发展。在城市生态文明建设上坚持科学决策,首先要从实际出发,实地调研辖区内公众的环境需求、环境态度、环境情感和民生幸福指数,在一些专业领域的决策需要向智库专家咨询,形成初步的科学规划;规划的实施要实行社会公示和社会听证,使地方政府的环境公共物品供给与公众需求相结合,同时,对环境投入的成本、预期收益要有清晰的认识,对地方政府的实际工作能力要综合考量,确保决策的可接受性与可操作性；决策做出后，要对辖区内环境投入、产出、中期成果、最终成果的绩效进行考核评估，并适时调整。

城市生态文明建设必须根植于"人—自然—人"关系的整体性、关联性、开放性等本质属性。在涉及人与自然关系的处理时，具备守法意识的主体才可能尊重和考量自然规律，进而产生约束自我行为的动力。政府科学决策与守法自律相结合，其典型特征可以归纳为：环境问题导向，即针对生态危机寻求对策，以满足人们日益增长的生态需求；立足现在指向未来，寻求政策创新，以平衡环境保护与发展之间的关系；所有治理主体都严格守法自律，注重守法的系统性和开放性；注重法治经验的探索、积累和改善，以促进生态环境保护。换言之，生态人思维是主体成为合格守法生态人的思维要素。城市生态文明建设的实效性、合法性和可持续性，离不开具有守法意识的治理者的治理。治理者的守法意识越高，对于运用法治思维和法治方式推进生态文明建设的配合程度也就越高。

（三）环境法治与政策调适相结合

为了推进生态文明建设，需要在运用法治思维和法治方式时，多一些权变的因素，需要认真对待生态文明建设中的法律论证和价值衡量方法，否则环境法治可能会因为机械化执行而陷入僵化和形式主义的窠臼。这样一来，法治就会失去与民众的沟通和交流，因而会出现很难适应新的环境需求的情形。按照诺内特、赛尔兹尼克的回应型法的理论，法治不是反应或适应的被动机制，而是"应该放弃自治型法通过与外在隔绝而获得的安全性，并成为社会调整和社会变化的更能动的工具"①。毋庸置疑，环境法治需要与政策调适相结合。如何将环境法治和政策调适统摄于城市生态文明建设之下，是运用法治思维和法治方式的重要任务。

环境法治与政策调适二者可以进行平衡的原因在于，其追求的规范性与价值性的统一。第一，生态文明建设的基本依据和行为者的权限要合乎

---

① 诺内特，赛尔兹尼克.转变中的法律与社会：迈向回应型法[M].张志铭，译.北京：中国政法大学出版社，2004：82.

成文法律规范及法理。这是法治思维指导生态文明建设的基础,也是遵循法治化模式的底线。作为一个正常人,每一个人都有对物质产品、精神生活、生态产品等共性内容的需要。要满足这种需要,一种人人都期盼的"第三方"成文法律规范及法理就必须介入。所以马克思指出,"在这里第一次出现了人的法律因素以及其中包含的自由的因素"①。而到了"社会发展的某个阶段,产生了这样一种需要:把每天重复着的生产、分配和交换产品的行为用一个共同规则概括起来,设法使人服从生产和交换的一般条件。这个规则首先表现为习惯,后来便成了法律"②。第二,通过法治思维为自由裁量设定范围,避免权力滥用。对于实实在在的人来说,每个人既有共性的环境需要,同时,其环境需要又是各有特色的。环境民生的多样性、差异性、复杂性必然会存在自由裁量的范围,需要法治思维和法治方式去界定、去解决。因此,有必要将环境民生的需求领域分解为许多部分,为每一部分寻找法律依据,如果可以找到法律法规的明确规定,则按照法律规范去行动,如果存在法律缺失或者表述模糊,则可以归入自由裁量领域。自由裁量领域不意味着可以完全由地方政府核心行动者自行安排,法律对此束手无策,而是意味着通过程序约定、权限限制和责任追究来约束自由裁量行为,从而约束权力的"任性"和专横。第三,城市环境治理者权限范围内的自由裁量行为要以法律规范为基础,规范缺失或表述模糊则要通过集思广益、广纳民意准确研判,并根据法律原则、法律逻辑及法律精神和价值进行推理。第四,政策调适是在法律规范明显缺失或者情势临时变更的情况下,需要因地制宜,以更加灵活的方式处理城市中的环境污染和生态破坏问题。

---

① 中央编译局.马克思恩格斯全集:第46卷[M].北京:人民出版社,1979:195-196.
② 中央编译局.马克思恩格斯全集:第2卷[M].北京:人民出版社,1979:538-539.

参考文献

［1］巴里·康芒纳.与地球和平共处［M］.王喜六,王文江,陈兰芳,译.上海:上海译文出版社,2002.

［2］保罗·R.伯特尼.环境保护的公共政策［M］.2版.穆贤清,方志伟,译.上海:上海人民出版社,2009.

［3］彼得·S.温茨.环境正义论［M］.朱丹琼,宋玉波,译.上海:上海人民出版社,2007.

［4］曾林.生态理性的张扬与经济理性的规制——基于习近平生态文明建设思想的辩证思考［J］.桂海论丛,2018(3).

［5］丹尼尔·A.科尔曼.生态政治——建设一个绿色社会［M］.梅俊杰,译.上海:上海译文出版社,2006.

［6］邓集文.中国城市环境治理的信息型政策工具研究［M］.北京:中国社会科学出版社,2015.

［7］董海军,郭岩升.中国社会变迁背景下的环境治理流变［J］.学习与探索,2017(7).

［8］国家环境保护局编.中国环境保护事业(1981—1985)［M］.中国环境科学出版社,1988.

［9］韩国高,张超.财政分权和晋升激励对城市环境污染的影响——兼论绿色考核对我国环境治理的重要性［J］.城市问题,2018(2).

［10］韩艺.公共能量场:地方政府环境决策短视的治理之道［M］.北京:社会科学文献出版社,2014.

［11］郝清杰,杨瑞,韩秋明.中国特色社会主义生态文明建设研究［M］.北京:中国人民大学出版社,2016.

［12］贺军.中国当代的环境与发展思想［J］.自然科学史研究,1995(4).

［13］贺璇,王冰.运动式治污：中国的环境威权主义及其效果检视［J］.人文杂志,2016(10).

［14］洪富艳.生态文明与中国生态治理模式创新［M］.北京：中国致公出版社,2016.

［15］胡建.从"发展主义"到"可持续发展观"——析江泽民时期的生态文明思想［J］.中共浙江省委党校学报,2015(1).

［16］加尔布雷思.不确定的时代［M］.刘颖,胡莹,译.南京：江苏人民出版社,2009.

［17］加尔布雷思.掠夺型政府［M］.苏琦,译.北京：中信出版社,2009.

［18］姜爱林.论宏观视角的中国城市环境治理制度及其体系［J］.内蒙古环境科学,2009(4).

［19］金太军,沈承诚.政府生态治理、地方政府核心行动者与政治锦标赛［J］.南京社会科学,2012(6).

［20］卡洛琳·麦茜特.自然之死［M］.吴国盛,等译.长春：吉林人民出版社,1999.

［21］寇有观.智慧生态城市是创新的城市发展模式［J］.办公自动化,2018(5).

［22］雷健,任保平.中国生态环境保护的制度供给及其政策取向［J］.生态经济,2007(12).

［23］理查德·杜斯韦特.增长的困惑［M］.李斌,等译.北京：中国社会科学出版社,2008.

［24］理查德·斯科特,杰拉尔德·F.戴维斯.组织理论——理性、自然与开放系统的视角［M］.高俊山,译.北京：中国人民大学出版社,2011.

［25］梁旭.城市环境污染及治理研究［M］.北京：时事出版社,2013.

［26］刘建伟.中国生态环境治理的现代化：问题与对策——基于马克思主义的视角［M］.西安：西安电子科技大学出版社,2016.

［27］卢茨.西方环境运动：地方、国家和全球向度［M］.徐凯,译.济南：山东大学出版社,2005.

［28］卢燕玲.生态文明建构的当代视野——从技术理性到生态理性［D］.北京：中共中央党校,2013.

［29］默里,谷义仁.绿色中国［M］.姜仁凤,译.北京：五洲传播出版社,2004.

［30］曲格平,彭近新.环境觉醒：人类环境会议和中国第一次环境保护会议［M］.北京：中国环境科学出版社,2010.

［31］曲格平.梦想与期待：中国环境保护的过去与未来［M］.北京：中国环境科学出版社,2000.

［32］冉冉.中国地方环境政治：政策与执行之间的距离［M］.北京：中央编译出版社,2015.

［33］宋言奇.城市环境管理的艰巨性与多元分工—协调机制的建构［J］.上海城市管理,2017（4）.

［34］谭九生.从管制走向互动治理：我国生态环境治理模式的反思与重构［J］.湘潭大学学报（哲学社会科学版）,2012（5）.

［35］瓦尔特尔·霍利切尔.科学世界图景中的自然界［M］.孙小李,等译.上海：上海人民出版社,2006.

［36］王芳.行动者、公共空间与城市环境问题——以上海A城区为个案［D］.上海：上海大学,2006.

［37］王志芳.中国环境治理体系和能力现代化的实现路径——以国际经验为中心［M］.北京：时事出版社,2017.

［38］沃德,杜博斯.只有一个地球［M］.曲格平,等译.北京：石油工业出版社,1976.

［39］乌尔里希·贝克.风险社会［M］.何博闻,译.南京：译林出版社,2004.

［40］吴丹洁,詹圣泽,等.中国特色海绵城市的新兴趋势与实践研究［J］.中国软科学,2016（1）.

［41］吴建南,秦朝,张攀.雾霾治理的影响因素：基于中国监测城市PM2.5浓度的实证研究［J］.行政论坛,2016（1）.

［42］吴建南,徐萌萌,马艺源.环保考核、公众参与和治理效果：来自31个省级行政区的证据［J］.中国行政管理,2016（9）.

［43］吴建南,郑长旭.中国城市治理研究的过去、现在与未来——基于学术论文的计量分析［J］.中国行政管理,2017（2）.

［44］吴贤静."生态人"：环境法上的人之形象［M］.北京：中国人民大学出版社,2014.

［45］吴晓军.改革开放后中国生态环境保护历史评析［J］.甘肃社会科学,2004（1）.

［46］夏光.中国城市环境综合整治定量考核的经验与理论研究［J］.环境导报,1996（2）.

［47］向俊杰.我国生态文明建设的协同治理体系研究［M］.北京：中国社会科学

出版社,2016.

［48］肖显静.生态政治——面对环境问题的国家抉择［M］.太原:山西科学技术出版社,2003.

［49］熊家学.论生态社会主义产生的社会背景［J］.湖南师范大学社会科学学报,1994（3）.

［50］徐彬,王季伦.环境冲突治理中的模糊观念与制度缺失检视［J］.理论导刊,2016（2）.

［51］徐海静.法学视阈下环境治理模式的创新——以公私合作为目标［M］.北京:法律出版社,2017.

［52］徐林,凌卯亮,卢昱杰.城市居民垃圾分类的影响因素研究［J］.公共管理学报,2017（1）.

［53］徐曼.改革开放30年环境保护大事记［J］.环境保护,2008（21）.

［54］郇庆治.环境政治学:理论与实践［M］.济南:山东大学出版社,2007.

［55］杨洪刚.我国地方政府环境治理的政策工具研究［M］.上海:上海社会科学院出版社,2016.

［56］余敏江,黄建洪.生态区域治理中中央与地方府际间协调研究［M］.广州:广东人民出版社,2011.

［57］余敏江.政府动员型城镇化政策的困境与反思［J］.社会科学研究,2014（2）.

［58］余敏江,刘超.生态治理中地方政府与中央政府的"智猪博弈"及其破解［J］.江苏社会科学,2011（2）.

［59］余敏江,吴凯.生态治理中央地府际间的协调结构分析［J］.江苏行政学院学报,2011（6）.

［60］余敏江,章静.美丽中国建设中的包容性民主构建［J］.公共管理与政策评论,2015（4）.

［61］余敏江."绿色民生"观的政治哲学解读［J］.南京社会科学,2014（9）.

［62］余敏江.从反应性政治到能动性政治——地方政府维稳模式的逻辑演进［J］.苏州大学学报,2014（4）.

［63］余敏江.地方政府反应性社会治理的逻辑［J］.理论探讨,2014（3）.

［64］余敏江.环境精细化治理:何以必要与可能?［J］.行政论坛,2018（6）.

［65］余敏江.论城市生态权宜性治理的形成机理［J］.苏州大学学报,2011（3）.

［66］余敏江.论区域生态环境协同治理的制度基础——基于社会学制度主义的分析视角［J］.理论探讨,2013（2）.

［67］余敏江.论生态治理中的中央与地方政府间利益协调［J］.社会科学,2010
　　　（9）.

［68］余敏江.区域生态环境协同治理的逻辑——基于社群主义视角的分析［J］.
　　　社会科学,2015（1）.

［69］余敏江.生态治理评价指标体系研究［J］.南京农业大学学报,2011（1）.

［70］余敏江.生态治理中的中央与地方府际间协调:一个分析框架［J］.经济社会
　　　体制比较,2011（2）.

［71］余敏江.以环境精细化治理推进美丽中国建设论纲［J］.山东社会科学,2016
　　　（6）.

［72］余敏江.运用法治思维和法治思维推进绿色民生建设［J］.理论与改革,2016
　　　（4）.

［73］余敏江.中国特色城市环境治理的道路特质［J］.探索,2019（1）.

［74］余敏江.论城市环境治理的生态理性基础［J］.江苏师范大学学报（哲学社会
　　　科学版）,2019（2）.

［75］俞海滨.改革开放以来我国环境治理历程与展望［J］.毛泽东邓小平理论研
　　　究,2010（12）.

［76］约翰·贝拉米·福斯特.生态危机与资本主义［M］.耿建新,宋兴无,译.上
　　　海:上海译文出版社,2006.

［77］翟坤周.生态文明融入经济建设的多位理路研究——制度、机制和路径［M］.
　　　北京:中国社会科学出版社,2017.

［78］翟亚柳.中国环境保护事业的初创——兼述第一次全国环境保护会议及其历
　　　史贡献［J］.中共党史研究,2012（8）.

［79］詹姆斯·奥康纳.自然的理由［M］.唐正东,臧佩洪,译.南京:南京大学出版
　　　社,2010.

［80］张连辉,赵凌云.1953～2003年间中国环境保护政策的历史演变［J］.中国经
　　　济史研究,2007（4）.

［81］张萍,丁倩倩.环保组织在我国环境事件中的介入模式及角色定位——近10
　　　年来的典型案例分析［J］.思想战线,2014（4）.

［82］张钰,袁祖社.从经济理性到生态理性:绿色发展理念的生成逻辑与实践超
　　　越［J］.广西社会科学,2017（5）.

［83］张志敏,何爱平,赵菌.生态文明建设中的利益悖论及其破解:基于政治经济
　　　学的视角［J］.经济学家,2014（7）.

［84］ 周宏春, 季曦.改革开放三十年中国环境保护政策演变［J］.南京大学学报
（哲学·人文科学·社会科学版）,2009（1）.

［85］ 周县华, 等.环境公共治理多主体协同模式研究［M］.北京: 经济科学出版
社,2018.

［86］ AMINZADE, RONALD. Silence and voice in the study of contentious politics
[M]. New York: Cambridge University Press, 2001.

［87］ BECK U. World risk society [M]. Cambridge: Polity Press, 1999.

［88］ BLAIKIE P. At risk: natural hazards, people's vulnerability and, disasters [M].
London: Routledge, 1994.

［89］ BIRKLAND T A. Lessons of disaster: policy change after catastrophic events
[M]. Georgetown University Press, 2006.

［90］ CHARLES E, LINDBLO M. Politics and markets: The World's Political-
Economic Systems [M]. New York: Basic Books, 1977.

［91］ COLEMAN J. Foundations of social theory [M]. Cambridge: Harvard University
Press, 1990.

［92］ DRYZEK J S. The politics of the earth: environmental discourses [M]. 2nd ed.
New York: Oxford University Press, 2005.

［93］ DRYZEK J S, et al. Green states and social movements: environmentalism in
the United States, United Kingdom, Germany, and Norway [M]. Oxford: Oxford
University Press, 2003.

［94］ DOBSON A. Citizenship and the environment [M]. Oxford: Oxford University
Press, 2004.

［95］ DOUGLAS M, WILDAVSKY A. Risk and culture: an essay on the selection of
environmental and technological dangers [M]. Berkeley: University of California
Press, 1982.

［96］ GIDDENS A. The Consequences of Modernity [M]. California: Stanford
University Press, 1990.

［97］ GIDDENS A. Modernity and self-identity: self and society in the Late Modern
Age [M]. Cambridge: Policy Press, 1991.

［98］ HAJER M. The politics of environmental discourse: ecological modernization
and the policy process [M]. Oxford: Oxford University Press, 1995.

［99］ HARDIN G. Living within limits: ecology, economics, and population taboos

[M]. New York: Oxford University Press, 1993.

[100] HILL M. Understanding Social Policy [M]. Oxford: Blackwell, 1997.

[101] IRVING L J. Crucial decisions: leadership in policymaking and crisis management [M]. New York: The Free Press, 1989.

[102] KRIMSKY S. Social theories of risk [M]. Greenwood Press, 1992.

[103] LUHMANN N. Social systems [M]. California: Stanford University Press, 1995.

[104] OLSON M. The logic of collective action [M]. Cambridge, MA: Harvard University Press, 1965.

[105] PARSONS T. Social structure and personality [M]. New York: Free Press, 1958.

[106] POPPER K. The open society and its enemies [M]. London: George Routledge, 1945.

[107] PlUMPTR T, Graham J. Governance and good governance: international and aboriginal perspectives [J]. Institute On Governance, 1999.

[108] SAGOFF M. The economy of the earth [M]. Cambridge: Cambridge University Press, 1988.

[109] SLOVIC P. The perception of risk [M]. London: Earthscan Publications, 2000.

[110] STOREY J. Cultural studies and the study of popular culture: theories and methods [M]. Edinburgh: Edinburgh University Press, 1996.

[111] SZASZ A. Ecopopulism: toxic waste and the movement for environmental justice [M]. Minneapolis: University of Minnesota Press, 1994.

[112] YANG G B. The power of the Internet in China: citizen activism online [M]. Columbia University Press, 2009.

[113] YANDLE B, MEINERS R E. Taking the environment seriously [J]. Lanham, MD: Rowman and Littlefield, 1993.

索 引

C

财政激励 195,198,201

参与式治理 119,122

超前式治理 215-220

城市环境 3,6,15-17,20,22,26,28,
32,34-36,40-48,50,63,64,67,68,
70-77,80,97,102,103,119,120,
122,124,127,128,153,154,169,
174,175,177,178,180,183-187,
189-191,195,197,201-203,205,
206,215,221,228,243,244

城市环境治理 1,3,13-18,20,26,29,
33-35,37,40,42,45-47,50,60,64-
67,69,70,72,76,80,81,92,93,95-
98,100-102,111,116,119,128,129,
139,153,154,164,174,176-179,181,
183,185,187,189-191,194,195,199,
205,208,214-218,225,229,253

D

道德激励 194,195,201,204

低碳城市 164,165,167,170

多属性治理 186,187

F

发展是第一要务 50-52,60,64-66,
72,77

法治化治理 215,243,244

H

海绵城市 164,169-172

黑臭水体治理 158-160

环保军令状 185,186

环保民间组织 94,95,103,105-111,
123-125,127-129

环境威权主义 47,97-100,102

环境维权 128

环境宣传教育 122-124

环境影响评价 32-34,36,43,44,69,
96,106,109,120-122,125,126,
147,234,248

J

机构嵌入 191,192

技术理性 3-12,17,18,25,50

精细化治理　215,221-243

K

科学发展观　80-84,88,91,92,97,
115,119,121,175,176,183,196

L

垃圾分类　15,88,123,161-164,181,
186

蓝天保卫战　154-156

M

美丽中国　9,132-138,140,142,143,
145,147,149,151-154,164,175,
176,215

N

能动式治理　154

Q

权宜性治理　50,64,65,67,68,70-

77,80

S

生态理性　1,8,11,13-18,20,38,42,
44,50,80,92,132,137-139,141,
143,218

生态主义　20,22-26,37-39

X

行政嵌入　191,193

Y

应激开拓式治理　20,41,42,44,46,
47

Z

政治激励　46,190,191,195,198,
201

智慧生态城市　168,169

中央环保督察　145,205,207,208,
210,211

后 记

在改革开放的40年中，中国发生了翻天覆地的变化。而这变化之中一定隐含着所谓的"中国经验"，因为中国并没有完全借鉴西方和苏联既有的发展模式，但是却达到了发展的目的。尽管我们可能还存在着各种问题，比如发展不平衡、不充分，资源约束趋紧，生态破坏和环境污染严重，社会矛盾和问题交织叠加，等等。但这些问题的存在不能否认中国的巨大成功。这巨大成功的背后，不仅蕴含着中国公务人特有的运作模式，而且也蕴含着中国公务人的生存智慧，而这些都是西方公共行政学界难以解释的，需要中国公共行政学界做出自己的解释。在城市环境治理领域亦是如此。改革开放以后，中国既要将工作中心转移到经济建设，又要克服大规模的工业建设所造成的城市环境污染问题。在经济发展和环境保护双重使命的驱动下，中国公务人不断继承和发展马克思主义生态思想，不断学习借鉴发达国家城市环境治理的经验和教训，对城市环境治理进行了卓有成效的实践探索，城市环境治理呈现出一幅波澜壮阔的历史图景，正在走向一个激情燃烧的时代。如果不"基于中国"，不"根据中国"，不从历史角度，尤其是立足40年的改革开放时代背景深入分析造成城市环境问题的深层根源，不仅会丧失对"美丽中国"未来的想象力，而且会丧失在西方制度之外进行城市环境治理创新的可能性。

若从2011年发表环境治理的论文开始，我已在此研究领域"游走"多年。"回头看"这些论述，我发现我更注重横向共时的区域性、层次性、多质性分析，而缺乏纵向历时的历史性、过程性、阶段性分析，遂萌生回顾与检视城市环境治理研究的动议，便有了一种写作城市环境治理的历史变迁的冲动。恰好上海交通大学中国城市治理研究院有编写"中国城市治理研究系列"丛书的计划,于是,双方一拍即合。《生态理性的生产与再生产——中国城市环境治理40年》这本书就这样问世了。在此,感谢上海交大中国城市治理研究院的大力支持,尤其是感谢吴建南教授和韩志明教授。正是他们的支持、鼓励和鞭策,才使我在纷扰不断的写作过程中,最终克服了烦躁和懈怠情绪,较为顺利地完成了初稿。感谢同济大学政治与国际关系学院,学院蓬勃奋进的氛围深深感染了我、打动了我,使我义无反顾地决定加盟同济大学。政治与国际关系学院的很多老师,如门洪华教授、徐红教授等,他们不仅是优秀学者,而且是人格楷模,能同他们一起共事,一起致力于学术研究、砥砺人生品格,实乃人生幸事。我也要感谢我的学术团队,他们在严肃认真的学术研究中没有门户之见,引入了不同学科的理论工具,基本能做到立意上"接天线",调研时"接地气",逐步形成了包容度较高的交叉学科框架和创新性的理论思路。其中,杨新云、张佳敏、李婷分别参与了第二章、第三章、第四章部分内容的撰写,胡显根参与了本书的校对。以上参与者为本书做出了一定贡献,特表深深的谢意。最后还要感谢上海交通大学出版社的大力支持,尤其是感谢徐唯老师的极大付出。徐唯老师细致、严谨且专业的编辑工作,为本书增色良多。

　　著名科学家牛顿曾说:"我不知道世人对我是怎样看法,不过我觉得自己好像只是一个在海边玩耍的孩子,有时很高兴地拾到一颗光滑美丽的石子,但真理的大海,我还没有发现。"牛顿尚且如此,面对当今世界无边无际的知识的海洋,我们有什么理由不在学术田野里辛勤耕耘呢?读书与写作,是人的精神源泉,能让人直面世事,而又不过虑之。在艰难、心苦的学术道路上,有风有雨是常态,风雨无阻是心态,风雨兼程是状态。宁要有缺陷的突破,也不要平庸的完美。尽管我们一直以"政策中国、道德文章、学问人生"等勉语,全身心地投入到学术研究中去,但由于我理论水平、精力与研究视野的限制,本书在研究的范围、深度和方法等方面都有一定的局限,真诚地欢迎读者和学界同仁多赐教益,以便我们在追求真理的道路上获得更多的知识养分。